大气污染物扩散的数值模拟

NUMERICAL SIMULATION OF
ATMOSPHERIC POLLUTANT DISPERSION

黄晓慧◎著

化学工业出版社
·北京·

内容简介

本书共分为9章，其中前2章主要介绍大气污染物扩散研究的国内外现状以及基本理论知识；第3～7章介绍了利用数值模拟研究风热环境对污染物扩散的影响，从几何建模到网格划分，从边界条件和求解设置到结果分析，通过5个实例系统地探析了风热环境对污染物扩散影响的机理；第8章为在本书研究基础上提出的改善城市空气质量的策略；第9章为总结及展望。本书包含了著者近5年的科研成果，以深入浅出的方式对计算流体力学（CFD）在大气环境领域的应用进行了详细讲解，并辅以相应的实际案例，使读者能够快速、熟练、深入地掌握数值模拟软件的工作流程和计算方法，并能够深入探讨模型机理。

本书的适用读者包括从事大气污染控制的学者、从事流体计算的学者和研究人员、高等院校的教师和学生、相关培训机构的教师和学员、Fluent仿真爱好者等。

图书在版编目（CIP）数据

大气污染物扩散的数值模拟 / 黄晓慧著. -- 北京 : 化学工业出版社, 2025. 8. -- ISBN 978-7-122-48474-1

Ⅰ. X51

中国国家版本馆CIP数据核字第2025R79Z50号

责任编辑：卢萌萌　　文字编辑：郭丽芹
责任校对：刘曦阳　　装帧设计：王晓宇

出版发行：化学工业出版社
（北京市东城区青年湖南街13号　邮政编码100011）
印　　装：中煤（北京）印务有限公司
710mm×1000mm　1/16　印张11　彩插10　字数186千字
2026年1月北京第1版第1次印刷

购书咨询：010-64518888　　售后服务：010-64518899
网　　址：http://www.cip.com.cn
凡购买本书，如有缺损质量问题，本社销售中心负责调换。

定　　价：128.00元　

前言
Preface

经济飞速发展与城市化进程的快速推进，加剧了空气污染问题，影响人类身心健康和社会公共安全。治理空气污染需要削减污染物的排放量，更重要的是要摸清大气污染物的扩散规律，充分利用大气环境的自净能力，做到既发展生产又保护环境。大气对污染物的扩散稀释能力随着气象条件的不同会发生巨大变化，在不同气象条件下，同一污染源排放所形成的地面污染物浓度可相差几十倍乃至几百倍。显然，空气污染与气象条件密切相关。因此，研究它们之间的关系和规律，对控制污染物、改善空气质量、降低建筑能耗、保障人类和环境安全甚至防控环境风险事故等都具有重要的实际意义。气象条件影响大气污染物的扩散稀释过程进而影响空气质量，其中风热环境尤为关键。然而目前对于污染物扩散规律的研究多集中在中性条件下，对于热效应的影响研究相对匮乏。本书采用数值模拟方法研究了风热环境对污染物扩散的影响，并在此基础上提出改善空气质量的对策建议。

本书将常用的湍流模型与大气边界层理论相结合，对标准 k-ε 湍流模型进行改进，经验证后认为其能够模拟热效应。在模型改进的基础上，以不同复杂程度的模型为研究对象，基于温度层结研究了多因素耦合作用对污染物扩散的影响。最后根据上述研究结果，提出完善排污企业选址、排气筒设计，并逐步推行精细模拟；优化街区道路设计，加大街区开口面积，降低临街建筑高度；优化居住区设计，制定相关建筑风环境评价标准和参数选取标准等建议。

非常感谢山西工程科技职业大学的支持，感谢山西省基础研究计划（自由探索类）项目“基于自然通风的建筑室内外风环境及污染物扩散的数值模拟研究”的支持，感谢校级科研基金“风热环境对污染物扩散的影响研究”（项目编号：KJ202419）的支持，感谢校级科研创新团队（团队编号：TD202405）和校级科研创新平台（平台编号：PT202408）的支持，感谢博士期间的导师高利珍教授对著者和本书的支持。

虽然在撰写本书的过程中力求叙述准确、完善，但由于水平有限，书中难免有欠妥之处，希望读者和同仁能够提出宝贵建议和意见。

黄晓慧

2025 年 1 月

目录
Contents

第1章 绪论

1.1 风热环境与城市空气质量概述

城市化进程带来人口聚集和经济迅速发展的同时也产生了严重的环境污染，其中空气污染尤为突出。根据中华人民共和国生态环境部发布的《2021 中国生态环境状况公报》，2021 年我国 339 个地级及以上城市中，121 个城市环境空气质量超标，占比 35.7%；339 个城市平均超标天数比例为 12.5%。根据中国气象局发布的《大气环境气象公报（2021 年）》，我国共出现 6 次大范围霾天气过程，主要发生在京津冀及周边和汾渭平原区域。全国平均霾日数为 21.3 天，其中京津冀霾日数为 31.7 天，汾渭平原霾日数为 35.2 天，长三角霾日数为 20.9 天，珠三角霾日数为 2.1 天。统计我国 2017～2021 年空气质量数据（见表 1-1）可知，全国超标城市比例和超标天数比例持续下降，六项污染物浓度及超标天数比例和平均霾日数也基本呈现逐年下降的趋势，表明我国整体空气质量逐年好转。至 2020 年，六项污染物年均浓度已经实现全面达标。但是从地区分布上分析，京津冀及周边地区和汾渭平原等重点区域空气质量仍有超标，例如 2021 年京津冀及周边地区 $PM_{2.5}$、PM_{10} 和 O_3 浓度分别为 $43\mu g/m^3$、$78\mu g/m^3$ 和 $171\mu g/m^3$，汾渭平原 $PM_{2.5}$、PM_{10} 和 O_3 浓度分别为 $42\mu g/m^3$、$76\mu g/m^3$ 和 $165\mu g/m^3$。并且空气质量随季节变化明显，部分城市冬季 $PM_{2.5}$ 和 PM_{10} 浓度依然严重超标。另外，尽管我国近几年实施了“大气污染防治行动计划（2012～2017 年）”“打赢蓝天保卫战三年行动计划（2018～2021 年）”等一系列减排措施，使空气质量持续改善，但很多污染物浓度仍然远高于世界卫生组织（WHO）发布的全球空气质量准则（AQG2021）。

表 1-1　我国 2017～2021 年空气质量统计

年份与标准	超标城市比例/%	超标天数比例/%	污染物浓度/超标天数比例						平均霾日数/d
			$PM_{2.5}$/[(μg/m³)/%]	PM_{10}/[(μg/m³)/%]	O_3/[(μg/m³)/%]	SO_2/[(μg/m³)/%]	NO_2/[(μg/m³)/%]	CO/[(mg/m³)/%]	
2017	70.7	22.0	43/12.4	75/7.1	149/7.6	18/0.3	31/1.5	1.7/0.3	27.5
2018	64.2	20.7	39/9.4	71/6.0	151/8.4	14/<0.1	29/1.2	1.5/0.1	20.5
2019	53.4	18.0	36/8.5	63/4.6	148/7.6	11/<0.1	27/0.6	1.4/<0.1	25.7
2020	40.1	13.0	33/6.8	56/2.6	138/4.9	10/<0.1	24/0.4	1.3/<0.1	24.2
2021	35.7	12.5	30/5.2	54/2.3	137/4.4	9/0	23/0.2	1.1/<0.1	21.3
国标	—	—	35	70	160	60	40	4	—
AQG2021	—	—	5	15	100	40	10	4	—

注：1. 超标城市比例、超标天数比例、污染物浓度/超标天数比例数据均来自生态环境部发布的《中国生态环境状况公报》；平均霾日数数据来自中国气象局发布的《大气环境气象公报》。

2. 国标指《环境空气质量标准》（GB 3095—2012）及其修改单中二级标准。其中 O_3 无年平均限值，参考日最大 8 小时平均限值；CO 无年平均限值，参考 24 小时平均限值；其余均为年平均浓度限值。

3. AQG2021 指世界卫生组织（WHO）发布的《全球空气质量准则》。准则中 O_3 无年平均限值，参考日最大 8 小时平均限值；SO_2 和 CO 无年平均限值，参考 24 小时平均浓度限值；其余均为年平均浓度限值。

一方面，空气污染使大气能见度下降并威胁地面及航空交通安全，影响工业企业和旅游业的正常运行，进而影响公共卫生和公共安全；另一方面，空气污染严重危害人类的身心健康。例如，很多国家都面临人口急剧老龄化问题，而空气污染是呼吸和循环系统等老年慢性疾病的重要诱因。研究表明，2012～2017 年间我国由于人口老龄化且与 $PM_{2.5}$ 相关的死亡人数增加了 34 万。即便是在欧美等空气质量水平接近世界卫生组织推荐标准的发达国家，由空气污染所带来的健康危害仍然存在。

治理空气污染一方面要削减污染物的排放量，更重要的是要摸清大气污染物的扩散规律，充分利用大气环境的自净能力，做到既发展生产又保护环境。大气对污染物的扩散稀释能力随着气象条件的不同会发生巨大变化，在不同气象条件下，同一污染源排放所形成的地面污染物浓度可相差几十倍乃至几百倍。显然，空气污染与气象条件密切相关。因此，研究它们之间的关系和规律，对控制污染物、改善空气质量、降低建筑能耗、保障人类和环境安全甚至防控环境风险事故等都具有重要的实际意义。

1.2 国内外相关研究现状及分析

空气污染气象条件包括风、气温、相对湿度、大气稳定度、降水、辐射等，其中风热环境尤为关键。风热环境即风环境和热环境，是指室外自然风和气温在城市地形地貌或自然地形地貌影响下形成的风场和温度场。本书主要关注的问题为微尺度风热环境对污染物扩散的影响，重点关注热效应对污染物扩散的影响。

1.2.1 研究尺度

气象及污染相关研究具有多尺度特征，其划分并没有固定界限，例如 Oke 根据大气运动尺度将研究范围划分为四类：大尺度、中尺度、小尺度和微尺度。Britter 和 Hanna 将城市研究尺度划分为区域尺度、城市尺度、城区尺度和街区尺度。

通常在微尺度或街区尺度研究中，研究对象大小与建筑物、城市道路和绿化等尺寸直接相关，局地特征直接影响气流及污染物扩散结果，因此不能忽略。这类研究的重点是气流结构和污染物扩散机制等，研究方法包括现场实测、风洞试验和数值模拟。

小尺度或城区尺度的研究范围比微尺度大，主要的局地特征不能忽略，研究对象主要为代表性的局部城市区域，研究重点为气流结构、污染物扩散、城市通风等，主要研究方法为现场实测、风洞试验和数值模拟。

中尺度或城市尺度研究的范围更大，包含了整个城市甚至其周边区域，城市中的局部特征（如小体积城市建筑物、城市道路和绿化等）被忽略，仅作为粗糙元存在，主要研究气象要素与空气质量的相关性、城市热岛效应、空气质量数值预报等问题，研究方法主要为气象站/空气质量监测站监测、遥感观测以及中尺度气象模拟。

在区域尺度或大尺度研究时，城市作为一个整体，城市冠层内部的小尺度气流被忽略，建筑物周围的空气被平均化。

1.2.2 研究方法

如上所述，研究尺度不同，研究方法也不同，并且随着研究的不断深入，研究方法也逐渐丰富，概括而言分为三大类：现场实测、模型试验和数值模拟。

① 现场实测是在实际情况下进行专业观测，代表了大气环境的真实情况，是最直接、最重要的研究方法，通常具有重要的实际意义。现场实测主要包括气象条件观测和空气质量监测。气象条件观测又包括气象站观测、遥感观测和移动测量等。空气质量监测主要包括常规空气质量监测站点监测、污染物现场监测等。

② 模型试验是依据相似性原理，将实际建筑物或理想化的城市区域进行缩比后在风洞或水槽中进行模拟，前提是保证模拟流场与真实流场之间的相似，即几何相似、运动相似等。相比于现场实验，模型试验具有边界条件可控、重复性好的优点，通常被认为是模拟和分析污染物扩散的重要手段。但是模型试验由于相似性限制，仅适用于小尺度及以下的情况。

③ 数值模拟是对研究区域建立相应的数值模型，通过计算来获取相应的信息。根据研究尺度又可以分为中尺度模拟和计算流体力学模拟。中尺度模拟是基于中尺度大气气象要素演变过程的数值模拟，主要用于天气预报和中尺度污染分析等，但不能直接模拟城市内部结构的流体动力学特征和污染物分布特征。计算流体力学（computational fluid dynamics，简称 CFD）是从计算方法出发，利用计算机快速的计算能力得到流体控制方程的近似解，但受到计算机性能的限制，目前主要用于小尺度和微尺度的研究。CFD 可以进行全尺寸或缩比尺寸模拟，边界条件可控，在经过有效性验证后非常适合参数化研究。

表 1-2 总结了各研究方法的优缺点和适用范围。

表 1-2　不同研究方法优缺点及适用范围总结

分类	方法	优点	缺点	适用范围
现场实测	固定式气象站、空气质量监测站	在实际环境条件下进行；包含了所有的影响因素（边界层、风、温度、湿度、云量、辐射、化学反应等）；长期连续监测，数据可靠	站点有限，监测网格稀疏；受周围局部环境的影响；监测项目有限（主要为常规污染物）	适用于气候、气象与空气质量常规项目的相关性研究以及气候、气象和空气质量的长期演变分析

续表

分类	方法	优点	缺点	适用范围
现场实测	可移动气象站、空气质量监测站	在实际环境条件下进行；监测时间、监测频率和监测空间灵活，监测项目众多，可进行空气质量监测和污染物扩散监测	多为短期监测，数据可靠性有限；要得到可靠数据，实验周期非常长；实验环境条件不可控或不易控；仅表征监测点的环境和污染物特征；测量点位有限，代表性差；重复性差；实验成本高；可能具有危险性（例如有毒有害气体、低温液化气体等扩散实验）	适用于微气候和污染物扩散规律的研究
	遥感观测	利用卫星/航空数据，反演地表温度，方便快捷、结果直观	结果受天气和城市下垫面影响，分辨率有限	适用于城市热环境分布及演变与污染物关系的研究
模型试验	风洞、水槽试验	边界条件可控；大风洞数据可靠；可重复性好	设备昂贵；成本高；测点有限；试验周期相对较长；可控要素单一（如模拟低温度层结、湿度、天气现象等技术十分有限）；很难模拟出大尺度风曲流；相似条件受限（如缩比比例很大时难以保证相似性；中性条件下的相似准则不一定适用于温度层结风洞或有浮力效应的示踪气体）	适用于微气候和污染物扩散规律及机理的研究
数值模拟	中尺度模拟	把空气质量实时监测数据和气象数据作为初始场，可以进行空气质量预报	不能模拟化学反应，分辨率有限，不能直接模拟城市内部结构的流体动力学特征和污染物分布特征	主要用于天气预报和中尺度污染分析
	小微尺度CFD模拟	边界条件可控；模拟尺度不限；没有相似约束；能排除温度分层风洞中温度与实验室环境之间的热传递；容易获得完整的流场和扩散数据；成本较低；周期短；可重复性好；不存在危险性	结果必须要实验验证（一般通过与高可信度的现场实验结果或风洞试验结果进行对比验证）；参数的设置要求高，对研究人员的经验有一定的依赖性，易受主观因素影响	适用于微气候和污染物扩散规律及机理的研究

1.2.3 风热环境对污染物扩散的影响研究现状及分析

在小尺度及微尺度（或城区尺度及街区尺度）低矮排放源污染物扩散的研究中，由于受到建筑物的影响，污染物的扩散区域较小，主要集中在污染源附近区域，而不是对整个城市或区域产生影响，这种扩散过程被称为污染物“近场”扩散，其在性质上与“远场”扩散有显著差异。污染物“远场”扩散过程中空气的水平运动贡献远大于垂直运动，即污染物的“远场”扩散主要依靠风的水平输送；而污染物“近场”扩散涉及排放源和周围近距离的建筑，污染物羽流受建筑物周围气流和整体风环境的共同作用，既具有气象方面的影响也具有建筑空气动力学方面的影响。因此污染物“近场”扩散过程中风的水平与垂直运动都十分重要，湍流作用也不容忽视。多年来污染物“近场”扩散已得到广泛关注，相关研究主要通过现场实测、风洞试验和数值模拟等方法来研究建筑物的结构和布局、周围高架桥或声屏障、来流风环境、绿化布局等对城市通风、行人风环境和污染物分布的影响。然而，这些研究多在中性条件下进行，考虑热效应的研究相对较少。

热效应包括温度层结和局部热效应两种。前者是由大气边界层温度分层引起的，根据温度随高度的变化分为中性、稳定和不稳定温度层结。后者是由建筑物表面或街区地面受热（如太阳辐射、人为加热等）引起的局部温度升高而形成的热效应。

1.2.3.1 温度层结对污染物扩散的影响研究现状与分析

温度层结是指大气在垂直方向的温度梯度，它是大气垂直运动稳定度的标志。根据温度随高度的变化情况，大气边界层分为等温边界层（即中性边界层）和非等温边界层。在等温边界层中存在近似绝热的位温剖面，其中流体粒子的垂直运动既没有增强也没有减弱，不存在由温度差而引起的浮力效应。非等温边界层包括不稳定边界层（或称对流边界层）和稳定边界层，是一种常见的大气现象。与等温边界层不同，温度差引起的浮力效应在非等温边界层中起着至关重要的作用。在不稳定条件下，温度随高度的增加而降低，热气流由于浮力作用而向上运动，流体粒子的垂直运动增强；相反，稳定条件下温度随高度的增加而增加，流体粒子的垂直运动减弱。理论上，由于人类活动和地面对太阳辐射的吸收作用，白天常常为不稳定条件；而在晴朗的夜晚常常出现稳定边界层；日落或日出前后存在近中性条件，但概率较低。有研究表明，在城市地区由于建筑物墙壁储存的热量在晚上释放出来，街区内的温度层结甚至可以保持为中性或不稳定。但在城市污染物扩散研究中，城市中的空气动力学粗糙度较大，机械湍流往往占主导地位，因此城市气流常常被近似为中性。然而随着温度层结研究的深入，发现这一近似实际并不可靠。

通常用气温的垂直递减率(γ) 与干绝热递减率(γ_d) 的相对大小可以方便地判断气层的稳定程度，结合位温(θ) 随高度(z) 的分布及近地面层其他有关参数（如理查森数 Ri、湍流热通量 H_T、特征温度 T_*、奥布霍夫长度 L 以及稳定度

因子 $\zeta=z/L$ 等）判定准确性更高。表 1-3 总结了判定近地面层稳定度的条件。

表 1-3　近地面层稳定度判定条件

稳定度	判定条件						
稳定	$\gamma<\gamma_d$	$\frac{\partial\theta}{\partial z}>0$	$Ri>0$	$H_T<0$	$T_*>0$	$L>0$	$\zeta>0$
中性	$\gamma=\gamma_d$	$\frac{\partial\theta}{\partial z}=0$	$Ri=0$	$H_T=0$	$T_*=0$	$L\to\infty$	$\zeta=0$
不稳定	$\gamma>\gamma_d$	$\frac{\partial\theta}{\partial z}<0$	$Ri<0$	$H_T>0$	$T_*<0$	$L<0$	$\zeta<0$

许多研究者通过现场实测来研究温度层结对污染物扩散的影响。早期，Mavroidis 等通过现场实验研究了不同大气稳定条件下污染物在孤立立方体建筑周围的停留时间（气体浓度衰减到原始值的 1/e 所需的时间），结果表明停留时间取决于大气的稳定度，在不稳定条件下的停留时间较短，稳定条件下则相反。Santos 等通过现场实验［美国，Dugway 实验场，见图 1-1(a)］研究了不同稳定度条件下（$L=-46.82\sim-8.84$m）不规则建筑物周围浓度场和浓度波动与平均测量时间之间的关系，结果显示与中性条件相比，不稳定条件下平均测量时间对最大平均浓度以及浓度波动的影响更大，表明不稳定条件下的污染物扩散更为“随意”。较为经典的污染物扩散实验还有 MUST 系列现场实验［美国，Dugway 实验场，见图 1-1(b)］，采用 120 个集装箱（按 10×12 方式布置，单个集装箱尺寸：12.2m×2.42m×2.54m）代表城市，以丙烯作为示踪气体，研究其在不同稳定度情况下（$L=4.8\sim28000$m）的扩散规律，结果表明稳定度条件对污染物扩散系数有很大影响。MUST 实验结果常作为数值模拟的基础验证数据库使用。另外还有代号为“杰克兔 1”和“杰克兔 2”的现场实验（美国，Dugway 实验场）。2010 年的“杰克兔 1”实验主要研究液化氯在平坦地形的扩散。2015 年和 2016 年的“杰克兔 2”实验则主要研究液化氯在城市［采用集装箱模拟城市，见图 1-1(c)］中的扩散，其稳定度范围为 C～F 类，实验结果显示当大气不稳定时城市下风向的浓度降低，当大气稳定时正好相反。

国内现场扩散实验基本都用于核电厂冷却塔污染物扩散相关研究，多为涉密实验。可查的有：王炫为研究核电厂自然通风冷却塔对气态污染物扩散的影响，在火电厂开展了六氟化硫（SF_6）示踪实验，但实验条件为中性。邵毅等在兰州市榆中县城开展了城市区域的污染物扩散实验［见图 1-1(e)］，从 5m 高污染源连续释放 3.5h 的六氟化硫，结束释放 1h 后在下风向不同点位采样分析污染物浓度衰减规律，实验条件近似为中性。此外还有 SOMUCH 系列现场实验［广州，占地面积约 57m×57.5m，包括 2000 个左右建筑物模型，为缩比实验，见图 1-1(d)］研究了太阳辐射作用、街区高宽比、不同蓄热能力材料对流场的影响以及污染物跨户传播等问题。

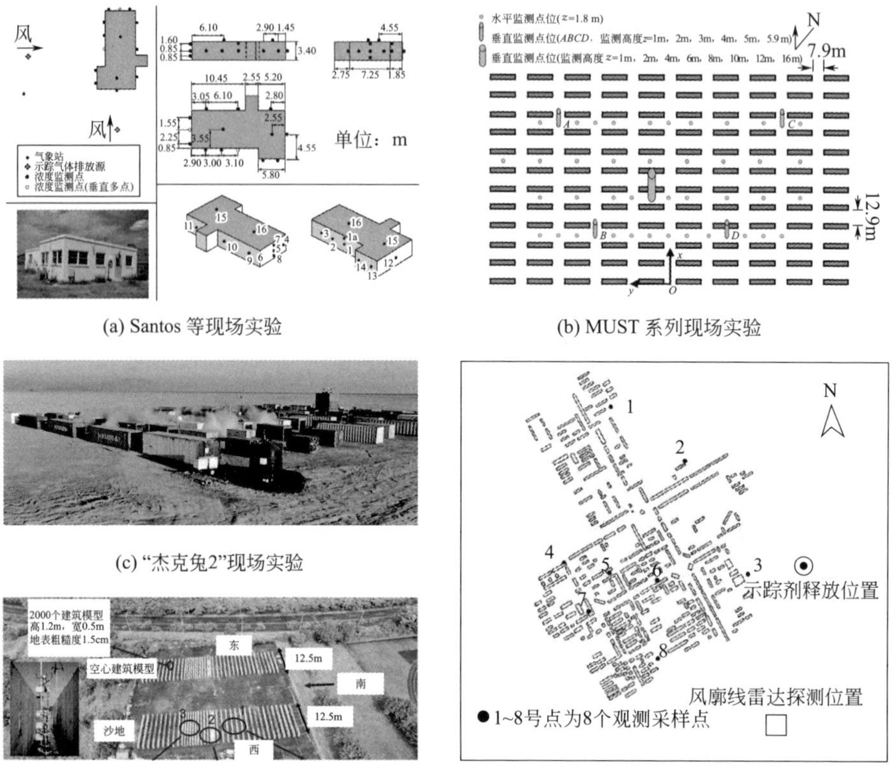

(a) Santos 等现场实验　(b) MUST 系列现场实验

(c) “杰克兔2”现场实验

(d) 广州的 SOMUCH系列现场实验　(e) 榆中县城实验

图 1-1　现场实验示例

虽然上述现场实验取得了丰富的研究成果，并且现场实验是在实际大气中进行的，代表了最真实的情况，但是由于受到实验设置、设备、环境条件、人力和财力等因素的限制，现场实验很难全面准确地测量温度场、流场和污染物浓度场。为研究温度层结对污染物扩散的影响，研究人员尝试在实验室中模拟大气温度层结，即风洞（或水槽）试验。

相对于现场实验，风洞（或水槽）试验属于模型试验，是将实际建筑物进行缩比后在风洞（或水槽）中进行模拟，前提是保证模拟流场与真实流场之间的相似。一般要求几何相似、运动相似、动力相似、热力学相似和质量相似，两个流场才相似。模型试验做到与实物完全相似称为完全模拟，但这很难做到，通常只能做到使其主要的相似参数相同而忽略次要的相似参数，即局部模拟或叫近似模拟。风洞试验中判断风洞流场与真实流场相似时，除几何相似外，常用的参数有两个，即雷诺数和理查森数。

（1）雷诺数

雷诺数（Reynolds number，Re）物理上表示惯性力和黏性力之比。Re 较小时，黏性力对流场的影响大于惯性力，流场中流速的扰动会因黏性力而衰减，流体流动稳定，为层流；反之，Re 较大时，惯性力对流场的影响大于黏性力，流体流动较不稳定，为湍流。在大气污染的风洞或数值模拟中经常用到的是建筑物高度处（或固定参照高度 H 处）的雷诺数(Re_H) 和粗糙度雷诺数(Re_*)，公式分别见式(1-1) 和式(1-2)：

$$Re_H=\frac{\rho U_H H}{\mu}=\frac{U_H H}{\upsilon} \tag{1-1}$$

$$Re_*=\frac{\rho u_* z_0}{\mu}=\frac{u_* z_0}{\upsilon} \tag{1-2}$$

式中　Re_H——建筑物高度 H 处（或固定参照高度 H 处）的雷诺数，无量纲；

ρ——空气密度，kg/m^3；

U_H——建筑物高度 H 处（或固定参照高度 H 处）的风速，m/s；

H——建筑物高度或固定参照高度，m；

μ——流体的黏度，Pa·s；

υ——流体运动黏性系数，m^2/s；

Re_*——粗糙度雷诺数，无量纲；

u_*——摩擦速度，m/s；

z_0——地表粗糙度长度，m。

例如，在实际环境中建筑物高度大多为 10^1～10^2m，当参照风速为 2m/s 时，相应的雷诺数约为 10^6～10^7 数量级，属于湍流。而在风洞试验中建筑物模型通常缩比为 10^{-2}～10^{-1}m，缩比比例约为 1∶100～1∶1000。为满足雷诺数相似准则，风洞中的风速需要扩大到实际风速的 100～1000 倍（以实际风速 2m/s 计，风洞风速理论上要达到 200～2000m/s)，然而这样的风速条件已经不能满足不可压缩流体机制，并且操作几乎是不可能的。因此判断全尺度和缩比尺度的相似性通常采用雷诺数独立性准则，即当雷诺数大于某一数值时，流动结构几乎与雷诺数无关，这一数值即临界雷诺数 Re_{cr}。许多不考虑热效应的研究都采用临界雷诺数为 11000，这个临界值由 Snyder 提出，但相对保守。因为临界雷诺数随研究对象的不同而不同，一般来说，物体越趋向流线型，临界雷诺数越大；反之，物体越陡峭或钝化，临界雷诺数越小。而考虑温度层结时，最常用的临界值是 4000。在雷诺数独立性准则的基础上，风洞试验中达到雷诺数相似变得可行。如实际建筑物高度为 20m，建筑物高度处参照风速为 2m/s，相应的雷诺数为 2.67×10^6；在风洞试验中，模型和原型之间的比例按照 1∶200 设计，即风洞中建筑物模型高度为 0.1m，为了满足雷诺数相似准则（$Re_{cr}=11000$），风洞中建筑物模型高度处的风速只要大于 1.65m/s 即可。

(2) 理查森数

理查森数（Richardson number，Ri）是浮力抑制湍流项与剪切产生湍流项的无量纲比。实际中常用总体理查森数(Ri_b) 来代替，定义为式(1-3)：

$$Ri_b=\frac{g\times H\times(T_H-T_f)}{T_0\times U_H^2} \tag{1-3}$$

式中 Ri_b——总体理查森数，无量纲；

g——重力加速度，m/s^2；

H——建筑物高度或固定参照高度，m；

T_H——高度为 H 处的温度，K；

T_f——地面温度，K；

T_0——参照温度，K；

U_H——建筑物高度 H 处（或固定参照高度 H 处）的风速，m/s。

Ri_b 与温差呈负相关，对位置的依赖性较弱，因此是现场实验、风洞试验以及数值模拟中常用的温度层结指标。根据温度梯度的不同，Ri_b 可正、可负、可为零，代表着温度分层的程度。例如，当地面温度高于周围空气温度时（即温度梯度为负时），$Ri_b<0$，为不稳定温度层结；当不存在温度梯度时（即温度梯度为 0），$Ri_b=0$，对应为中性温度层结；当地面温度低于周围空气温度时（即温度梯度为正时），$Ri_b>0$，为稳定温度层结。

如前所述，实际环境和风洞试验中达到相同的雷诺数几乎是不可能的，但达到相同的理查森数通常比较容易。例如实际环境中建筑物高度为 20m，参照温度为 300K，建筑物高度处和地面温度差为－2K，参照风速为 2m/s，对应的理查森数为－0.33。在风洞试验中设计建筑物模型高度为 0.1m，参照温度为 300K，那么为了达到理查森数相同，可以设计温差为 36K，风速为 0.6m/s（$Re_{cr}=4000$），这种温差和风速在风洞中很容易实现。

尽管理论上达到相似容易，但与中性条件下的风洞试验相比，考虑温度层结的风洞试验研究相对较少，主要是受到技术条件（例如如何控制温度分层风洞中温度与实验室环境之间的热传递等）的限制。在风洞试验中，不稳定温度层结主要通过加热风洞设备底板和控制风洞入口温度梯度（负梯度）来实现，稳定温度层结主要通过冷却风洞设备底板和控制风洞入口温度梯度（正梯度）来实现。例如，Uehara 等率先通过控制风洞入口温度、风速和风洞底板温度来形成稳定（Ri_b=0.11、0.43 和 0.78）、中性（Ri_b=0）和不稳定（Ri_b=−0.21、−0.19 和−0.12）温度层结，对比研究了其对城市街区内气流的影响。研究结果表明温度层结越不稳定，街区内涡旋越强；反之，温度层结越稳定，街区内涡旋越弱。在稳定条件下，热浮力作用削弱了街区内的下降气流，从而使分层更稳定，当 $Ri_b>0.4$ 时，街区内的风速几乎为零。这一风洞试验结果常作为典型的验证数据库应用，但它没有研究污染物扩散。Yassin 通过类似的方法研究了温度层结（Ri_b=−0.016、0 和 0.023）对孤立建筑物屋顶排放污染物的影响，结果表明与中性条件相比，稳定条件下建筑物尾迹区浓度增大，污染物羽流垂直和横向范围更大；不稳定条件下尾迹区浓度减小，污染物羽流垂直和横向范围更小。Kanda 和 Yamao 用类似的方法通过热分层风洞研究了温度层结（Ri_b=−3.0、−2.9、0、2.2 和 2.3）对城市污染物扩散的影响［见图 1-2(a)］，结果显示即使在污染源附近，温度层结对污染浓度也有很大的影响。随后，Marucci 和 Carpentieri 用类似的方法利用风洞试验研究了温度层结（Ri_b=−0.19、−0.15、0、0.10、0.19 和 0.28）对建筑物矩阵内和其上方气流及污染物扩散的影响［见图 1-2(b)］，结果表明稳定条件下的平均浓度约为中性条件下的 2 倍，而不稳定条件下的平均浓度约为中性条件下的 1/3。这一风洞试验数据可公开获取，它为考虑温度层结时建筑物对气流和污染物扩散研究提供了全面的参考。另外，日本建筑学会（Architectural Institute of Japan，AIJ）在其官网提供了多个风洞试验数据作为 CFD 的验证数据库，但其中研究温度层结对污染物扩散影响的仅有两例，均是在日本东京工艺大学热分层风洞中完成，一例是研究温度层结对孤立建筑物回流区范围内地面排放源排放的影响，另一例是研究不稳定温度层结对建筑物群内线源污染物扩散的影响［分别见图 1-2(c) 和 (d)］。国内利用风洞研究温度层结对污染物扩散影响相对较少。李云鹏和史学峰等在中国辐射防护研究院大气边界层 1 号风洞中研究了中性和稳定温度层结条件下（通过调节入口气流温度梯度实现）孤立立方体建筑物屋顶排放污染物的案例，结果表明稳定条件下污染物羽流深度相对较小，地面污染物浓度较高，地面轴线最大浓度约为中性条件下的 1.5 倍。

风洞试验条件可控，结果可靠，但受相似性的限制，只适合小尺度及以下模

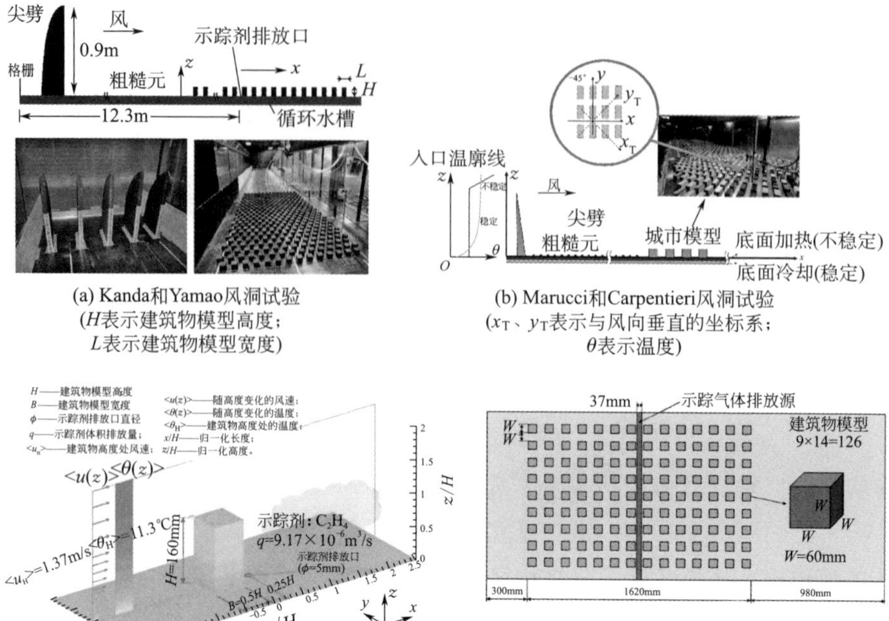

(a) Kanda和Yamao风洞试验
(H表示建筑物模型高度；
L表示建筑物模型宽度)

(b) Marucci和Carpentieri风洞试验
(x_T、y_T表示与风向垂直的坐标系；
θ表示温度)

(c) AIJ风洞试验——孤立建筑物

(d) AIJ风洞试验——建筑物群
(W表示建筑物模型长、宽、高
的尺寸以及建筑物间隔距离)

图 1-2 研究温度层结对污染物扩散影响的风洞试验示例

型的研究，且受技术限制只能模拟弱温度层结。因此，随着 CFD 技术的不断发展，越来越多的学者用 CFD 来研究温度层结对污染物扩散的影响。目前可用的方法分为直接数值模拟和非直接数值模拟。直接数值模拟方法是指直接求解瞬时湍流控制方程（Navier-Stokes 方程），对计算机内存空间及计算速度的要求非常高，目前还无法用于真正意义上的工程计算。而非直接数值模拟方法就是不直接计算湍流的脉动特性，而是设法对湍流做某种程度的近似和简化处理，又分为大涡模拟（即 LES）、Reynolds 平均法（即 RANS）和统计平均法。其中 Reynolds 平均法应用最为广泛。图 1-3 是湍流数值模拟方法分类图。

与风洞试验类似，在数值模拟研究中温度层结主要通过设置计算域地面温度和在计算域入口添加温度廓线来实现。利用 CFD 研究温度层结对污染扩散影响的相关文献相对较多。例如，Santos 等利用 RANS 模型（标准 k-ε 湍流模型）研究了不同温度层结（L＝1.2m，∞，－7.0m）条件下孤立建筑物上游排放源污染物浓度分布规律，结果显示不稳定条件下湍流动能更大，污染物更容易扩散，浓度更低；而稳定情况则相反。Li 等利用 LES 模型研究了温度层结（Ri_b＝－0.1、0、0.1 和 0.188）对二维街区内污染物扩散的影响，结果表明街区内污

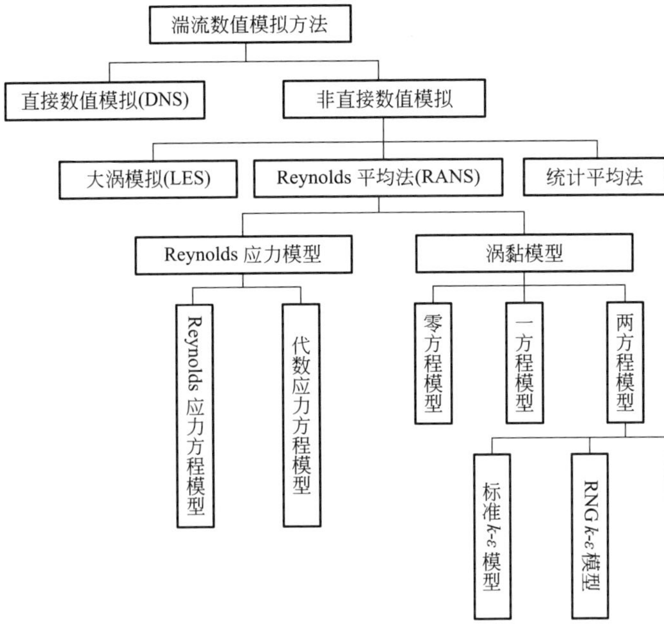

图 1-3 三维湍流数值模拟方法及相应的湍流模型

染物在不稳定条件下更容易扩散。Tomas 等利用 LES 模型研究了温度层结（$Ri_b=0$ 和 0.147）对流场和污染物扩散的影响，分析认为稳定条件下地面污染物浓度较高主要有两方面原因：一是稳定条件下街区内流向速度减小，二是稳定条件下内部边界层增长缓慢，抑制了污染物的扩散。Jiang 和 Yoshie 利用 LES 模型研究了不稳定条件下（$Ri_b=-0.19$）三维街区内污染物扩散规律和机理，结果显示湍流对污染物扩散有很大的促进作用。Duan 和 Ngan 利用 LES 模型研究了温度层结（$Ri_b=-0.52\sim0.31$）对街区内流场和浓度场的影响，结果显示温度层结能够影响街区内的气流流动结构，不稳定条件下街区内上升气流占主导地位，而稳定条件下建筑物尾迹区涡旋并不对称甚至出现周期性摆动。Sessa 等利用 LES 模型研究了中性和稳定条件（$Ri_b=0\sim1.0$）对三维街区内流场和污染物扩散的影响，结果表明与中性条件相比，稳定层结抑制了湍流运动、减少了污染物的垂直向上输送，因此即使是较弱的稳定层结也能明显抑制污染物的扩散。

尽管利用 LES 模型进行研究的学者很多，但 LES 技术并不成熟，入口湍流（速度波动和温度波动）产生困难，缺乏相应的指南，计算十分耗时，仍然处在研究阶段，工程应用十分有限。事实上，RANS 模型仍然被广泛用于科研和实际工程。

1.2.3.2 局部热效应对污染物扩散的影响研究现状与分析

局部热效应主要是由太阳辐射或其他人为加热引起的建筑物表面或地面局部温度升高而产生的热效应。特别是在夏季，太阳辐射强烈，建筑物表面、地面和附近空气的温差很大。Nakamura 和 Oke 观测到街区内地面和阳光照射的墙壁之间的温度差异甚至达到 12～14℃，与空气之间的温差约为 8～9℃。Georgaki 和 Santamouris 观测到街区两侧墙面的温度差异能够达到 14℃。Idczak 等用缩比为 1∶5 的街区模型［连续 4 排建筑物形成 3 个街区，见图 1-4(a)］进行了现场实

(a) Idczak等现场实验

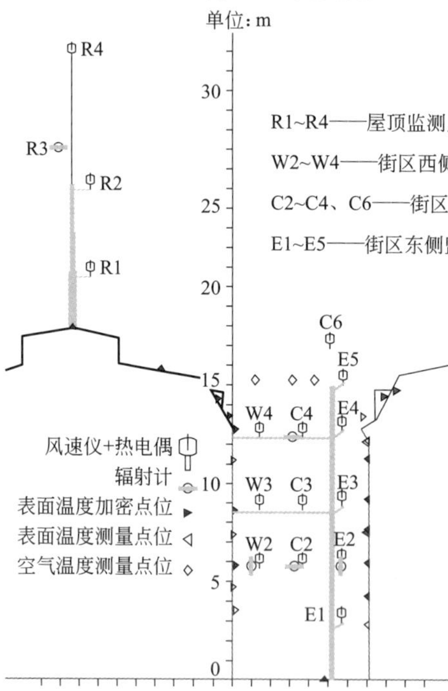

(b) Offerle等现场实验

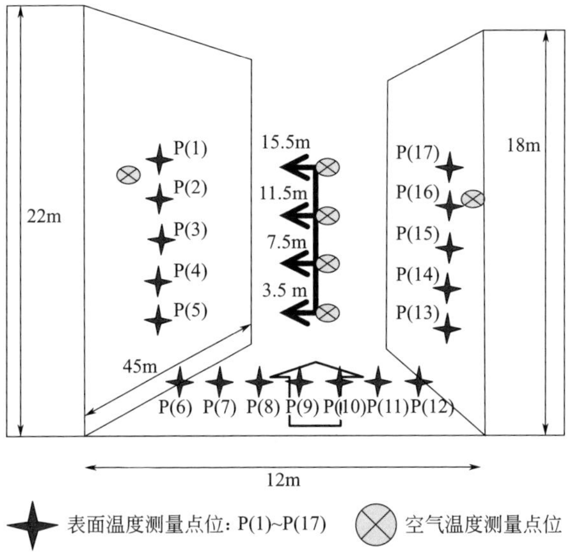

(c) Niachou等现场实验

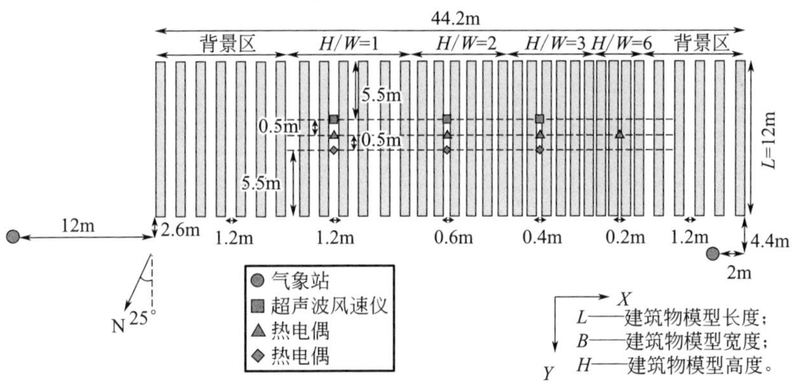

(d) Chen等现场实验

图 1-4 研究局部热效应的现场实验示例

验，结果显示在夏季阳光充足的白天，建筑物墙壁和空气的温差达到 9℃，即使在阴天温差也能达到 4℃，但垂直速度场似乎不受热效应的影响，并且温度差异在靠近墙壁 50mm 的区域比较明显，这表明热效应在非常靠近壁面处才比较明显，而对整个流场影响不明显。Offerle 等在实际环境下进行了现场实验［瑞典哥德堡市中心某街区，见图 1-4(b)］，结果表明夏季街区两侧的墙面之间的温差能达到 15℃，并且建筑物顶部和墙面温度升高对热通量以及温度分布有很大的影响，但是对流场的影响不明显。其他很多现场实验也有类似的结论。Niachou 等对希腊雅典市中心的一个街区［街区地面为沥青路面，人行道为灰色路面砖，两侧建筑物表面为石膏，见图 1-4(c)] 进行了连续 5 天（夏季温度较高时）的观测，发现由于太阳辐射作用，街道地面温度和墙面温度之间的温差最大可达 35℃。上午 8:00～10:00，由于太阳辐射作用，街区内出现了强逆温（7.2℃/100m），随后由于沥青路面和建筑物墙壁的吸热作用，大气变得不稳定。另外他们分析街区内流场后发现街区内流速与稳定度有很强的相关性，街区内风速垂直梯度很小，中心垂线的风速分布更接近于线性分布，而非指数律或对数律。国内方面，关于局部热效应的现场测量相对较少，可查的包括广州的 SOMUCH 系列现场实验，Chen 等研究了街区高宽比（建筑物模型高度和街区宽度的比值，H/W=1、2、3 和 6，H=1.2m）和太阳辐射作用的影响，发现由太阳辐射引起的建筑物模型表面温差可达 12.7℃；随着高宽比的增大，由太阳辐射引起的热效应对街区通风影响增大。另外 Chen 等发现建筑物表面温度和空气温度有明显的日变化特征，并且随着街区宽度的增加，温度的日变化特征更为明显［见图 1-4(d)］。如上所述，尽管已有一些学者对局部热效应进行了现场测量，但其对污染物扩散的影响的相关现场实验几乎未被实施。

不同于实际环境中主要受太阳辐射影响，风洞试验中的局部热效应主要依靠加热特定表面（如建筑物模型表面或局部地面）来实现。例如为了研究太阳辐射引起地面和建筑物表面温度升高对街区内气流的影响，Allegrini 等利用风洞试验研究了二维街区（风洞中采用高宽比为 1、长宽比为 9 的街区模型来形成近似二维街区）不同受热位置对流场的影响，通过控制温度（70～130℃）和入口风速（0.68～2.32m/s）来实现不同程度的不稳定条件（弗劳德数 Fr=0.65～17.29）。结果显示：当街区迎风面受热时街区内会形成反向旋转的次级涡旋；当地面受热时街区内的主涡旋强度增加；当背风面受热时街区内速度增加相对最小。但无论街区内哪个面受热，街区内的湍流动能都会增加，尤其是当三个面都受热时增加最为明显。另外，Allegrini 通过风洞试验研究了不同建筑物屋顶形状和长度对街区内热舒适性的影响［见图 1-5(a)］，结果表明只有三维模型才能模拟街区侧边流动，并且不均匀高度的建筑物能够有效地改善街区内的通风情况并提高热舒适性，而上游建筑物长度大于下游建筑物长度时热舒适性最差。Tsalicoglou 等利用风洞试验研究了局部热效应［通过加热目标街区建筑物侧面、顶面和地面实现 Ri_b=0、0.38、0.58、0.78 和 1.09，见图 1-5(b)］对“上升式”街区和“下降式”街区内气流的影响，结果显示随着不稳定性的增加（即随着温度的升高），街区内的涡旋甚至被打破，形成上升气流，并且“下降式”街区内的涡旋更容易被破坏。但是上述 Allegrini 的系列风洞试验和 Tsalicoglou 等实验都没有考虑污染物扩散的影响，他们的研究重点是局部热效应对气流结构的影响。Marucci 和 Carpentieri 利用风洞研究了二维街区内迎风侧受热和背风侧受热对污染物扩散的影响［见图 1-5(c)］，结果表明当迎风侧受热时，街区内流动结构改变，迎风侧污染物浓度增加。此外他们还研究了入口温度层结和局部热效应的耦合作用。国内利用风洞研究局部热效应的人员较少，主要有黄远东、崔鹏义、姜国义等。例如 Huang 等通过风洞试验研究了热效应（仅对下游建筑物顶面进行加热，Ri_b＝0、0.30、0.56、0.78、0.97 和 1.15）对高层建筑物尾迹区建筑物屋顶排放的影响，结果显示随着下游建筑物顶面温度的升高，产生的热效应改变了气流结构，增加了垂直向上的动量，从而改变了污染物羽流方向和范围。类似的研究还包括对孤立建筑物背风侧和其下游加热研究其对建筑物顶部排放的影响。Cui 等利用同济大学风洞研究了局部热效应（Ri_b＝0～4.77）对污染物多尺度传播的影响［见图 1-5(d)］，结果表明室内温度和污染物分布与室外街区 Ri_b 呈相关性。Lin 等通过风洞研究了二维街区的不同受热面组合对流场和温度场的影响。

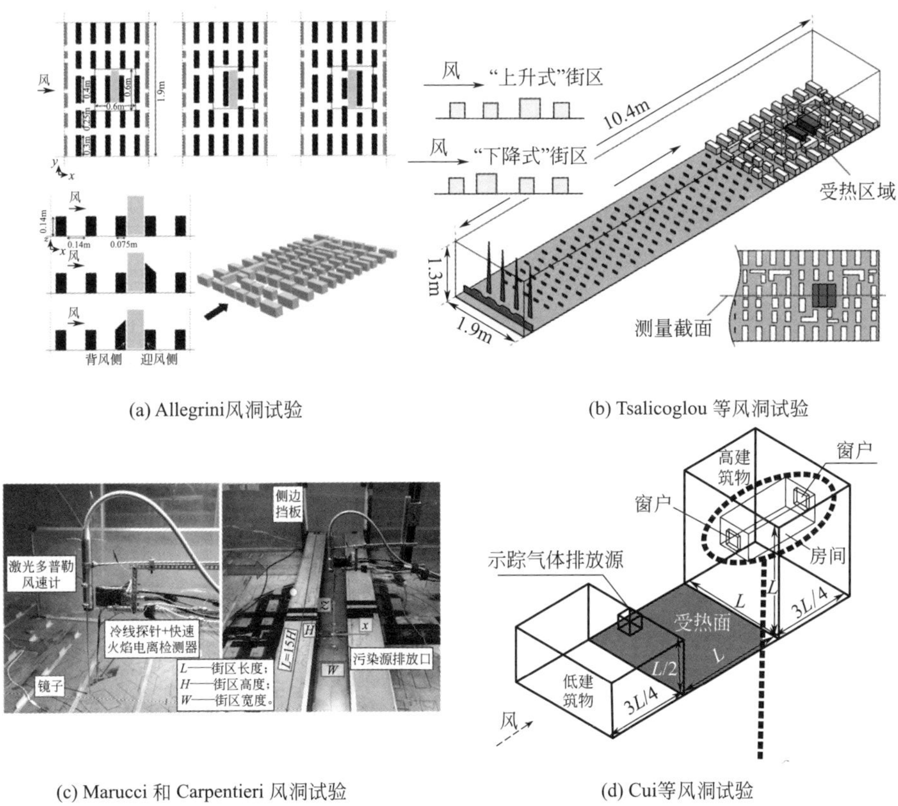

(a) Allegrini风洞试验

(b) Tsalicoglou 等风洞试验

(c) Marucci 和 Carpentieri 风洞试验

(d) Cui等风洞试验

图 1-5 研究局部热效应的风洞试验示例

与风洞试验类似，在数值模拟研究中主要通过对特定表面设置一定温度来实现局部热效应。利用 CFD 研究局部热效应对污染扩散影响的相关文献也相对较多。比较典型的有 Kim 和 Baik 利用 RNG k-ε 湍流模型研究了三维街区地面和建筑物顶面热效应对街区内气流的影响，结果显示当地面和顶面同时受热时，街区内的湍流动能和平均涡旋反而减弱。Chew 等比较了不同尺度下 RANS 和 LES 模拟街区局部热效应的表现，认为在全尺度二维街区模拟时，RANS 模型会高估热效应，而 LES 表现良好，并指出：一方面，这可能由于考虑热效应时，雷诺数独立性准则不再适用，因为气流是雷诺数和理查森数的函数，因此小尺度风洞试验中的结果不应该直接推广到全尺度街道峡谷；另一方面，现场测量点位十分有限，很可能并没有捕捉到关键点位的真实流动信息（如气流分离点的流动信息等）。国内方面，Xie 等利用 RNG k-ε 湍流模型研究了二维街区不同壁面受热对街区通风和污染物扩散的影响，结果表明随着温度的升高，浮力作用越来越强，促使街区内的主涡旋分成两个涡旋。檀姊静利用 RNG k-ε 湍流模型研究了二维街区风热环境对污染物分布的影响，认为街区内热效应对污染物分布有很大影响，当街区表面热力作用与外界来流作用方向相同时，街区内涡旋强度最大，近地面风速最高，污染物浓度最小；当两者作用方向相反时，易形成多涡结构。另外，根据 SOMUCH 系列现场实验，Yang 等利用 RNG k-ε 湍流模型研究了全尺度二维街区（街区高宽比分别为 3 和 5）雷诺数独立性准则和不同壁面热效应对街区流场和通风的影响，结果显示临界雷诺数远大于常用的临界值 11000，当雷诺数较小时容易出现多涡结构，并且热效应能够有效加强街区内的对流扩散。

尽管考虑热效应的风洞试验一直以来都作为验证 CFD 模拟的标准，但其对流场的影响却颇有争议，如上文所述热效应在风洞试验中对流场有显著的影响，甚至改变了流动结构，而在全尺度现场观测中发现尽管存在温度差，但其引起的热效应对整个流场（流动结构、涡旋数量等）的影响却可以忽略。综合分析认为：一方面，风洞和数值模拟中二维街区容易出现多涡结构，这容易预见，但完全的二维街区实际中却不存在，即便是街区长度足够长，也很难保证街区内流场不受街区两侧凹凸不平的建筑物表面以及街区边缘效应的影响；另一方面，实际现场测量时风速、风向随时变化，而风洞和数值模拟时风向固定垂直于街区，这也能明显影响结果之间的可对比性。

1.2.4 国内外研究现状总结与分析

根据前文分析可知，风热环境对污染物分布的影响得到了一定程度的关注。

小微尺度风热环境对污染物扩散的影响取得了丰富的研究成果，但也存在一些不足，具体如下。

① 由文献综述可知，目前国内外关于温度层结和局部热效应对污染物扩散影响的研究取得了阶段性的成果，但仍十分欠缺，尤其是国内研究相对匮乏。研究对象单一且多为二维模型，缺乏系统的三维模型研究；影响因素单一，缺乏多因素耦合影响研究。另外，目前研究局部热效应仅考虑均匀温度表面，对于非均匀温度表面对流场及污染扩散影响的研究有待完善，尤其是三维街区内非均匀表面温度的研究。

② 关于数值模拟方面，目前的研究重点之一为湍流模型的选择，主要集中在 LES 和 RANS 上。但是尽管利用 LES 模型进行研究的学者很多，但 LES 技术并不成熟，入口湍流产生困难，尤其是考虑热效应时，入口湍流技术更加复杂，且缺乏相应的指南，计算十分耗时，其结果的可靠性仍有待检验。那么在计算资源有限的情况下，将边界层理论与传统 RANS 方法相结合，以广泛应用于工程和科研值得探讨。

1.3 风热环境数值模拟的意义及重要性

风热环境数值模拟的意义及重要性主要体现在以下几个方面。

(1) 城市可持续发展

城市风热环境研究对于城市可持续发展具有重要意义。随着城市化进程的加快，城市下垫面结构的改变影响了城市的风热环境，进而影响城市的通风能力与空气质量。数值模拟能够帮助预测和评估城市风热环境变化，为城市规划和可持续发展提供科学依据。

(2) 居民健康

风热环境直接影响居民的健康和舒适度。城市风环境的变化会影响空气中污染物的扩散，而城市热环境的变化则会影响室外热舒适性，并可能增加夏季建筑空调能耗以及热应激相关疾病的患病率与死亡率。通过数值模拟，可以优化城市设计，改善居民的风热舒适性。

(3) 气候变化适应性

城市风热环境的研究对于适应气候变化具有重要作用。城市是气候变化影响和风险的热点区域，研究城市风热环境对于建设可持续城市气候至关重要。

（4）提高预测精度

随着高性能计算能力的不断提升和数值模拟方法的改进，计算流体力学（CFD）已经广泛应用于城市风热环境预测，提高了预测的精度和效率。

（5）多学科交叉整合

CFD 技术拓展至城市风热环境研究的多个学科领域，包括气象学、风景园林学、建筑学、地理信息和遥感，实现了多学科交叉整合，促进了研究者对城市风热环境的全面理解。

（6）综合解决方案

CFD 技术为应对城市气候变化提供了综合解决方案。通过模拟建筑形态布局、植被、水体以及冷性材料对城市风热环境的影响，可以为城市规划和设计提供参考。

（7）优化和拓展研究

未来，CFD 技术在城市风热环境研究中将具有更广阔的发展前景和潜力，建议从提升模型验证可靠性、提升模拟效率和精度等方面进一步优化和拓展。

综上所述，风热环境数值模拟对于理解和改善城市风热环境、提升城市居民生活质量、适应气候变化以及推动城市可持续发展具有重要的意义和作用。

第2章 流体力学与计算流体力学基础

2.1 流体力学基础

本节主要介绍流体力学的重要基础知识，包括流体力学的基本概念和基本方程。流体力学基础知识是进行流体力学工程计算的基础。

2.1.1 基本概念

(1) 流体的密度

流体的密度的定义是单位体积内所含物质的多少。若密度是均匀的，则：

$$\rho=\frac{m}{V} \tag{2-1}$$

式中 ρ——流体的密度，kg/m^3；

m——流体质量，kg；

V——流体体积，m^3。

对于密度不均匀的流体，其某一点处密度的定义为：

$$\rho=\lim_{\Delta V\to 0}\frac{\Delta m}{\Delta V} \tag{2-2}$$

式中 Δm——流体质量的变化量，kg；

ΔV——流体体积的变化量，m^3。

(2) 流体的重度

流体的重度指单位体积流体的重量，常用符号 γ 表示，如下：

$$\gamma = G/V \tag{2-3}$$

式中 G——流体的重量，N；

V——流体的体积，m^3。

(3) 流体的比重

流体的比重定义为流体的密度与 4℃时水的密度之比。

(4) 流体的黏性

在研究流体流动时，若考虑流体的黏性，则称为黏性流动，相应地称流体为黏性流体；若不考虑流体的黏性，则称为理想流体的流动，相应地称流体为理想流体。

流体的黏性可由牛顿内摩擦定律表示：

$$\tau = \mu \frac{du}{dy} \tag{2-4}$$

式中 τ——黏性力，Pa；

μ——流体的动力黏度，Pa·s；

y——流层相对于参考点的距离，m；

$\frac{du}{dy}$——流体的速度梯度，s^{-1}。

牛顿内摩擦定律适用于空气、水、石油等大多数机械工业中的常用流体。凡是符合切应力与速度梯度成正比的流体都叫作牛顿流体，即严格满足牛顿内摩擦定律且 μ 为常数的流体，否则就称其为非牛顿流体。例如，熔化的沥青、糖浆等流体均属于非牛顿流体。

非牛顿流体有以下 3 种不同类型。

① 塑性流体，如牙膏等。塑性流体有一个保持不产生剪切变形的初始应力 τ_0，只有克服了这个初始应力，其切应力才与速度梯度成正比。

$$\tau = \tau_0 + \mu \frac{du}{dy} \tag{2-5}$$

式中 τ——黏性力，Pa；

τ_0——初始应力，Pa；

μ——流体的动力黏度，Pa·s；

$\frac{du}{dy}$——流体的速度梯度，s^{-1}。

② 假塑性流体，如泥浆等。其切应力与速度梯度的关系为：

$$\tau=\mu\left(\frac{\mathrm{d}u}{\mathrm{d}y}\right)^n \quad (n<1) \tag{2-6}$$

式中 τ——黏性力，Pa；

μ——流体的动力黏度，Pa·s；

$\frac{\mathrm{d}u}{\mathrm{d}y}$——流体的速度梯度，$s^{-1}$。

n——系数，无量纲。

③ 胀塑性流体，如乳化液等。其切应力与速度梯度的关系为：

$$\tau=\mu\left(\frac{\mathrm{d}u}{\mathrm{d}y}\right)^n \quad (n>1) \tag{2-7}$$

式中 τ——黏性力，Pa；

μ——流体的动力黏度，Pa·s；

$\frac{\mathrm{d}u}{\mathrm{d}y}$——流体的速度梯度，$s^{-1}$。

n——系数，无量纲。

（5）流体的压缩性

流体的压缩性是指在外界条件变化时，其密度和体积发生了变化。这里的条件有两种：一种是外部压强产生了变化；另一种是流体的温度发生了变化。

① 流体的等温压缩率为 β，当质量为 m、体积为 V 的流体外部压强发生 ΔP 的变化时，体积会发生 ΔV 的变化。定义流体的等温压缩率为：

$$\beta=-\frac{\Delta V/V}{\Delta P} \tag{2-8}$$

式中 β——流体的等温压缩率，Pa^{-1}；

V——流体的体积，m^3；

ΔV——流体的体积变化量，m^3。

ΔP——流体外部压强的变化量，Pa。

这里的负号是考虑到 ΔP 与 ΔV 总是符号相反。流体等温压缩率的物理意义为当温度不变时，每增加单位压强所产生的流体体积的相对变化率。

考虑到压缩前后流体的质量不变，上面的公式还有另一种表示形式：

$$\beta=\frac{\mathrm{d}\rho}{\rho \mathrm{d}P} \tag{2-9}$$

式中 β——流体的等温压缩率，Pa^{-1}；

ρ——流体的密度，kg/m^3；

dρ——流体的密度变化量，kg/m^3。

dP——流体外部压强的变化量，Pa。

气体的等温压缩率可由气体状态方程求得：

$$\beta = 1/P \tag{2-10}$$

式中 β——流体的等温压缩率，Pa^{-1}；

P——流体外部压强，Pa。

② 流体的体积膨胀系数为 α，当质量为 m、体积为 V 的流体温度发生 ΔT 的变化时，体积会发生 ΔV 的变化。定义流体的体积膨胀系数为：

$$\alpha = -\frac{\Delta V/V}{\Delta T} \tag{2-11}$$

式中 α——流体的体积膨胀系数，K^{-1}；

V——流体的体积，m^3；

ΔV——流体的体积变化量，m^3。

ΔT——流体温度的变化量，K。

考虑到膨胀前后流体的质量不变，上面的公式还有另一种表示形式：

$$\alpha = -\frac{\mathrm{d}\rho}{\rho \mathrm{d}T} \tag{2-12}$$

式中 α——流体的体积膨胀系数，K^{-1}；

ρ——流体的密度，kg/m^3；

dρ——流体的密度变化量，kg/m^3。

dT——流体温度的变化量，K。

这里的负号是考虑到随着温度的增高，体积必然增大，而密度必然减小；α 的单位为 K^{-1}。体积膨胀系数的物理意义为压强不变时，每增加单位温度所产生的流体体积的相对变化率。

$$\alpha = 1/T \tag{2-13}$$

式中 α——流体的体积膨胀系数，K^{-1}；

T——流体的温度，K。

③ 在研究流体流动过程时，若考虑到流体的压缩性，则称为可压缩流动，相应地称流体为可压缩流体，如相对速度较高的气体流动。若不考虑流体的压缩性，则称为不可压缩流动，相应地称流体为不可压缩流体，如水、油等液体的流动。

(6) 液体的表面张力

液体表面相邻两部分之间的拉应力是分子作用力的一种表现。液面上的分子受液体内部分子吸引而使液面趋于收缩，表现为液面任何两部分之间具体的拉应力，称为表面张力，其方向和液面相切，并与两部分的分界线相垂直。单位长度上的表面张力用 σ 表示，单位是 N/m。

(7) 质量力和表面力

作用在流体微团上的力可分为质量力与表面力。

① 与流体微团质量大小有关并且集中作用在微团质量中心的力称为质量力。比如在重力场中的重力、直线运动的惯性力等。

质量力是一个矢量，一般用单位质量所具有的质量力表示，形式如下：

$$f = f_x i + f_y j + f_z k \tag{2-14}$$

式中 f——单位质量力，m/s^2；

f_x——单位质量力在 x 轴上的投影，m/s^2；

f_y——单位质量力在 y 轴上的投影，m/s^2；

f_z——单位质量力在 z 轴上的投影，m/s^2；

i——x 轴上的矢量分量，无量纲；

j——y 轴上的矢量分量，无量纲；

k——z 轴上的矢量分量，无量纲。

② 大小与表面面积有关而且分布作用在流体表面上的力称为表面力。表面力按其作用方向可以分为两种：一种是沿表面内法线方向的压力，称为正压力；另一种是沿表面切向的摩擦力，称为切应力。

作用在静止流体上的表面力只有沿表面内法线方向的正压力。单位面积上所受到的表面力称为这一点处的静压强。静压强有两个特征：

a. 静压强的方向垂直指向作用面。

b. 流场内一点处静压强的大小与方向无关。

(8) 绝对压强、相对压强与真空度

一个标准大气压的压强是 760mmHg，相当于 101325Pa，通常用 P_{atm} 表示。若压强大于大气压，则以此压强为计算基准得到的压强称为相对压强，也称为表压强，通常用 P_r 表示。

若压强小于大气压，则压强低于大气压的值称为真空度，通常用 P_v 表示。

如果以压强 0Pa 为计算的基准，那么这个压强称为绝对压强，通常用 P_s 表示。

三者的关系如下：

$$P_r=P_s-P_{atm}, P_v=P_{atm}-P_s \tag{2-15}$$

式中　P_r——表压强，Pa；

P_s——绝对压强，Pa；

P_{atm}——标准大气压强，Pa；

P_v——真空度，Pa。

（9）静压、动压和总压

对于静止状态下的流体，只有静压强；对于流动状态的流体，有静压强、动压强和总压强之分。

在一条流线上，流体质点的机械能是守恒的，这就是伯努利（Bernoulli）方程的物理意义。对于理想流体的不可压缩流动，表达式如下：

$$\frac{P}{\rho g}+\frac{v^2}{2g}+z=H \tag{2-16}$$

式中　$\frac{P}{\rho g}$——压强水头，也是压能项，m；

$\frac{v^2}{2g}$——速度水头，也是动能项，m；

z——位置水头，也是重力势能项，m；

H——流体质点的总机械能，也是总水头，m。

若把上式的等式两边同时乘以 ρg，则有：

$$P+\frac{1}{2}\rho v^2+\rho gz=\rho gH \tag{2-17}$$

式中　P——静压强，简称静压，Pa；

$\frac{1}{2}\rho v^2$——动压强，简称动压，Pa；

ρgz——位置势能对应的压强，简称位压，Pa；

ρgH——总压强，简称总压，Pa。

2.1.2　流体流动的分类

流体流动按运动形式分：若 $\mathrm{rot}\vec{v}=0$，则流体做无旋运动；若 $\mathrm{rot}\vec{v}\neq 0$，则流体做有旋运动。其中 $\mathrm{rot}\vec{v}$ 为速度矢量的旋度。

流体流动按时间变化分：若 $\frac{\partial}{\partial t}=0$，即流体的运动参数（如速度、压力等）不随时间发生变化，在不同时刻，流场中同一空间点上的物理量保持恒定，则流体做定常运动；若 $\frac{\partial}{\partial t}\neq 0$，则流体做不定常运动。其中 $\frac{\partial}{\partial t}$ 为流体的运动参数随时间的变化率。

流体流动按空间变化分，有一维运动、二维运动和三维运动。

2.1.3 边界层和物体阻力

(1) 边界层

对于工程实际中大量出现的大雷诺数问题，应该分成两个区域：外部势流区域和边界层区域。

对于外部势流区域，可以忽略黏性力，因此可以采用理想流体运动理论解出外部流动，从而知道边界层外部边界上的压力和速度分布，并将其作为边界层流动的外边界条件。

在边界层区域必须考虑黏性力，而且只有考虑了黏性力才能满足黏性流体的黏附条件。边界层虽小，但是物理量在物面上的分布、摩擦阻力及物面附近的流动都和边界层内流动有联系，因此非常重要。

描述边界层内黏性流体运动的是纳维-斯托克斯（N-S）方程。由于边界层厚度 δ 比特征长度小很多，而且 x 方向速度分量沿法向的变化比切向大得多，因此 N-S 方程可以在边界层内做很大的简化，简化后的方程称为普朗特边界层方程，它是处理边界层流动的基本方程。边界层示意如图 2-1 所示。

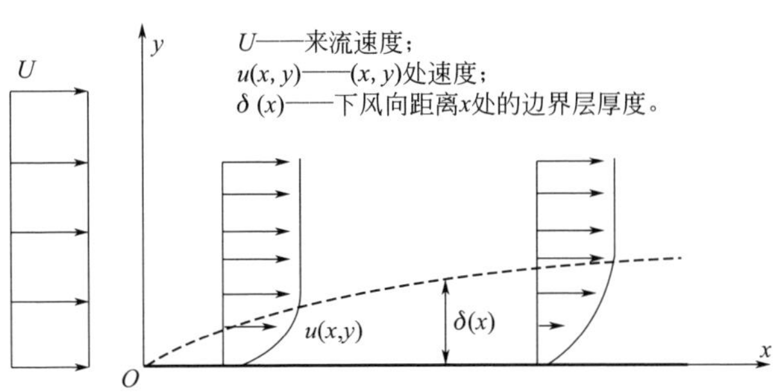

图 2-1 边界层示意

大雷诺数边界层流动的性质：边界层的厚度较物体的特征长度小得多，即

δ/L（边界层相对厚度）是一个小量。边界层内黏性力和惯性力同阶。

对于二维平板或楔边界层方程，通过量阶分析得到：

$$\frac{\partial u}{\partial x}+\frac{\partial v}{\partial y}=0$$

$$\frac{\partial u}{\partial t}+u\frac{\partial u}{\partial x}+v\frac{\partial v}{\partial y}=\frac{\partial U}{\partial t}+U\frac{\partial U}{\partial x}+v\frac{\partial^2 u}{\partial y^2} \tag{2-18}$$

式中 u——速度在 x 轴方向的分量，m/s；

v——速度在 y 轴方向的分量，m/s；

t——时间，s；

U——速度标量，m/s。

边界条件：在物面 $y=0$ 上 $u=v=0$，在 $y=\delta$ 或 $y\to\infty$ 时 $u=U(x)$。

初始条件：$t=t_0$，已知 u、v 的分布。

对于曲面物体，应采用贴体曲面坐标系，从而建立相应的边界层方程。

（2）物体阻力

阻力是由流体绕物体流动所引起的切向应力和压力造成的，故阻力可分为摩擦阻力和压差阻力两种。

① 摩擦阻力是指作用在物体表面的切向应力在来流方向上的投影的总和，是黏性直接作用的结果。

② 压差阻力是指作用在物体表面的压力在来流方向上的投影的总和，是黏性间接作用的结果，是由于边界层的分离在物体尾部区域产生尾涡而形成的。压差阻力的大小与物体的形状有很大关系，故又称为形状阻力。

摩擦阻力与压差阻力之和称为物体阻力。

物体的阻力系数由下式确定：

$$C_D=\frac{F_D}{\frac{1}{2}\rho V_\infty^2 A} \tag{2-19}$$

式中 C_D——物体的阻力系数，无量纲；

F_D——摩擦阻力，N；

ρ——流体的密度，kg/m^3；

V_∞——物体相对流体的运动速度，m/s。

A——物体在垂直于流体运动方向或来流方向的有效面积，m^2。

例如，对于直径为 d 的小圆球的低速运动来说，阻力系数为：

$$C_D=\frac{24}{Re} \tag{2-20}$$

式中　C_D——物体的阻力系数，无量纲；

Re——雷诺数，$Re=\frac{V_\infty d}{v}$，在 $Re<1$ 时，计算值与试验值吻合得较好，无量纲。

2.1.4　层流和湍流

自然界中的流体流动状态主要有两种形式，即层流和湍流。在许多中文文献中，湍流也被译为紊流。层流是指流体在流动过程中两层之间没有相互混掺，而湍流是指流体不是处于分层流动状态。一般说来，湍流是普遍的，而层流属于个别情况。

对于圆管内流动，当 $Re\leqslant2300$ 时，管流一定为层流；当 $Re\geqslant8000$ 时，管流一定为湍流；当 $2300<Re<8000$ 时，流动处于层流与湍流间的过渡区。

因为湍流现象是高度复杂的，所以至今还没有一种方法能够全面、准确地对所有流动问题中的湍流现象进行模拟。在涉及湍流的计算中，都要对湍流模型的模拟能力和计算所需的系统资源进行综合考虑，再选择合适的湍流模型进行模拟。

Fluent 中采用的湍流模拟方法包括 Spalat-Allmaras 模型、Standard K-Epsilon 模型、RNG（重整化群）K-Epsilon 模型、Realizable K-Epsilon 模型、v2-f 模型、RSM（Reynolds stress model，雷诺应力模型）和 LES（large eddy simulation，大涡模拟）方法。

2.1.5　流体流动的控制方程

流体流动要受物理守恒定律的支配，基本的守恒定律包括质量守恒定律、动量守恒定律和能量守恒定律。

如果流动包含不同成分的混合或相互作用，系统还要遵守组分守恒定律。如果流动处于湍流状态，系统还要遵守附加湍流输运方程。控制方程是这些守恒定律的数学描述。

(1) 质量守恒方程

任何流动问题都必须满足质量守恒定律。该定律可表述为：单位时间内流体微元体中质量的增加，等于同一时间间隔内流入该微元体的净质量。按照这一定律，可以得出质量守恒方程：

$$\frac{\partial \rho}{\partial t}+\frac{\partial}{\partial x_i}(\rho u_i)=S_m \tag{2-21}$$

式中　ρ——流体的密度，kg/m^3；

t——时间，s；

u_i——速度在 i 方向的分量，m/s；

x_i——x 轴上的矢量分量，无量纲；

S_m——源项，是从分散的二级相中加入到连续相的质量（比如由于液滴的蒸发），也可以是任何自定义源项。

该方程是质量守恒方程的一般形式，适用于可压流动和不可压流动。

（2）动量守恒方程

动量守恒定律也是任何流动系统都必须满足的基本定律。该定律可表述为：微元体中流体的动量对时间的变化率等于外界作用在该微元体上的各种力之和。

该定律实际上是牛顿第二定律。按照这一定律，可导出动量守恒方程：

$$\frac{\partial}{\partial t}(\rho u_i)+\frac{\partial}{\partial x_j}(\rho u_i u_j)=-\frac{\partial P}{\partial x_i}+\frac{\partial \tau_{ij}}{\partial x_j}+\rho g_i+F_i \tag{2-22}$$

式中　u_j——速度在 j 方向的分量，m/s；

x_j——y 轴上的矢量分量，无量纲；

P——静压，Pa；

u_i——速度在 i 方向的分量，m/s；

τ_{ij}——应力张量，N/m^2；

g_i——i 方向上的重力体积力，m/s^2；

F_i——i 方向上的外部体积力（如离散相互作用产生的升力），m/s^2。

（3）能量守恒方程

能量守恒定律是包含热交换的流动系统必须满足的基本定律。该定律可表述为：微元体中能量的增加率等于进入微元体的净热流量加上体积力与表面力对微元体所做的功。该定律实际是热力学第一定律。

流体的能量 E 通常是内能 i、动能 $K=\frac{1}{2}(u^2+v^2+w^2)$ 和势能 P 三项之和，内能 i 与温度 T 之间存在一定关系，即 $i=c_pT$，其中 c_p 是定压比热容。可以得到以温度 T 为变量的能量守恒方程：

$$\frac{\partial(\rho T)}{\partial t}+\operatorname{div}(\rho u T)=\operatorname{div}\left(\frac{k}{c_p}\operatorname{grad}T\right)+S_T \tag{2-23}$$

式中 ρ——流体的密度，kg/m^3；

T——温度，K；

t——时间，s；

div——散度函数符号；

grad——梯度函数符号；

u——速度；

k——流体的传热系数，$W/(m^2 \cdot K)$；

c_p——定压比热容，$J/(kg \cdot K)$；

S_T——流体的内热源及由于黏性作用流体机械能转换为热能的部分，有时简称 S_T 为黏性耗散项，J。

2.2 计算流体力学基础

本节介绍计算流体力学的一些重要基础知识，包括计算流体力学的基本概念、求解过程、数值求解方法等。了解计算流体力学的基础知识，有助于理解 CFD 软件中相应的设置方法，是做好工程模拟分析的根基。

2.2.1 计算流体力学的发展

计算流体力学（CFD）的发展是一个跨学科、技术驱动的过程，它随着计算机技术的进步而不断演进。CFD 的发展经历了几个关键阶段：

（1）早期发展（20 世纪初～40 年代）

流体流动的基本控制方程（纳维-斯托克斯方程）已被构建，为理解流体行为提供了理论框架。纳维-斯托克斯方程是描述流体运动的偏微分方程，基于质量、动量和能量的守恒方程，被视为流体行为建模的主要控制方程。

（2）计算机的出现（20 世纪 50～60 年代）

电子计算机的出现使得高速执行复杂的计算成为可能，为曾经被认为无法解决的流体流动问题提供了答案。

（3）数值方法（20世纪60～70年代）

数值方法的应用使研究人员能够将域划分为由较小单元组成的网格，以求解每个单元内的流体属性，从而分析更复杂的几何结构和边界条件。

（4）高性能计算（HPC）（2000年至今）

随着HPC的发展，人们可以在更短的时间内运行规模更大、更复杂的CFD模型。HPC强大的处理功能使工程师能够对复杂的流程执行规模庞大的计算，例如，分析飞行中的整架飞机。

CFD的潜力仅受计算硬件能力的限制。随着硬件和软件技术的进步，科学计算可以从中央处理器（CPU）过渡到图形处理器（GPU），包括将多个GPU应用于CFD仿真，从而实现速度和准确性的巨大飞跃。机器学习技术与大量流体动力学数据结合，为促进CFD领域的发展提供了一种全新的变革性的方法。机器学习在CFD中的应用包括数据驱动的替代模型、物理信息驱动的替代模型和机器学习辅助的数值解决方案。CFD技术在化工领域的应用包括填料塔、旋流分离器、生化反应器、干燥器、流化床、换热器等方面。CFD的发展是一个不断进化的过程，它随着计算能力的提升、数值算法的改进和跨学科研究的深入而不断进步。未来CFD有望在更多领域展现其强大的模拟和预测能力。

2.2.2 计算流体力学的求解过程

计算流体力学（CFD）的求解是一个系统而复杂的过程，涉及多个步骤和方法。CFD求解过程一般遵循以下步骤：

（1）建立控制方程

CFD求解的第一步是建立控制方程，这些方程通常包括质量守恒方程（连续性方程）、动量守恒方程（纳维-斯托克斯方程）和能量守恒方程。对于特定问题，可能还需要包括湍流模型方程。

（2）确定边界条件和初始条件

初始条件描述了在过程开始时刻各个求解变量的空间分布情况，而边界条件描述了在求解区域边界上变量或其导数的变化规律。

（3）划分计算网格

使用网格生成技术将求解区域离散成有限数量的网格单元。这些网格可以是结构化的，也可以是非结构化的，取决于问题的性质和求解方法。

(4) 离散化控制方程

将控制方程在空间和时间上进行离散化，形成代数方程组。这个过程涉及选择适当的离散化方法，如有限差分法（FDM）、有限元法（FEM）和有限体积法（FVM）。

(5) 求解离散方程

使用数值方法求解得到的代数方程组。这可能涉及迭代方法，如 Gauss-Seidel 迭代法或 Newton-Raphson 方法等。

(6) 处理压力和速度耦合

在 CFD 中，压力和速度是相互耦合的。常用的压力-速度耦合算法包括 SIMPLE 算法、SIMPLEC 算法和 PISO 算法。这些算法通过迭代过程求解速度场和压力场。

(7) 结果可视化

将计算结果通过图形化的方式展示出来，如流线图、矢量图、等值线图等，以便于分析和理解流场特性。

(8) 验证和调整

CFD 求解过程中需要不断验证计算结果的准确性，必要时调整模型和参数，以确保模拟结果的可靠性。

CFD 的求解过程是一个迭代和逐步细化的过程，需要根据具体的流动问题和计算条件进行相应的调整和优化。通过这个过程，CFD 能够模拟和预测流体流动的各种复杂现象，为工程设计和科学研究提供重要的支持。

2.2.3 数值模拟方法和分类

在运用 CFD 方法对一些实际问题进行模拟时，常常需要设置工作环境、设置边界条件和选择算法等，特别是算法的选择，对模拟的效率及正确性有很大的影响，需要特别重视。要正确设置数值模拟的条件，有必要了解数值模拟的过程。

随着计算机技术和计算方法的发展，许多复杂的工程问题都可以采用区域离散化的数值计算并借助计算机得到满足工程要求的数值解。数值模拟技术是现代工程学形成和发展的重要动力之一。

区域离散化就是用一组有限个离散的点来代替原来连续的空间。实施过程是把所计算的区域划分成许多互不重叠的子区域，确定每个子区域的节点位置和该节点所代表的控制体积。

节点是指需要求解的未知物理量的几何位置、控制体积、应用控制方程或守恒定律的最小几何单位。

一般把节点看成控制体积的代表。控制体积和子区域并不总是重合的。在区域离散化过程开始时，由一系列直线或曲线簇划分出来的小区域称为子区域。网格是离散的基础，网格节点是离散化物理量的存储位置。

常用的离散化方法有有限差分法、有限元法和有限体积法。对这三种方法分别介绍如下：

(1) 有限差分法 (FDM)

有限差分法是数值解法中最经典的方法。它是将求解区域划分为差分网格，用有限个网格节点代替连续的求解域，然后将偏微分方程的导数用差商代替，推导出含有离散点上有限个未知数的差分方程组。

该方法的产生和发展比较早，也比较成熟，较多用于求解双曲线和抛物线型问题。用它求解边界条件复杂，尤其是椭圆型问题不如有限元法或有限体积法方便。

构造差分的方法有多种形式，目前主要采用的是泰勒级数展开方法。其基本的差分表达式主要有一阶向前差分、一阶向后差分、一阶中心差分和二阶中心差分四种形式，其中前两种格式为一阶计算精度，后两种格式为二阶计算精度。通过对时间和空间这几种不同差分格式的组合，可以构建出不同的差分计算格式。

(2) 有限元法 (FEM)

有限元法是将一个连续的求解域任意分成适当形状的许多微小单元，并于各微小单元分片构造插值函数，然后根据极值原理（变分或加权余量法），将问题的控制方程转化为所有单元上的有限元方程，把总体的极值作为各单元极值之和，即将局部单元总体合成，形成嵌入了指定边界条件的代数方程组，求解该方程组就得到各节点上待求的函数值。

有限元法对椭圆型问题有更好的适应性。有限元法求解的速度比有限差分法和有限体积法慢，在商用 CFD 软件中应用并不广泛。目前常用的商用 CFD 软件中，只有 FIDAP 采用的是有限元法。

(3) 有限体积法 (FVM)

有限体积法又称为控制体积法，是将计算区域划分为网格，并使每个网格点周围有一个互不重复的控制体积，将待解的微分方程对每个控制体积积分，从而得到一组离散方程。其中的未知数是网格节点上的因变量。子域法加离散，就是有限体积法的基本思想。有限体积法的基本思路易于理解，并能得出直接的物理解释。离散方程的物理意义就是因变量在有限大小的控制体积中的守恒原理，如同微分方程表示因变量在无限小的控制体积中的守恒原理一样。

有限体积法得出的离散方程，要求因变量的积分守恒对任意一组控制集体都得到满足，对整个计算区域，自然也得到满足，这是有限体积法吸引人的优点。有一些离散方法，例如有限差分法，仅当网格极其细密时，离散方程才满足积分守恒；而有限体积法即使在粗网格情况下，也显示出准确的积分守恒。

就离散方法而言，有限体积法可视作有限元法和有限差分法的中间产物。三者各有所长。有限差分法直观，理论成熟，精度可选，但是不规则区域处理烦琐。虽然网格生成可以使有限差分法应用于不规则区域，但是对于区域的连续性等要求较严。使用有限差分法的好处在于易于编程，易于并行。有限元法适用于处理复杂区域，精度可选。缺点是内存和计算量巨大，并行不如有限差分法和有限体积法直观。有限体积法适用于流体计算，可以应用于不规则网格，适用于并行，但是精度基本上只能是二阶。有限元法在应力应变、高频电磁场方面的特殊优点正逐步受到人们的重视。

由于 ANSYS CFD 是基于有限体积法的，所以下面将以有限体积法为例介绍数值模拟的基础知识。

2.2.4 有限体积法的基本思想

有限体积法是从流体运动积分形式的守恒方程出发来建立离散方程。

三维对流扩散方程的守恒型微分方程如下：

$$\frac{\partial(\rho\o)}{\partial t}+\frac{\partial(\rho u\o)}{\partial x}+\frac{\partial(\rho v\o)}{\partial y}+\frac{\partial(\rho w\o)}{\partial z}=$$

$$\frac{\partial}{\partial x}\left(K\frac{\partial\o}{\partial x}\right)+\frac{\partial}{\partial x}\left(K\frac{\partial\o}{\partial y}\right)+\frac{\partial}{\partial x}\left(K\frac{\partial\o}{\partial z}\right)+S_{\o} \tag{2-24}$$

式中 ρ——流体的密度，$\mathrm{kg/m^3}$；

t——时间，s；

$\o$——对流扩散物质函数，如温度、浓度；

u——速度在 x 轴上的分量，m/s；

v——速度在 y 轴上的分量，m/s；

w——速度在 z 轴上的分量，m/s；

K——扩散系数，m^2/s；

$S_ø$——对流扩散源项。

上式用散度和梯度可表示为：

$$\frac{\partial(\rho ø)}{\partial t}+\mathrm{div}(\rho u ø)=\mathrm{div}(K\,\mathrm{grad}ø)+S_ø \tag{2-25}$$

在时间步长 Δt 和控制体体积 V_C 内对式(2-25) 积分，可得：

$$\int_{V_C}\left[\int_t^{t+\Delta t}\frac{\partial(\rho ø)}{\partial t}\mathrm{d}t\right]\mathrm{d}V+\int_t^{t+\Delta t}\left[\int_A n(\rho u ø)\mathrm{d}A\right]\mathrm{d}t=$$

$$\int_t^{t+\Delta t}\left[\int_A n(K\,\mathrm{grad}ø)\mathrm{d}A\right]\mathrm{d}t+\int_t^{t+\Delta t}\int_{V_C}S_ø\mathrm{d}V\mathrm{d}t \tag{2-26}$$

式中 V_C——控制体体积，m^3；

Δt——时间变化量，s；

n——控制体数量；

A——控制体的表面积，m^2。

式中散度积分已用格林公式化为面积积分。

该方程的物理意义是：Δt 时间段和体积 V_C 内 $\rho ø$ 的变化，加上 Δt 时间段通过控制体表面的对流量 $\rho u ø$，等于 Δt 时间段通过控制体表面的扩散量，加上 Δt 时间段控制体体积 V_C 内源项的变化。

例如一维非定常热扩散方程：

$$\rho c\,\frac{\partial T}{\partial t}=\frac{\partial}{\partial x}\left(k\,\frac{\partial T}{\partial t}\right)+S \tag{2-27}$$

式中 ρ——流体的密度，kg/m^3；

c——流体的深度，mol/L；

T——温度，K；

t——时间，s；

k——流体的传热系数，$W/(m^2\cdot K)$；

S——对流扩散温度源项。

在 Δt 时间段和控制体体积 V_C 内对式(2-27) 积分，得：

$$\int_t^{t+\Delta t}\int_{V_C}\rho c\,\frac{\partial T}{\partial t}\mathrm{d}V\mathrm{d}t=\int_t^{t+\Delta t}\int_{V_C}\frac{\partial}{\partial}\left(k\,\frac{\partial T}{\partial x}\right)\mathrm{d}V\mathrm{d}t+\int_t^{t+\Delta t}\int_{V_C}S\mathrm{d}V\mathrm{d}t \tag{2-28}$$

式中　Δt——时间变化量（时间段），s；

V_C——控制体体积，m^3。

如图 2-2 所示，上式可写成如下形式：

$$\int_w^e \left[\int_t^{t+\Delta t} \rho c \frac{\partial T}{\partial t} \mathrm{d}t\right] \mathrm{d}V = \int_t^{t+\Delta t} \left[\left(kA\frac{\partial T}{\partial x}\right)_e - \left(kA\frac{\partial T}{\partial x}\right)_w\right] \mathrm{d}t + \int_t^{t+\Delta t} \bar{S}\Delta V \mathrm{d}t \quad (2\text{-}29)$$

式中　A——控制体的表面积，m^2；

ΔV——体积变化量，m^3，$\Delta V = A\Delta x$；

Δx——控制体宽度，m；

$\bar{S}$——平均对流扩散源项。

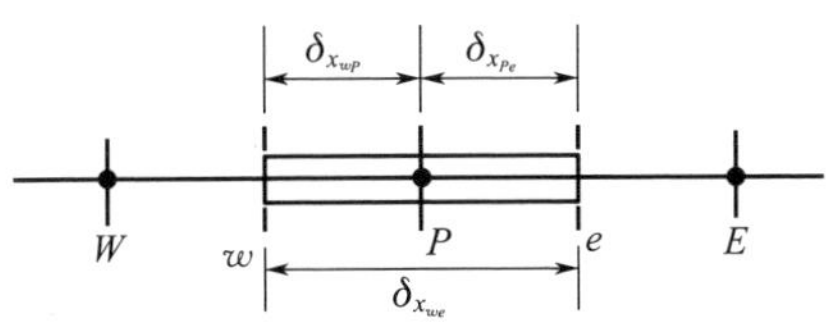

图 2-2　一维有限体积单元示意

W，P，E—计算域上相邻的 3 个节点编号；w—W 点和 P 点间的任意点；e—P 点和 E 点间的任意点；$\delta_{x_{wP}}$—w 点和 P 点间距离；$\delta_{x_{Pe}}$—P 点和 e 点间距离；$\delta_{x_{we}}$—w 点和 e 点间距离

设 P 点 t 时刻的温度为 T_P^0，而 $t+\Delta t$ 时的 P 点温度为 T_P，则式(2-29) 可转化为：

$$\rho c(T_P - T_P^0)\Delta V = \int_t^{t+\Delta t} \left[k_e A \frac{T_E - T_P}{\delta_{xPE}} - k_w A \frac{T_P - T_W}{\delta_{xWP}}\right] \mathrm{d}t + \int_t^{t+\Delta t} \bar{S}\Delta V \mathrm{d}t \quad (2\text{-}30)$$

式中　T_P^0——P 点 t 时刻的温度，K；

T_P——P 点 $t+\Delta t$ 时的温度，K；

T_E——E 点 $t+\Delta t$ 时的温度，K；

T_W——W 点 $t+\Delta t$ 时的温度，K；

k_e——e 点的传热系数，W/(m^2·K)；

k_w——w 点的传热系数，W/(m^2·K)；

δ_{xPE}——P 点和 E 点之间距离，m；

δ_{xWP}——W 点和 P 点之间距离，m；

$\bar{S}$——平均对流扩散源项。

为了计算上式右端的 T_P、T_E 和 T_W 对时间的积分，引入一个权数 $\theta = 0 \sim 1$，将积分表示成 t 和 $t+\Delta t$ 时刻的线性关系，如下：

$$I_T=\int_t^{t+\Delta t} T_P \mathrm{d}t=[\theta T_P+(1-\theta)T_P^0]\Delta t \tag{2-31}$$

式中 I_T——T_P 在 Δt 时间内的积分，K·s。

式(2-30) 可写成：

$$\rho c\left(\frac{T_P-T_P^0}{\Delta t}\right)\Delta x=\theta\left[\frac{k_e(T_E-T_P)}{\delta_{xPE}}-\frac{k_w(T_P-T_W)}{\delta_{xWP}}\right]+$$

$$(1-\theta)\left[\frac{k_e(T_E^0-T_P^0)}{\delta_{xPE}}-\frac{k_w(T_P^0-T_W^0)}{\delta_{xWP}}\right]+\bar{S}\Delta x \tag{2-32}$$

式中 θ——权数，无量纲。

列出计算域上所有相邻三个节点上的方程，则可形成求解域中所有未知量的线性代数方程，给出边界条件后可求解代数方程组。

由于流体运动的基本规律都是守恒定律，而有限体积法的离散形式也是守恒的，因此有限体积法在流体流动计算中应用广泛。

2.2.5 有限体积法的求解方法

控制方程被离散化以后，就可以进行求解了。下面介绍几种常用的压力与速度耦合求解算法，分别是 SIMPLE 算法、SIMPLEC 算法和 PISO 算法。

(1) SIMPLE 算法

SIMPLE 算法是目前工程实际中应用最为广泛的一种流场计算方法，它属于压力修正法的一种。该方法的核心是采用“猜测-修正”的过程，在交错网格的基础上来计算压力场，从而达到求解动量方程的目的。

SIMPLE 算法的基本思想可以叙述为：对于给定的压力场，求解离散形式的动量方程，得到速度场。因为压力是假定的或者不精确的，这样得到的速度场一般都不满足连续性方程的条件，因此，必须对给定的压力场进行修正。修正的原则是修正后的压力场相对应的速度场能满足这一迭代层次上的连续方程。

根据这个原则，把由动量方程的离散形式所规定的压力与速度的关系代入连续方程的离散形式，从而得到压力修正方程，再由压力修正方程得到压力修正值。接着，根据修正后的压力场，求得新的速度场。然后检查速度场是否收敛。若不收敛，用修正后的压力值作为给定压力场，开始下一层次的计算，直到获得收敛的解为止。上面所述的过程中，核心问题在于如何获得压力修正值以及如何根据压力修正值构造速度修正方程。

（2）SIMPLEC 算法

SIMPLEC 算法与 SIMPLE 算法在基本思路上是一致的，不同之处在于 SIMPLEC 算法在通量修正方法上有所改进，加快了计算的收敛速度。

（3）PISO 算法

PISO 算法的压力-速度耦合格式是 SIMPLE 算法族的一部分，它是基于压力与速度校正之间的高度近似关系的一种算法。SIMPLE 和 SIMPLEC 算法的一个限制就是在压力校正方程解出之后新的速度值和相应的流量不满足动量平衡。因此必须重复计算直至平衡得到满足。

为了提高该计算的效率，PISO 算法执行了两个附加的校正：相邻校正和偏斜校正。PISO 算法的主要思想就是将压力校正方程求解阶段中的 SIMPLE 和 SIMPLEC 算法所需的重复计算移除。经过一个或更多的附加 PISO 循环，校正的速度会更接近满足连续性和动量方程。这一迭代过程被称为动量校正或者邻近校正。

PISO 算法在每个迭代中要花费稍多的 CPU 时间但是极大地减少了达到收敛所需要的迭代次数，尤其是对于过渡问题，这一优点更为明显。对于具有一定倾斜度的网格，单元表面质量流量校正和邻近单元压力校正差值之间的关系是相当简略的。因为沿着单元表面的压力校正梯度的分量开始是未知的，所以需要进行一个和上面所述的 PISO 邻近校正中相似的迭代步骤。

初始化压力校正方程的解之后，重新计算压力校正梯度，然后用重新计算出来的值更新质量流量校正。这个被称为偏斜校正的过程极大地减小了计算高度扭曲网格时所遇到的收敛性困难。PISO 偏斜校正可以使我们在基本相同的迭代步骤中，从高度偏斜的网格上得到与更为正交的网格上不相上下的解。

2.3 计算流体力学应用领域

计算流体力学应用领域广泛，具体如下。

（1）航空航天工程

CFD 在航空航天领域的应用包括飞机设计和性能分析，模拟空气动力学效应，如升力、阻力和失速等。通过优化飞机外形和机翼设计，可以提高飞机的燃油效率和性能，降低飞行噪声，并确保飞机的飞行安全。

（2）汽车工业

在汽车工业中，CFD 被广泛应用于车辆外形设计、空气动力学优化和散热系统分析。通过对汽车流场的模拟，可以减少气动阻力，提高燃油效率，降低车辆的尾气排放和噪声，提高汽车的稳定性和安全性。

（3）船舶与海洋工程

CFD 在船舶设计和海洋工程中可以模拟水流对船体的影响，优化船体形状和推进器设计，减少船舶的阻力和能耗，提高船舶的航行性能。此外，CFD 还可以用于模拟海洋环境，如海洋波浪、潮流和海洋结构物的受力情况，为海洋工程的设计和建设提供重要参考。

（4）能源和环境工程

CFD 在能源领域应用于发电厂项目以实现高效率和低污染的目标，也用于反应堆项目。在环境工程中，CFD 可以用于分析和优化涉及加热或冷却环节的设备工艺。

（5）生物医学工程

CFD 在生物医学领域的应用包括分析人体中的流体流动，例如，流经循环系统的血流和流经呼吸系统的气流。它还可用于加速医疗设备的开发，以及评估新药的潜在疗效。

（6）化学和采矿工程

在化学工业中，CFD 技术用于模拟特定条件下的流体流动和热量传递情况，主要用于预测流体流动的方向和状态，并收集流体流动信息，以设计化工行业的流体流动并提高控制效率。例如，通过模拟反应物在设备中的流动、混合和反应，CFD 可以提供对反应器内部复杂流动和反应过程的详细描述，从而为优化反应器设计提供可靠的数据支持。此外，还可用于换热器传热分析、精馏塔的模拟等。

采矿和矿物加工过程中有很多的流动现象，运用 CFD 技术进行的气体及料浆的分布和流动等研究工作，为采矿的安全与防治提供了理论指导。例如，采矿工作面合理通风方式、自然发火防治、瓦斯治理技术、充填浆管道输送、巷道内的煤尘运移规律等的研究。

（7）民用和环境工程

CFD 在民用和环境工程中的应用涉及建筑通风、火灾安全、水处理和污染控制等方面。

2.4 常用的 CFD 软件

(1) ANSYS Fluent

ANSYS 的 Fluent 是一款功能强大的 CFD 软件，具有广泛的建模和求解能力，适用于多个行业和领域。

(2) ANSYS CFX

CFX 是全球首个发展和使用全隐式多网格耦合求解技术的商业化软件，特别适用于旋转机械应用，如泵、风扇、压缩机等。

(3) Siemens Simcenter STAR-CCM＋

STAR-CCM＋是一款多物理场的 CFD 软件，提供了强大的建模和后处理功能，适用于复杂的流体动力学问题。

(4) Open FOAM

虽然不是商用软件，但 Open FOAM 是一个完全由 C＋＋编写，在 Linux 下运行，面向对象的计算流体力学（CFD）类库，因其开源特性而被广泛使用。

第 3 章 基于温度层结的建筑物侧边比对孤立建筑物周围流场和污染物扩散的影响

孤立建筑物是复杂城市结构的基本单元。孤立建筑周围的气流和污染物扩散的研究是许多城市研究的基础，非常适合参数化研究。但目前关于孤立建筑物的研究主要集中在三个方面：一是建筑布局的影响，特别是建筑高度和迎风侧宽度，通常这两个因素对流场的影响更为显著；二是湍流模型的选择（RANS 或 LES）；三是温度层结对污染扩散的影响。本章研究的提出主要基于以下几方面：①与建筑物高度和迎风侧宽度相比，建筑物长度对孤立建筑物周围流场及污染物扩散的影响很少有人研究。②如 Zhang 等所述，目前单因素的研究相对较多，耦合效应的研究相对较少，这将是以后研究的重点。本章研究了温度层结、建筑侧边比（即建筑物长度和迎风侧宽度的比值）以及来流风向角的耦合效应。③尽管有研究表明利用 RNG k-ε 湍流模型预测浓度场更为精确，但其普适性有待验证，尤其是对于以污染物扩散为重点的研究中，污染源的位置不同，湍流模型的选择应更加谨慎。④以孤立建筑为研究对象，具有现实意义。例如出于环境和安全方面的考虑，很多工业项目建在偏远地区，周围建筑物较少的工业项目可以被认为是孤立的建筑。那么研究单个建筑周围的污染物扩散对排放源常规排放和事故排放都有很重要的意义。

3.1 模型验证

3.1.1 风洞试验概述

本研究使用日本建筑学会（AIJ）的数据集中的风洞试验结果进行模型验证分析，风洞试验数据库见 AIJ 网站。本次主要选取数据库中的流场、温度场和浓度场进行验证分析。风洞试验在东京工业大学热分层风洞（风洞测量截面：1.2m×1.0m）中进行。建筑物模型高度（H）为 160mm，宽度（W）为 80mm，长度（D）为 80mm。建筑物模型位于不稳定边界层中，总体理查森数 $Ri_b=-0.08$。

建筑物高度处风速 $U_H=1.46\text{m/s}$，基于建筑物高度处的雷诺数 $Re_H=15000$。风洞地面温度 $T_f=318.8\text{K}$。污染源（直径 5mm）位于距离建筑物背风侧 40mm 处地面上，污染物为乙烯（C_2H_4，体积分数为 5%），排放体积流量 $Q_V=9.17\times10^{-6}\text{m}^3/\text{s}$，排放出口速度为 0.47m/s。试验中采用裂膜探针测定风速，用冷线法测定空气温度，用快速响应火焰电离检测器测定气体浓度，采样频率为 1000Hz。

图 3-1 为风洞试验入口归一化流向速度（u/U_H）、湍流动能（k/U_H^2）和温度 [$(T-T_f)/\Delta T$] 廓线。图 3-2 为风洞测量点位示意。需要说明：u 为 x 轴方向的速度分量，k 为湍流动能，T 为温度，ΔT 为地面温度和高度为 H 处的温度差。

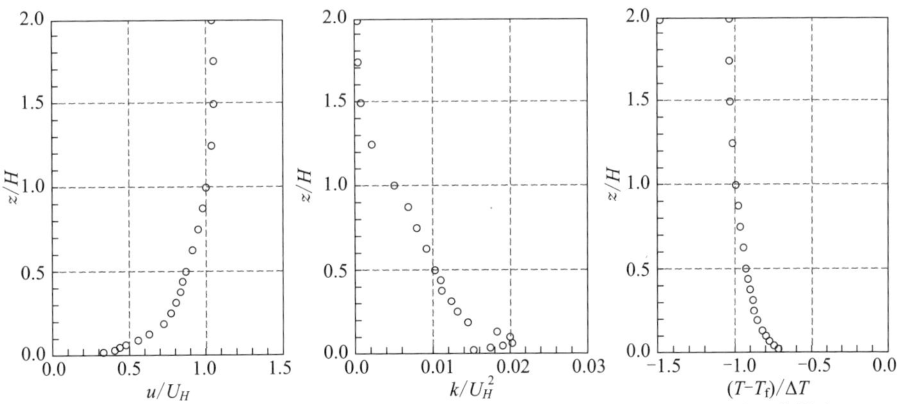

(a) 归一化流向速度　(b) 归一化湍流动能　(c) 归一化温度

图 3-1 风洞入口归一化流向速度、湍流动能和温度廓线

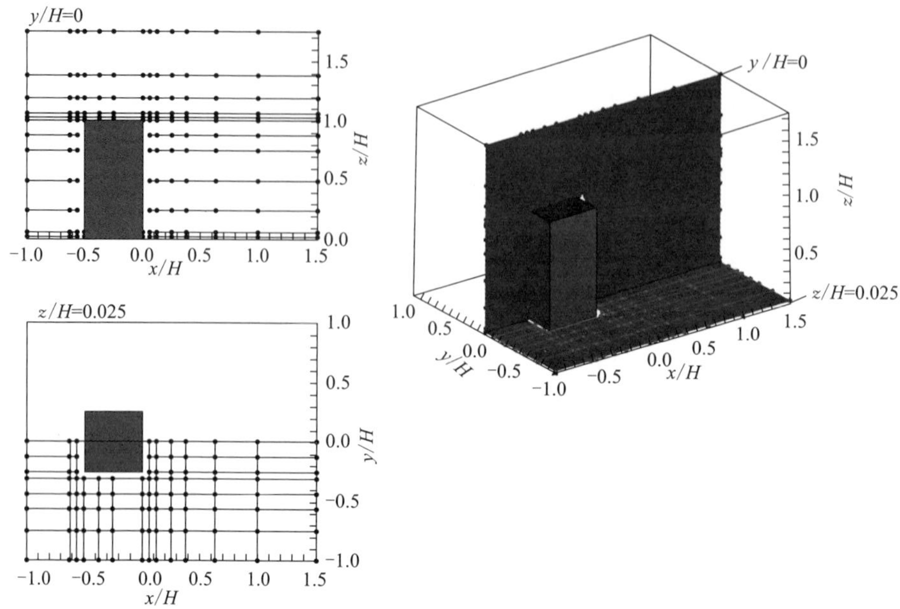

图 3-2 风洞测量点位示意

3.1.2 模型验证设置

3.1.2.1 计算域及网格设置

数值模拟验证案例中建筑物、污染源参数与风洞试验一致，设置计算域为 $17H \times 7.5H \times 6.25H$（长×宽×高，计算域宽度和高度与风洞试验测量截面一致），阻塞率（定义为建筑物迎风面面积与计算域截面积的比值）为 1.0%，满足数值模拟对阻塞率小于 3%的要求。基本网格采用结构化网格，建筑物划分为 $16(x) \times 16(y) \times 32(z)$，近地面第一层网格高度为 0.008m，近地面无量纲距离（y^+）约为 22，网格总数为 142 万。除基本网格外，还采用了精细网格来验证网格独立性。精细网格仍采用结构化网格，建筑物划分为 $32(x) \times 32(y) \times 48(z)$。图 3-3 为网格设置情况俯视图（书后另见彩图）。

需要说明的是结构化网格具有生成速度快、网格质量好、计算收敛速度快的优点，适用于形状规则的模型。本研究模型形状简单，因此采用结构化网格，这也是形状规则的模型使用最广泛的网格种类。另外日本建筑学会（AIJ）研究了结构化网格和非结构化网格对孤立建筑物周围流场模拟结果的影响，结果表明两

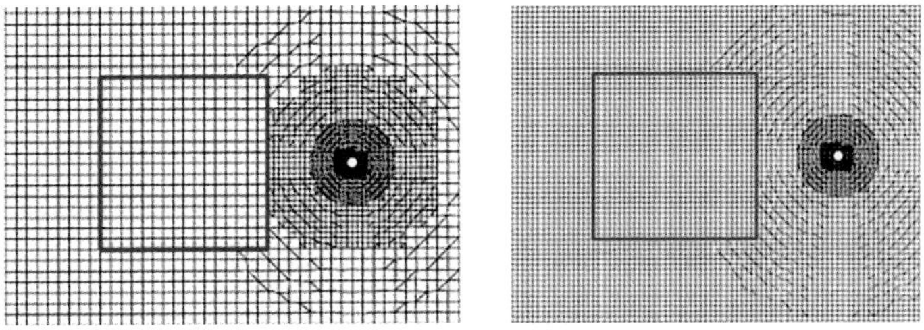

(a) 基本网格设置 (b) 精细网格设置

图 3-3 网格设置俯视图

(红色实线为建筑物轮廓)

者模拟结果基本一致。即使是对于形状不规则的城市建筑物模型，结构化网格的模拟结果与非结构化网格的模拟结果也基本一致。

3.1.2.2 数值模拟研究方法

本次采用 CFD 软件 ANSYS Fluent 提供的标准 k-ε 湍流模型并添加源项 $S_ε$ 后进行验证（同时对比了 RNG k-ε 湍流模型，分别简称为 SKE 和 RNG）。

标准 k-ε 湍流模型是最著名的湍流模型之一，自 Launder 和 Spalding 提出以来，已经成为实际工程流体计算的主力，其具有计算稳定、快速、经济可行、准确性高的特点，广泛应用于流动和传热模拟。标准 k-ε 湍流模型的湍流动能 k 和湍流耗散率 ε 的传输方程如下：

$$\frac{\partial}{\partial t}(\rho k)+\frac{\partial}{\partial x_i}(\rho k u_i)=\frac{\partial}{\partial x_j}\left[\left(\mu+\frac{\mu_t}{\sigma_k}\right)\frac{\partial k}{\partial x_j}\right]+G_k+G_b-\rho\varepsilon+S_k \tag{3-1}$$

$$\frac{\partial}{\partial t}(\rho\varepsilon)+\frac{\partial}{\partial x_i}(\rho\varepsilon u_i)=\frac{\partial}{\partial x_j}\left[\left(\mu+\frac{\mu_t}{\sigma_\varepsilon}\right)\frac{\partial\varepsilon}{\partial x_j}\right]+C_{1\varepsilon}\frac{\varepsilon}{k}(G_k+C_{3\varepsilon}G_b)-C_{2\varepsilon}\rho\frac{\varepsilon^2}{k}+S_\varepsilon \tag{3-2}$$

$$\mu_t=\rho C_\mu\frac{k^2}{\varepsilon} \tag{3-3}$$

$$G_k=-\rho\overline{u_i'u_j'}\frac{\partial u_j}{\partial x_i} \tag{3-4}$$

$$G_b=\beta g_i\frac{\mu_t}{Pr_t}\times\frac{\partial T}{\partial x_i}=-g_i\frac{\mu_t}{\rho Pr_t}\times\frac{\partial\rho}{\partial x_i} \tag{3-5}$$

$$\beta=-\frac{1}{\rho}\left(\frac{\partial\rho}{\partial T}\right)_p \tag{3-6}$$

式中 u_i——沿 x_i 方向的速度分量，m/s；

u_j——沿 x_j 方向的速度分量，m/s；

ρ——流体的密度，kg/m^3；

k——湍流动能，J/kg；

u_i'——i 方向的脉动速度，m/s；

u_j'——j 方向的脉动速度，m/s；

g_i——重力加速度在 i 方向的分量，m/s^2；

Pr_t——湍流普朗特数，无量纲；

β——热膨胀系数，$℃^{-1}$；

p——压力，Pa；

μ——流体的动力黏度，Pa·s；

μ_t——湍流涡黏性系数，m^2/s；

σ_k——湍流动能的湍流普朗特（Prandtl）数，无量纲；

σ_ε——湍流耗散率的湍流普朗特（Prandtl）数，无量纲；

T——温度，K；

t——时间，s；

G_k——由于平均速度梯度产生的湍流动能，按照式(3-4) 计算，J/kg；

ε——湍流耗散率，W/m^3；

G_b——由于浮力产生的湍流动能，按照式(3-5) 计算，J/kg；

C_μ——常数，无量纲；

$C_{1\varepsilon}$——常数，无量纲；

$C_{2\varepsilon}$——常数，无量纲；

$C_{3\varepsilon}$——常数，无量纲；

S_k——用户定义源项；

S_ε——用户定义源项。

湍流模型常数见表 3-1。

表 3-1　标准 k-ε 湍流模型常数

$C_{1\varepsilon}$	$C_{2\varepsilon}$	C_μ	σ_k	σ_ε	Pr_t
1.44	1.92	0.09	1.0	1.3	0.85

本研究通过对标准 k-ε 湍流模型的 ε 方程添加源项的方法对湍流模式进行了修正，以考虑不同的大气温度层结。该源项主要基于莫宁-奥布霍夫相似理论，参考 Pontiggia 等研究结果，并扩展到不稳定温度层结。奥布霍夫长度(L) 公式见式(3-7)。

$$L=\frac{u_*^3}{\kappa\left(\frac{g}{T_0}\right)\times\left(\frac{-q}{c_p\rho}\right)}=\frac{u_*^2}{\kappa\left(\frac{g}{T_0}\right)T_*} \tag{3-7}$$

式中　L——奥布霍夫长度，m；

u_*——摩擦速度，m/s；

κ——卡门常数（=0.41），无量纲；

g——重力加速度，m/s^2；

T_0——参照温度，K；

q——表面热通量，W/m^2；

c_p——定压比热容，J/(kg·K)；

ρ——流体的密度，kg/m^3；

T_*——地表温度尺度，K。

中性条件和非等温条件下，源项 S_ε 分别根据式(3-8) 和式(3-9) 通过 Fluent 的用户自定义程序（UDF）进行添加：

$$S_\varepsilon=\frac{\rho u_*^4}{z^2}\left[\frac{(C_{2\varepsilon}-C_{1\varepsilon})\sqrt{C_\mu}}{\kappa^2}-\frac{1}{\sigma_\varepsilon}\right]-\mu\frac{u_*^3}{2\kappa z^3} \tag{3-8}$$

$$S_\varepsilon=\frac{\rho u_*^4}{z^2}\left[\frac{(C_{2\varepsilon}-C_{1\varepsilon})\sqrt{C_\mu}}{\kappa^2}\Phi_h^2\sqrt{\frac{\Phi_h}{\Phi_m}}-\frac{1}{\sigma_\varepsilon}\left(\frac{2}{\Phi_m}-\frac{1}{\Phi_m^2}+\frac{T_*}{\kappa T}\right)\right]-\mu\frac{2u_*^3}{\kappa z^3} \tag{3-9}$$

式中　μ——空气黏性系数，Pa·s；

Φ_m,Φ_h——非中性条件修正系数，稳定温度层结按照式(3-10) 计算，不稳定温度层结按照式(3-11) 计算，无量纲。

$$\Phi_m=1+6\frac{z}{L},\Phi_h=0.95+7.8\frac{z}{L} \tag{3-10}$$

$$\Phi_m=\left(1-19.3\frac{z}{L}\right)^{-\frac{1}{4}},\Phi_h=0.95\left(1-11.6\frac{z}{L}\right)^{-\frac{1}{2}} \tag{3-11}$$

3.1.2.3 边界条件设置

计算域入口设置为速度入口，入口风速(u)、湍流动能(k) 和温度(T) 与风洞试验一致，湍流耗散率(ε) 按照式(3-12) 进行估算：

$$\varepsilon\cong P_k\cong-\langle u'w'\rangle\frac{\partial u}{\partial z} \tag{3-12}$$

式中　ε——湍流耗散率，W/m^3；

P_k——湍流动能产生项，W/m^3；

u'——速度波动在 x 轴方向的分量，m/s；

w'——速度波动在 y 轴方向的分量，m/s。

式(3-12) 中 $\langle u'w' \rangle$ 为实验测得。

建筑物模型表面、计算域地面设置为无滑移壁面并使用标准壁面函数，地面温度设置为 318.8K。计算域两个侧面（即平行于 x 轴的平面）以及顶面设置为对称边界条件。湍流施密特数设置为 $Sc_t=0.7$。需要说明：湍流施密特数(Sc_t)在 0.2～1.3 之间且最优值在 0.7～0.9 之间。与实验值相比，较小的湍流施密特数可以更好地预测浓度场，这弥补了稳态 RANS 计算低估湍流动量扩散的缺点。然而这种弥补不能推广，也不推荐。此外，Flesch 根据现场实验认为湍流施密特数对大气稳定度不敏感。因此，本研究将湍流施密特数值设定为 0.7，其结果最为适中，得到了广泛使用。

在计算中，采用 SIMPLEC（semi-implicit method for pressure linked equations）算法耦合压力方程和动量方程，采用二阶迎风差分格式(UDS) 求解。为了保证计算结果的收敛性，所有变量的残差均应小于 10^{-5}。

3.1.3 模型验证结果分析

图 3-4 为归一化速度场（u/U_H）、温度场［$(T-T_f)/\Delta T$］以及浓度场（C/C_0）的验证结果。验证位置与图 3-2 中风洞试验测量位置基本一致，即垂直剖面上的 6 条垂线位置，分别为 $y/H=0$，$x/H=-0.25$、0.25、0.625、1、1.5 和 2；水平剖面进行了浓度验证，分别为 $z/H=0.025$，$x/H=0.25$、0.625、1、1.5 和 2。

由图 3-4 可以得出以下结论：

① 尽管 CFD 高估了建筑物后方的回流区长度，但计算的速度、温度和浓度分布与风洞试验结果基本一致，表明 CFD 模拟结果可信。

② 基本网格和精细网格的计算结果基本一致，证明基本网格精度足够。

③ 对比不同的湍流模型结果发现，风洞试验测量值在建筑物顶部是负值［见图 3-4(a)］，证明此处出现反向流动。但是当使用 SKE 湍流模型时，建筑物顶部的计算值为正值，表明其不能模拟建筑物顶部的反向流动，而使用 RNG 模型能够模拟建筑物顶部的反向流动，这与他人研究结果一致。主要原因是 SKE 模型高估了建筑物上风向和屋顶迎风角附近的湍流动能，结果导致湍流扩散过度，屋顶上的反向流动没有再现。但是在建筑物后方，RNG 模型明显高估了回

流区长度，而 SKE 更接近实验值。这表明，虽然 RNG 湍流模型在预测污染源位于建筑物屋顶排放时的精度优于 SKE 模型，但在本研究中并非精度更优。因为本研究的污染源位于建筑物背风侧回流区范围内，背风侧回流区附近的流场和速度场的预测精度更为关键。

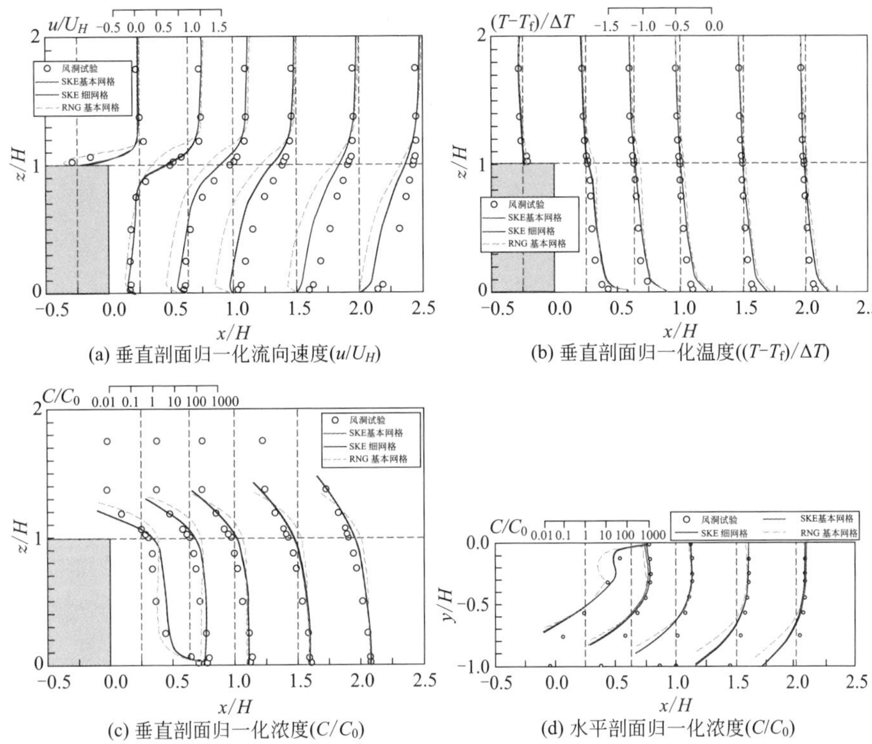

(a) 垂直剖面归一化流向速度(u/U_H)　(b) 垂直剖面归一化温度($(T-T_f)/\Delta T$)

(c) 垂直剖面归一化浓度(C/C_0)　(d) 水平剖面归一化浓度(C/C_0)

图 3-4　数值模拟和风洞试验结果对比

（参照浓度$C_0=\dfrac{C_g \times Q_v}{u_H \times H^2}$，其中$C_g$为示踪气体浓度，$Q_v$为示踪气体体积排放量；灰色矩形为建筑物）

3.2　模型设置

3.2.1　模型的建立及主要参数

为研究温度层结、建筑物侧边比和来流风向角的影响，本研究设置了 3 种不同的温度层结，4 种类型侧边比，5 种来流风向角。

3.2.1.1 温度层结设置

本研究温度层结包括稳定、中性和不稳定温度层结，由总体理查森数(Ri_b)来代表。Ri_b 与温差呈负相关，是现场实验、风洞试验以及数值模拟中常用的温度层结指标，其计算公式见式(3-13)：

$$Ri_b=\frac{g\times H\times(T_H-T_f)}{T_0\times U_H^2} \tag{3-13}$$

式中 Ri_b——总体理查森数，无量纲；

g——重力加速度，m/s^2；

H——高度，m；

T_f——地面温度，K；

T_H——高度为 H 处的温度，K；

T_0——参照温度，K；

U_H——高度为 H 处的速度，m/s。

不同温度层结条件下的入口条件不同，入口风速 [$u(z)$] 和温度 [$T(z)$] 分别采用对数律风廓线和温廓线，见式(3-14) 和式(3-15)：

$$u(z)=\frac{u_*}{\kappa}\left[\ln\left(\frac{z}{z_0}\right)-\psi_m\left(\frac{z}{L}\right)\right] \tag{3-14}$$

$$T(z)=T_{z_r}+\frac{T_*}{\kappa}\left[0.95\ln\left(\frac{z}{z_r}\right)-\psi_h\left(\frac{z}{L}\right)\right] \tag{3-15}$$

式中 u——速度，m/s；

u_*——摩擦速度，m/s；

κ——卡门常数（=0.41），无量纲；

z_0——地表粗糙度长度，m；

z_r——参照高度，m；

L——奥布霍夫长度，按照式(3-7) 计算，m；

T_{z_r}——高度为 z_r 处的参照温度，K；

T_*——地表温度尺度，K；

ψ_m,ψ_h——非中性条件修正系数，按照式(3-16) 计算，无量纲。

$$\psi_m(\zeta)=\int_{\frac{z_0}{L}}^{\frac{z}{L}}[1-\Phi_m]\frac{d\zeta}{\zeta}，\ \psi_h(\zeta)=\int_{\frac{z_r}{L}}^{\frac{z}{L}}[1-\Phi_h]\frac{d\zeta}{\zeta} \tag{3-16}$$

式中　L——奥布霍夫长度，按照式(3-7) 计算，m；

ζ——稳定度因子，无量纲，$\zeta = z/L$；

Φ_m, Φ_h——非中性条件修正系数，稳定温度层结按照式(3-10) 计算，不稳定温度层结按照式(3-11) 计算，无量纲。

将式(3-10) 和式(3-11) 代入式(3-16) 后再代入式(3-14) 和式(3-15) 可得非等温条件下的速度廓线和温度廓线。

入口湍流动能(k) 和湍流耗散率(ε) 采用 Han 等提出的半经验公式。

由此得到不同温度层结条件下的入口风速、温度、湍流动能和湍流耗散率函数如下：

中性条件下入口函数：

$$u(z) = \frac{u_*}{\kappa} \ln\left(\frac{z}{z_0}\right) \tag{3-17}$$

$$T(z) = T(z_r) \tag{3-18}$$

$$k = \begin{cases} 6u_*^2, z \leqslant 0.1b_h \\ 6u_*^2 \left(1 - \frac{z}{b_h}\right)^{1.75}, z > 0.1b_h \end{cases} \tag{3-19}$$

$$\varepsilon = \begin{cases} 1.24 \times \frac{u_*^3}{\kappa z}, z \leqslant 0.1b_h \\ \frac{u_*^3}{\kappa z} \times 1.24 \times \left(1 - 0.85\frac{z}{b_h}\right)^{1.5}, z > 0.1b_h \end{cases} \tag{3-20}$$

式中　u——速度，m/s；

u_*——摩擦速度，m/s；

κ——卡门常数（=0.41），无量纲；

z_0——地表粗糙度长度，m；

z_r——参照高度，m；

k——湍流动能，J/kg；

b_h——大气边界层厚度，m；

ε——湍流耗散率，W/m^3。

稳定温度层结条件下入口函数：

$$u(z) = \frac{u_*}{\kappa}\left[\ln\left(\frac{z}{z_0}\right) + 6\frac{z - z_0}{L}\right] \tag{3-21}$$

$$T(z) = T_{z_r} + \frac{T_*}{\kappa}\left[0.95\ln\left(\frac{z}{z_r}\right) + 7.8\frac{z - z_r}{L}\right] \tag{3-22}$$

$$k=\begin{cases}6u_*^2, & z\leqslant 0.1b_h\\ 6u_*^2\left(1-\dfrac{z}{b_h}\right)^{1.75}, & z>0.1b_h\end{cases}$$

$$\varepsilon=\begin{cases}\dfrac{u_*^3}{\kappa z}\left(1.24+4.3\dfrac{z}{L}\right), & z\leqslant 0.1b_h\\ \dfrac{u_*^3}{\kappa z}\left(1.24+4.3\dfrac{z}{L}\right)\left(1-0.85\dfrac{z}{b_h}\right)^{1.5}, & z>0.1b_h\end{cases} \tag{3-23}$$

式中　u——速度，m/s；

u_*——摩擦速度，m/s；

κ——卡门常数（=0.41），无量纲；

z_0——地表粗糙度长度，m；

L——奥布霍夫长度，按照式(3-7) 计算，m；

z_r——参照高度，m；

T_{z_r}——高度为 z_r 处的参照温度，K；

T_*——地表温度尺度，K；

k——湍流动能，J/kg；

b_h——大气边界层厚度，m；

ε——湍流耗散率，W/m^3。

不稳定温度层结条件下入口函数：

$$u(z)=\frac{u_*}{\kappa}\left[\ln\left(\frac{z}{z_0}\right)-\ln\left(\frac{(1+\alpha)^2}{(1+\alpha_0)^2}\times\frac{(1+\alpha^2)}{(1+\alpha_0^2)}\right)\right]+2\frac{u_*}{\kappa}\left[\tan^{-1}(\alpha)-\tan^{-1}(\alpha_0)\right] \tag{3-24}$$

$$T(z)=T_{z_r}+\frac{T_*}{\kappa}\left[0.95\ln\left(\frac{z}{z_r}\right)-2\ln\left(\frac{\beta+1}{\beta_0+1}\right)\right] \tag{3-25}$$

$$k=\begin{cases}0.36w_*^2+0.85u_*^2\left(1-3\dfrac{z}{L}\right)^{2/3}, & z\leqslant b_h/10\\ 0.54w_*^2, & z>b_h/10\end{cases} \tag{3-26}$$

$$\varepsilon=\begin{cases}\dfrac{u_*^3}{\kappa z}\left(1+0.5\left|\dfrac{z}{L}\right|^{\frac{2}{3}}\right)^{3/2}, & z\leqslant b_h/10\\ \dfrac{w_*^3}{b_h}\left(0.8-0.3\dfrac{z}{b_h}\right), & z>b_h/10\end{cases} \tag{3-27}$$

式中　u——速度，m/s；

u_*——摩擦速度，m/s；

κ——卡门常数（=0.41），无量纲；

z_0——地表粗糙度长度，m；

α——速度修正系数 1，无量纲，$\alpha=\left(1-19.3\dfrac{z}{L}\right)^{\frac{1}{4}}$；

α_0——速度修正系数 2，无量纲，$\alpha_0=\left(1-19.3\dfrac{z_0}{L}\right)^{\frac{1}{4}}$

β——温度修正系数 1，无量纲，$\beta=\left(1-11.6\dfrac{z}{L}\right)^{\frac{1}{2}}$；

β_0——温度修正系数 2，无量纲，$\beta_0=\left(1-11.6\dfrac{z_0}{L}\right)^{\frac{1}{2}}$；

w_*——对流速度尺度，m/s，$w_*=\left(\dfrac{g}{T_0}\times\dfrac{q}{c_p\rho}b_h\right)^{1/3}$；

T_0——参照温度，K；

q——表面热通量，W/m^2；

c_p——定压比热容，J/(kg・K)；

ρ——流体的密度，kg/m^3；

g——重力加速度，m/s^2；

b_h——大气边界层厚度，m。

根据《制定地方大气污染物排放标准的技术方法》(GB/T 3840—91）中关于混合层厚度的计算方法：

$$b_h=\begin{cases}a_s\dfrac{u_{10}}{f}, \text{大气稳定度为 A、B、C 和 D 级时}\\ b_s\sqrt{\dfrac{u_{10}}{f}}, \text{大气稳定度为 E 和 F 级时}\end{cases}\tag{3-28}$$

式中　b_h——大气边界层厚度，m；

a_s——混合层系数 1，无量纲，按照表 3-2 确定；

b_s——混合层系数 2，无量纲，按照表 3-2 确定；

u_{10}——10m 高度处平均风速，m/s；

f——地转参数，$f=2\Omega\sin\Phi$，其中 Ω 为地转角度（$\Omega=7.29\times10^{-5}$rad/s），Φ 为地理纬度。

表 3-2　我国各地区 a_s 和 b_s 值

地区序号		1	2	3	4	5	6	7
a_s	A	0.090	0.073	0.073	0.073	0.056	0.073	0.090
	B	0.067	0.060	0.060	0.060	0.029	0.048	0.067
	C	0.041	0.041	0.041	0.041	0.020	0.031	0.041
	D	0.031	0.019	0.019	0.019	0.012	0.022	0.031
b_s	E	1.66						
	F	0.70						

注：1. 1～7 为地区序号，具体见《制定地方大气污染物排放标准的技术方法》(GB/T 3840—91)；
2. A、B、C、D、E 和 F 为按照帕森奎尔稳定度分类法的稳定度分级。

根据蔡新玲等对西安市 1996～2005 年的统计资料，证明式(3-28) 与监测统计数据相符。

温度层结设置参数见表 3-3，归一化入口风速和温度见图 3-5。

表 3-3　计算案例设置及主要参数

Ri_b	SR①	α②/(°)	U_H/(m/s)	T_H/K	T_f/K	u_*/(m/s)	z_0/m	L/m	T_*/K	b_h/m	w_*/(m/s)
0.052	2	0/22.5/45/67.5/90	4.401	294	292.48	0.19	0.03	40	0.07	200	—
	1.5	0									
	1	0									
	0.5	0									
0	2	0/22.5/45/67.5/90	3.172	294	294	0.20	0.03	∞	0	600	—
	1.5	0									
	1	0									
	0.5	0									
−0.066	2	0/22.5/45/67.5/90	4.339	294	295.87	0.36	0.03	−80	−0.12	1200	1.195
	1.5	0									
	1	0									
	0.5	0									

① SR 表示侧边比；
② α 表示风向角。

3.2.1.2　建筑物模型侧边比设置

建筑物模型的侧边比按照式(3-29) 定义：

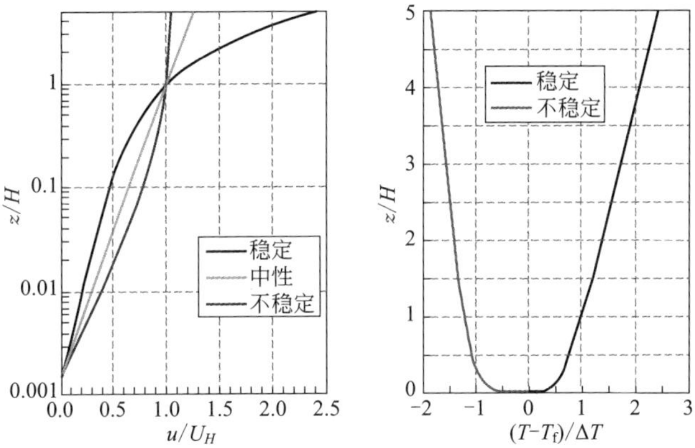

(a) 归一化流向速度　　(b) 归一化温度

图 3-5　数值模拟入口条件

$$SR = L/B \tag{3-29}$$

式中　SR——侧边比，无量纲；

L——建筑物长度，m；

B——建筑物迎风侧宽度，m。

所有案例中建筑物宽度 B 均为 10m，高度 H 均为 20m，长度 L 分别为 20m、15m、10m 和 5m，即建筑物侧边比 SR＝2、1.5、1 和 0.5。建筑物模型示意见图 3-6。

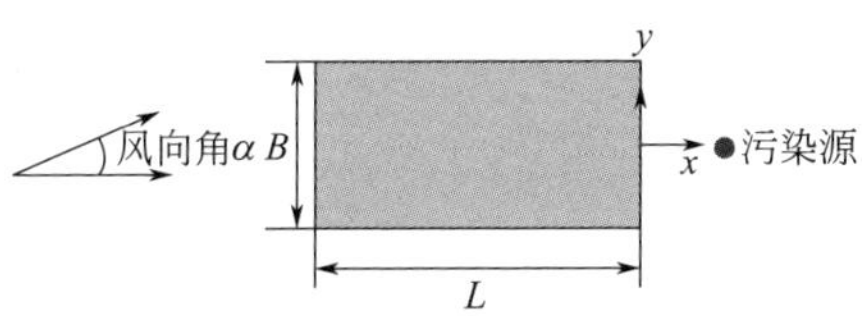

图 3-6　建筑物模型示意（俯视图）

3.2.1.3　风向角设置

来流风向角定义为来流风方向与 x 轴方向的夹角（见图 3-6），本研究设置了 5 种风向角，分别为 $\alpha=0°$、22.5°、45°、67.5°和 90°。

3.2.1.4　污染源位置

本次设置污染源位于建筑物背风侧地面源（距离背风侧 5m）（污染源位置见图 3-6）。污染源直径为 0.5m，选用一氧化碳作为示踪气体，排放温度为 T_g＝294K，浓度（体积分数）为 $C_g=1\times10^{-6}$，体积排放速率为 $Q_V=0.001m^3/s$，排放速度为 $u_g=0.005m/s$，排放速度很小，属于被动扩散。选用一氧化碳作为示踪气体的原因是其密度与空气密度非常接近，因此可以忽略由密度差引起的浮力作用。

3.2.2 模拟设置

3.2.2.1 计算域和网格设置

所有来流风向角 $\alpha=0°$ 的案例的计算域设置为 $16H\times10.5H\times5H$（长×宽×高），即满足建筑物上游 5 倍建筑物高度，侧向 5 倍建筑物高度，下游 10 倍建筑物高度，垂直方向 5 倍建筑物高度的要求，阻塞率为 0.9%，网格采用结构化网格，建筑物划分为 $20(x)\times20(y)\times20(z)$，近地面第一层网格高度为 0.05m，近地面无量纲距离（y^+）为 100～1000，网格总数约为 170 万。所有来流风向角 $\alpha=22.5°$、45°、67.5°和 90°的案例的计算域设置为 $16H\times16H\times5H$（长×宽×高），即满足在不同风向角条件下建筑物上游 5 倍建筑物高度，下游 10 倍建筑物高度的要求，网格采用结构化网格，建筑物划分为 $20(x)\times20(y)\times20(z)$，网格总数约为 170 万～180 万。网格设置示意见图 3-7（书后另见彩图）。

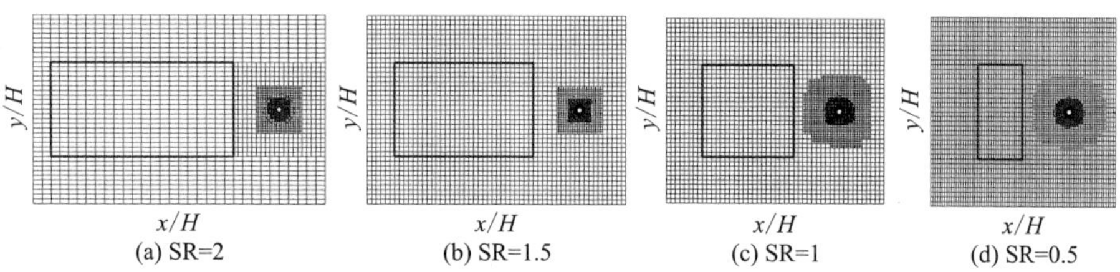

图 3-7 网格示意（俯视图）

（红色实线为建筑物轮廓）

3.2.2.2 数值模拟研究方法及边界条件设置

按照 3.1.2.2 部分介绍选择标准 k-ε 湍流模型并通过 UDF 对 ε 方程添加源项。湍流施密特数设置为 $Sc_t=0.7$。计算采用 SIMPLEC 算法耦合压力方程和动量方程，采用二阶迎风差分格式求解。为了保证计算结果的收敛性，所有变量的残差均应小于 10^{-5}。

计算域入口设置为速度入口，根据表 3-3 及入口函数设置参数，计算域地面设置为无滑移壁面并按照表 3-3 设置粗糙度，计算域两侧及顶面设置对称边界条件，出口为压力出口，污染源设置为质量入口（质量流量、温度、浓度等按照 3.2.1 中介绍的参数设置）。

3.3 结果分析

3.3.1 速度场及流场结构

3.3.1.1 温度层结的影响

图 3-8（书后另见彩图）和图 3-9（书后另见彩图）分别为风向角 $\alpha=0°$时不

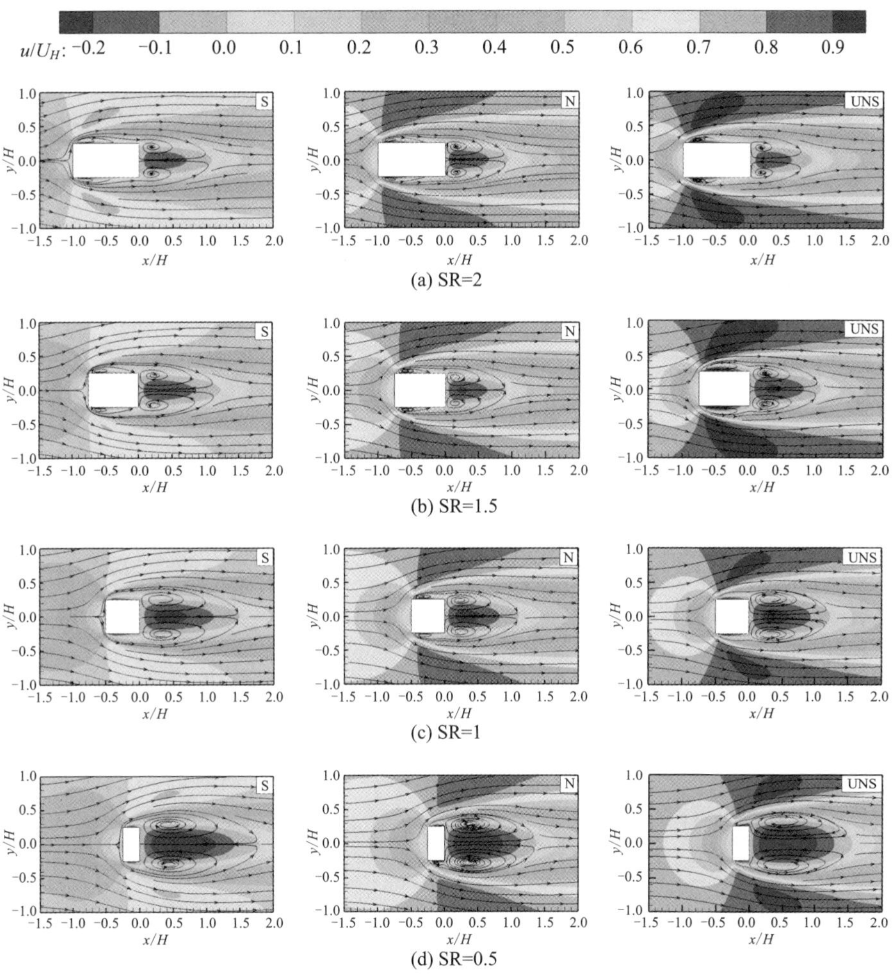

图 3-8 近地面（$z/H=0.1$）归一化流向速度（u/U_H）分布以及平均流线

（S 为稳定条件，N 为中性条件，UNS 为不稳定条件；白色矩形为建筑物）

同温度层结条件下近地面($z/H=0.1$)和垂直剖面($y/H=0$)的归一化流向速度(u/U_H)分布以及平均流线分布。

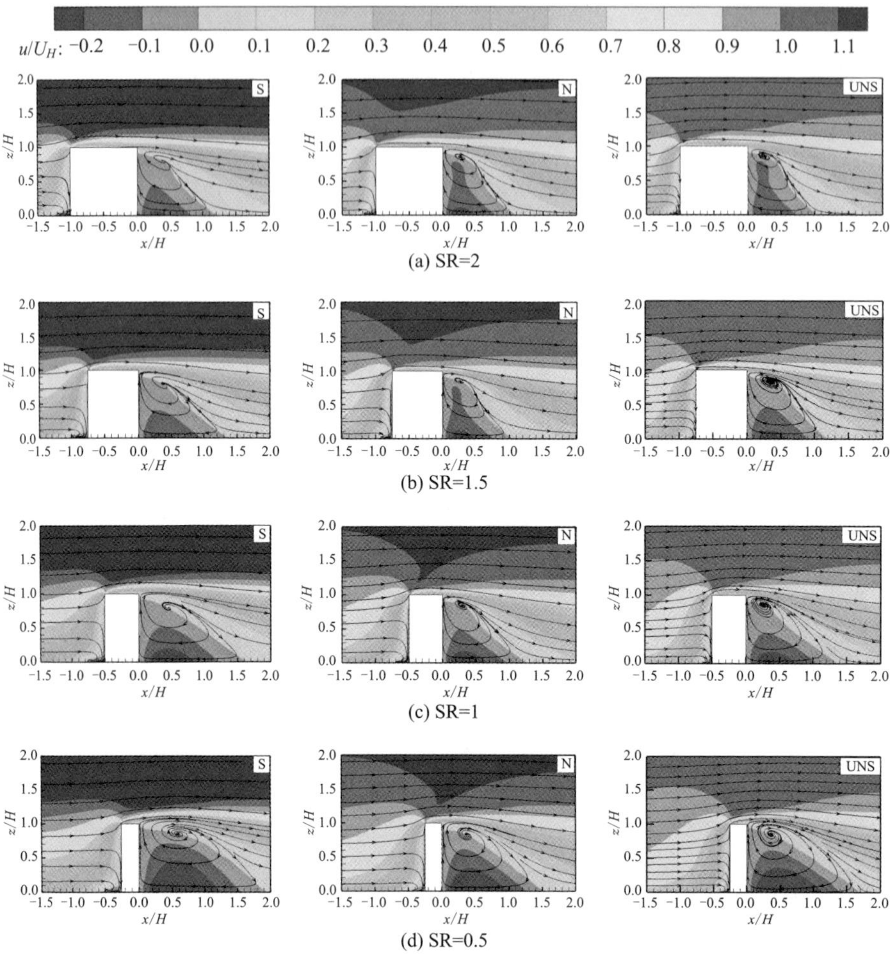

图 3-9 垂直剖面($y/H=0$)归一化流向速度(u/U_H)分布以及平均流线

(S 为稳定条件,N 为中性条件,UNS 为不稳定条件;白色矩形为建筑物)

由图 3-8 及图 3-9 可知,由于建筑物的阻挡作用,建筑物背风侧形成典型的双涡旋。温度层结对流场有很大的影响,尤其是建筑物侧风方向和下风方向区域。尽管 $Ri_b=0.052$ 属于弱稳定温度层结,$Ri_b=-0.066$ 属于弱不稳定温度层结,但是气流形态与中性条件下相比仍然有所不同。对比涡旋中心位置发现稳定条件下的涡旋中心与建筑物背风侧的距离最远,其次为中性条件下,不稳定条件下最近。观察建筑物顶部附近流线发现,不稳定温度层结条件下的流线向地面弯曲程度更大,表明建筑物背风侧垂向速度更大。相反稳定温度层结条件下建筑物顶部附近流线更为平直，表明建筑物背风侧垂向速度相对较小。另外，回流区长度与温度层结有较强的相关性，稳定条件下的回流区长度明显最大，而中性条件和不稳定条件差别不明显。例如，侧边比 SR＝2 时，稳定、中性和不稳定条件下回流区长度分别为 $1.2H$、$1.1H$ 和 $1.0H$；侧边比 SR＝0.5 时，稳定、中性和不稳定条件下回流区长度分别为 $1.9H$、$1.5H$ 和 $1.6H$。

图 3-10（书后另见彩图）为风向角 $\alpha=0°$时不同温度层结条件下垂直剖面（$y/H=0$）的归一化垂向速度（w/U_H）分布及平均流线。

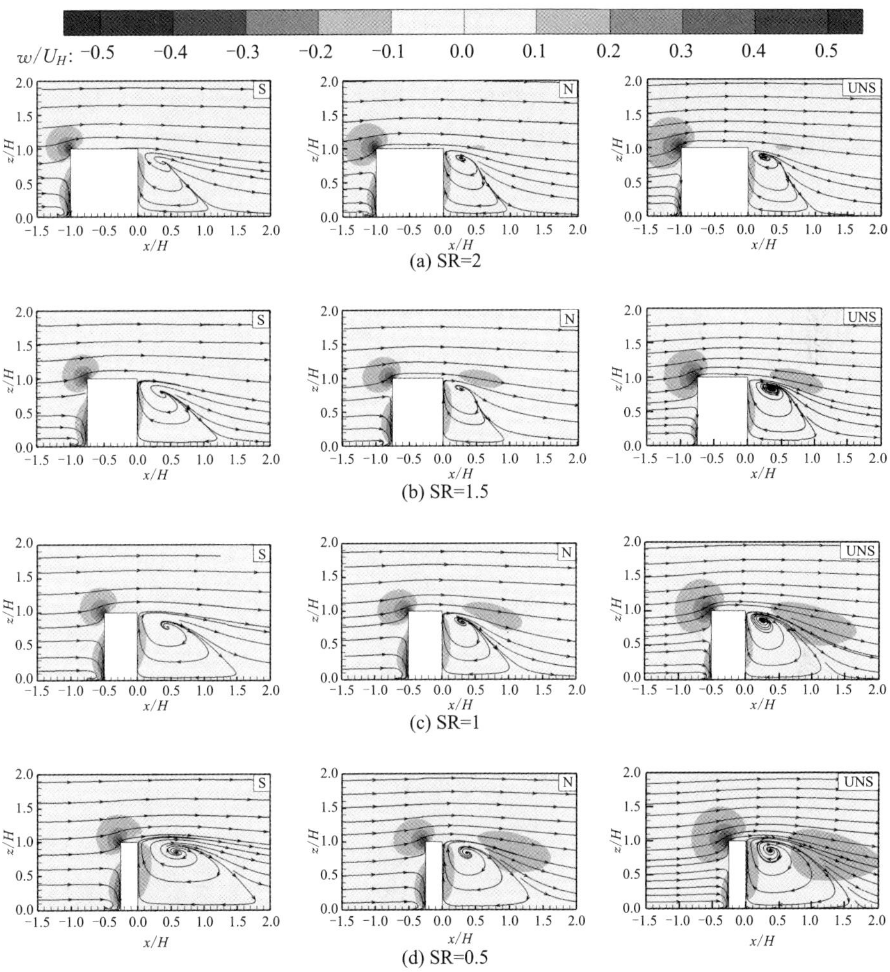

图 3-10 垂直剖面（$y/H=0$）归一化垂向速度（w/U_H）分布以及平均流线

（S 为稳定条件，N 为中性条件，UNS 为不稳定条件；白色矩形为建筑物）

由图 3-10 可知，由于建筑物的阻挡作用，流线在建筑物迎风侧前分离。稳定温度层结条件下，建筑物迎风侧垂直向下气流速度明显大于中性条件下，不稳定条件下最小（图 3-10 中建筑物迎风侧蓝色部分）。对比建筑物迎风侧向上气流速度发现不稳定温度层结条件下的速度最大，中性次之，稳定条件下最小（图 3-10 中建筑物迎风角附近红色部分）。这是由于不稳定条件下此处气流流动方向与浮力方向相同。另一方面，建筑物背风侧垂直向下气流明显与温度层结相关。不稳定条件下垂直向下的速度最大，其次为中性条件，稳定条件下最小。

图 3-11（书后另见彩图）为风向角 $\alpha=0°$时不同温度层结条件下不同垂线位置处的归一化垂向速度（w/U_H）分布。由图 3-11 可知，当建筑物侧边比 SR＝2，$x/H=0.5$ 时，稳定条件下最大垂向速度为－0.068，中性条件下为－0.102，不稳定条件下为－0.116。当建筑物侧边比 SR＝2，$x/H=1.0$ 时，稳定条件下最大垂向速度为－0.064，中性条件下为－0.084，不稳定条件下为－0.097。

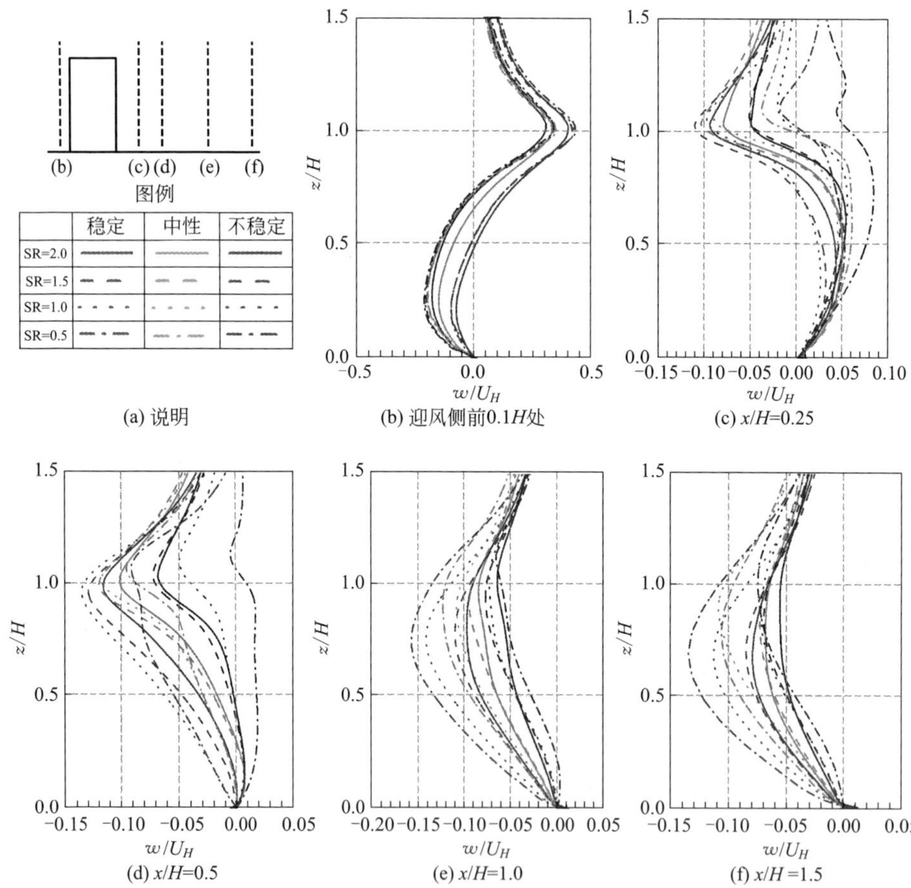

图 3-11 垂直剖面（$y/H=0$）不同垂线位置处归一化垂向速度（w/U_H）分布

3.3.1.2 建筑物侧边比的影响

如 3.2.1.2 部分所述，为研究建筑物长度对流场的影响，设置了不同的建筑物侧边比模型，即建筑物侧边比 SR＝2、1.5、1 和 0.5。由前图 3-8 和图 3-9 可知建筑物侧边比对流场影响显著。随着建筑物侧边比逐渐减小，建筑物背风侧回流区长度和宽度明显增加，背风侧涡旋中心和建筑物背风侧距离增加，背风侧双涡旋中心之间的距离增加，涡旋形态也越来越稳定。例如稳定条件下建筑物侧边比分别为 SR＝2、1.5、1 和 0.5 时，建筑物背风侧回流区长度分别为 $1.2H$、$1.3H$、$1.6H$ 和 $2.0H$，宽度分别为 $0.7H$、$0.8H$、$0.9H$ 和 $1.0H$，涡旋中心与背风侧之间的距离分别为 $0.4H$、$0.45H$、$0.5H$ 和 $0.6H$，背风侧双涡旋中心之间的距离分别为 $0.4H$、$0.45H$、$0.5H$ 和 $0.6H$。分析原因主要有两个：一是由于回流区风速（包括流向风速和垂直风速）随着侧边比的减小而增加，例如稳定条件下，建筑物侧边比分别为 SR＝2、1.5、1 和 0.5 并且 $x/H=0.5$ 时，近地面最大流向风速分别为－0.181、－0.201、－0.259 和－0.338；二是建筑物侧边比较大时，气流会在建筑物侧边出现明显的再附着现象，使得气流流线收紧。

3.3.1.3 风向角的影响

来流风向角与建筑物不同角度的研究具有现实意义。一方面常见的垂直于建筑物表面的研究（即风向角为 0°或者 90°）在实际中遇到的概率较小，因为实际风向、风速具有时变性，地面风向常用 16 方位表示，每相邻方位间的角差为 22.5°，研究不同风向角更符合实际情况。另一方面，在我国尤其是北方地区，考虑到光照、室内通风以及风水等因素，建筑物多为南北朝向。但随着城市建筑密度的逐渐增大，高层民用建筑越来越多，建筑设计师会将建筑物旋转一定的角度以使朝北的房间能得到一定的光照。此外，随着人们对景观观赏性需求的逐步提高，建筑物旋转一定的角度以达到更佳的景观视角的案例也越来越多。然而这种旋转对周围风场以及污染物扩散的影响程度却鲜有研究。因此本研究针对 SR＝2 设置了 $\alpha=0°$、22.5°、45°、67.5°和 90°来分析其对流场的影响。

图 3-12（书后另见彩图）分别为不同风向角在不同温度层结条件下近地面（$z/H=0.1$）归一化风速（U/U_H，$U=\sqrt{u^2+v^2}$）分布以及平均流线。（其中 $\alpha=0°$案例见图 3-8 中 SR＝2 案例，$\alpha=90°$案例与图 3-8 中 SR＝0.5 案例一致，不再重复）

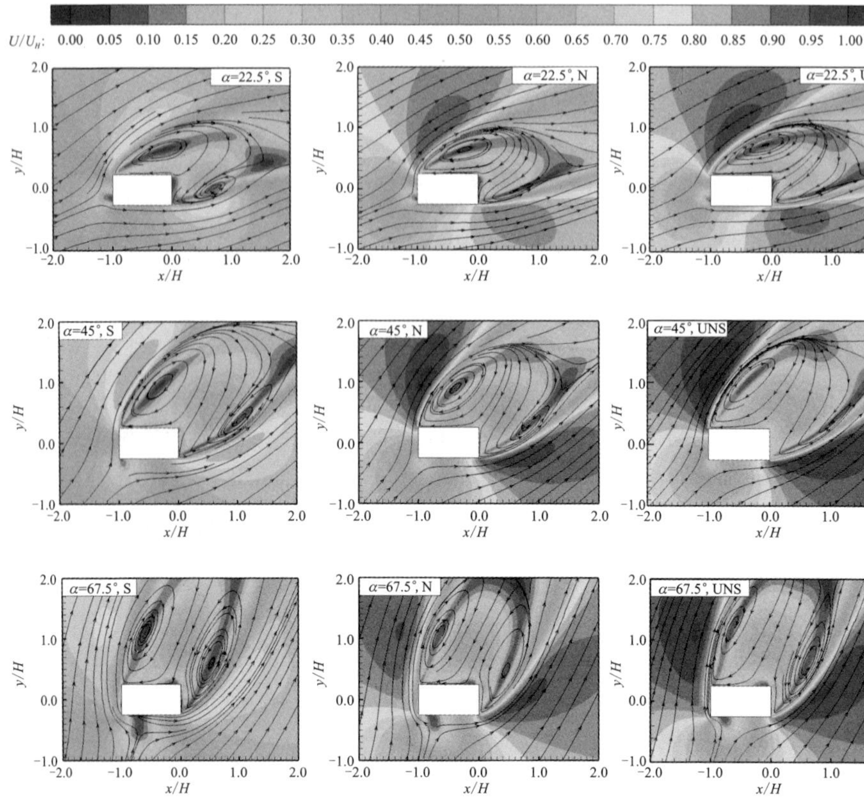

图 3-12 近地面（z/H=0.1）归一化速度（U/U_H）分布以及平均流线

（α 为风向角，S 为稳定条件，N 为中性条件，UNS 为不稳定条件；白色矩形为建筑物）

由图 3-12 明显看出流场对风向角十分敏感。当 $\alpha=22.5°$、45°和 67.5°时，有 2 个迎风面和 2 个背风面，流场发生明显偏转，不再对称。为便于描述将面积较小的迎风面称为 A 迎风面，面积较大的称为 B 迎风面，对应的面积小的背风面称为 A 背风面，面积较大的背风面称为 B 背风面。

当来流风不垂直于迎风面时的近壁面流场变得更加复杂，因为气流需要分离并重新附着在侧壁表面。与垂直风向时的双涡不同，当风向角为 22.5°且稳定条件时，气流在 A 和 B 迎风面交汇处分离，气流几乎紧贴壁面。随后在 B 背风面形成一个大涡旋，A 背风面涡旋较小。中性条件和不稳定条件下，A 背风面涡旋规模变小甚至消失。

当风向角为 45°且在稳定条件下时，气流在 A 和 B 迎风面交汇处分离，气流几乎紧贴壁面，没有产生分离气泡。随后在 B 背风面形成一个大涡旋，A 背风面产生一个小涡旋。中性条件下同样产生一大一小两个涡旋，但小涡旋规模更小。

不稳定条件下的小涡旋最小。

当风向角为 67.5°且在稳定条件下时，气流在 B 迎风面分离。随后在 B 背风面形成一个大涡旋，A 背风面产生一个相对较小的涡旋。中性条件下同样产生一大一小两个涡旋，但小涡旋规模更小。不稳定条件下的小涡旋最小。

总之，相同温度层结条件下，随着风向角的增大，建筑物背风侧小涡旋规模逐渐增大，逐渐由一个涡旋向两个涡旋过渡。并且相对而言迎风面面积越大（或迎风长度越大），背风侧越容易形成双涡旋。容易预见即使是风向的微小变化也会使污染物羽流发生明显的偏转，近地面最大浓度及出现位置会发生很大变化，因此污染物扩散与建筑物和来流风之间的夹角有很大关系。

3.3.2 温度分布

图 3-13（书后另见彩图）和图 3-14（书后另见彩图）为垂直剖面（$y/H=0$）和不同垂线处的归一化温度［$(T-T_f)/\Delta T$］分布（仅展示稳定条件和不稳定条件）。

3.3.2.1 温度层结对温度分布的影响

由图 3-13 可知，稳定条件下，近地面温度低于空气温度，建筑物迎风侧气流垂直向下运动，主要为机械力将上部热空气带向地面，浮力作用很小。在建筑物背风侧，由于背风侧的回流运动使得冷气流向上运动，建筑物背风侧附近温度降低。表明建筑物后面的平均温度场分布主要是受气流运动的影响。不稳定条件下，近地面温度高于空气温度，建筑物迎风侧气流垂直向下运动增强，浮力作用与气流方向相反，使得温度梯度减小，温度层结的影响不明显。在建筑物背风侧，回流区范围内的气流速度明显小于来流风速度，由温差引起的浮力作用变得明显。由于背风侧的回流运动使得热气流向上运动，建筑物背风侧附近温度增加。随着气流向来流恢复，温度层结也逐渐恢复。

尽管建筑物的存在使得回流区范围内温度层结的影响不明显，但是仍有区别。不稳定条件下建筑物背风侧温度梯度更不明显，即当近地面温度高于空气温度时，背风侧回流区的混合增加，有效降低了建筑物高度以下范围与上方气流之间的温度梯度。而在稳定条件下，回流区运动使得近地面冷空气沿建筑物背风侧向上运动，建筑物高度附近和上方气流的温差更大。由此可以推测：当风速较大时，由温差引起的浮力作用被弱化；当风速较小时（如回流区范围），温差引起的浮力作用变得明显，速度场决定温度场，或者说是速度场对温度场的影响更大。

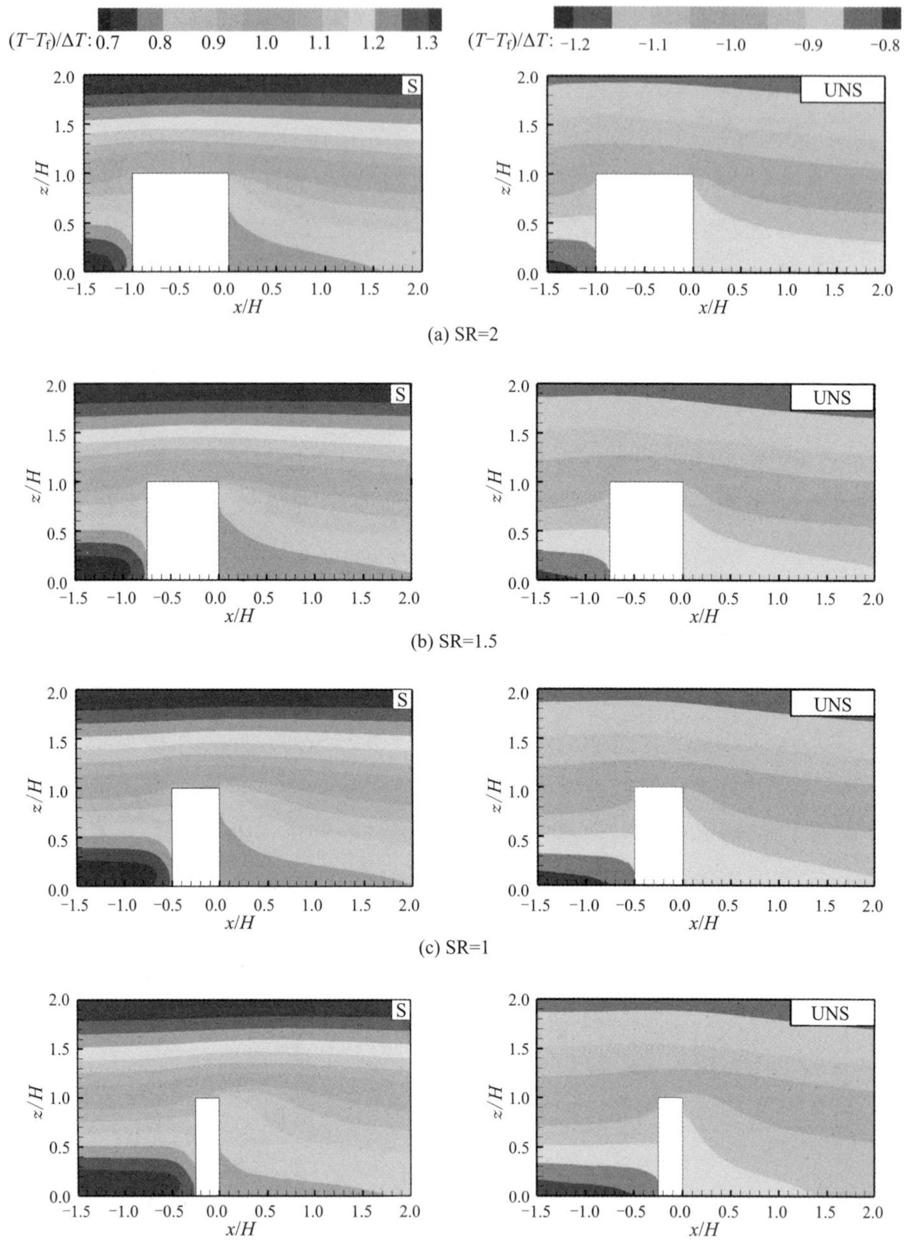

图 3-13 垂直剖面（$y/H=0$）归一化温度［$(T-T_f)/\Delta T$］分布

（S 为稳定条件，UNS 为不稳定条件；白色矩形为建筑物）

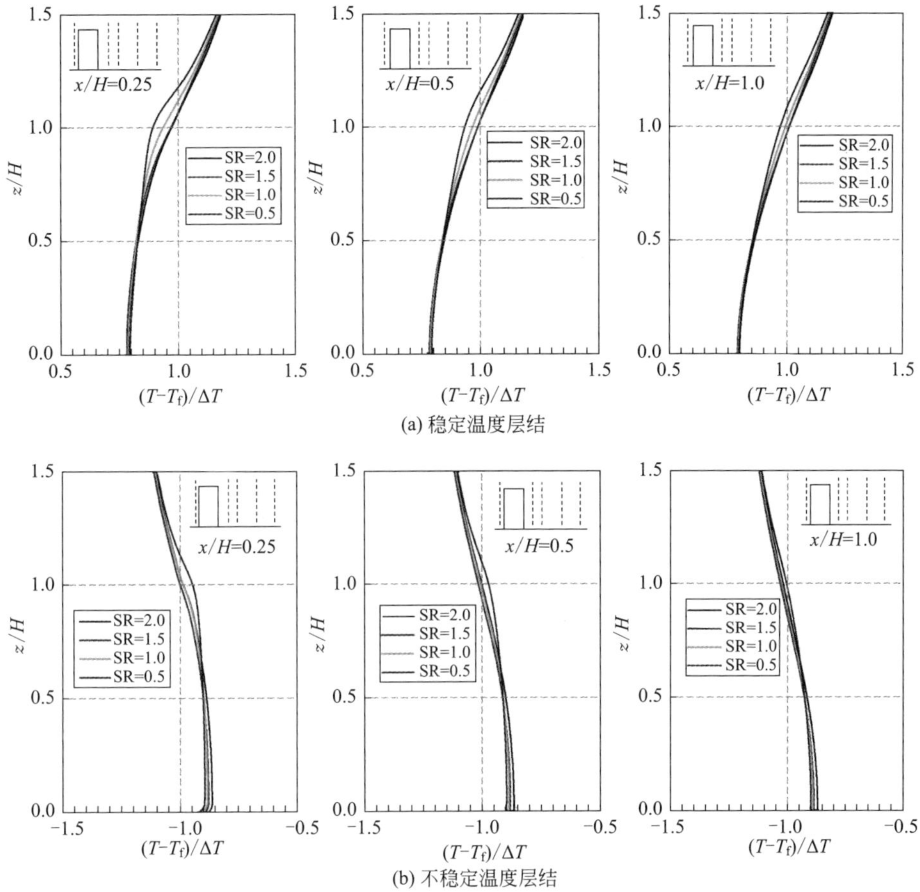

图 3-14 垂直剖面（$y/H=0$）不同垂线归一化温度分布

3.3.2.2 建筑物侧边比对温度分布的影响

由图 3-13 和图 3-14 可知，建筑物侧边比对温度分布也有明显的影响，主要为在建筑物背风侧范围内。稳定条件下，在高度小于 $0.5H$ 范围内，侧边比对温度分布的影响不明显；当高度位于 $0.5H\sim1.5H$ 范围内时，随着 SR 的减小，建筑物存在对温度分布的影响范围更大，主要是由于回流区涡旋范围及强度更大。

不稳定条件下，随着 SR 的减小，建筑物的存在对温度分布的影响范围更大，这与稳定条件下的规律一致。但在高度小于 $0.5H$ 范围内，侧边比对温度分布的影响要比稳定条件下的影响明显。例如在 $y/H=0$，$x/H=0.25$ 处，建筑物侧边比 SR＝2、1.5、1 和 0.5 时，近地面归一化温度分别为－0.87、－0.89、－0.90 和－0.92［见图 3-14(b)］。

3.3.3 浓度分布

3.3.3.1 温度层结对浓度分布的影响

图 3-15（书后另见彩图）为 $\alpha=0°$ 时不同温度层结条件下近地面（$z/H=0.1$）和垂直剖面（$y/H=0$）归一化浓度（C/C_0）分布。

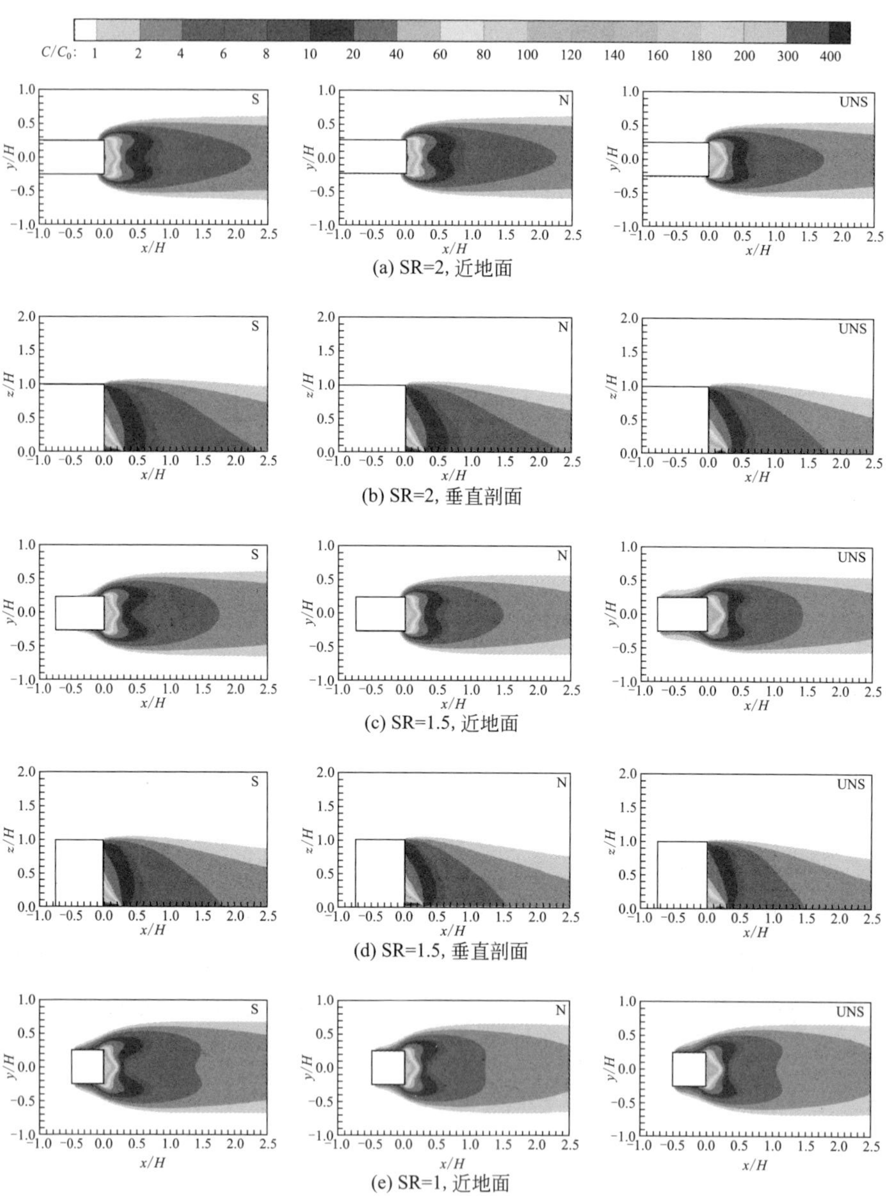

(a) SR=2, 近地面

(b) SR=2, 垂直剖面

(c) SR=1.5, 近地面

(d) SR=1.5, 垂直剖面

(e) SR=1, 近地面

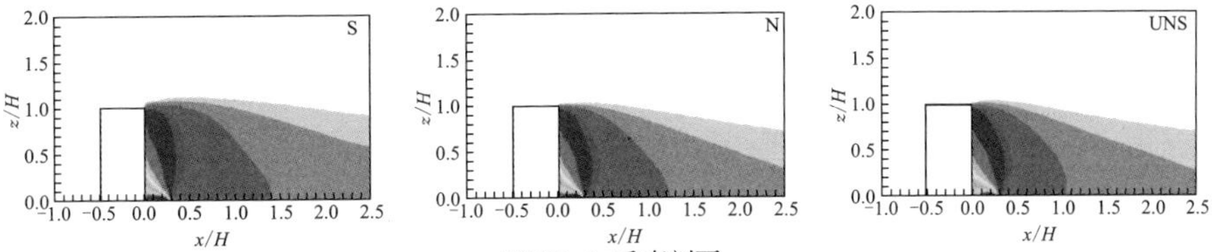

(f) SR=1, 垂直剖面

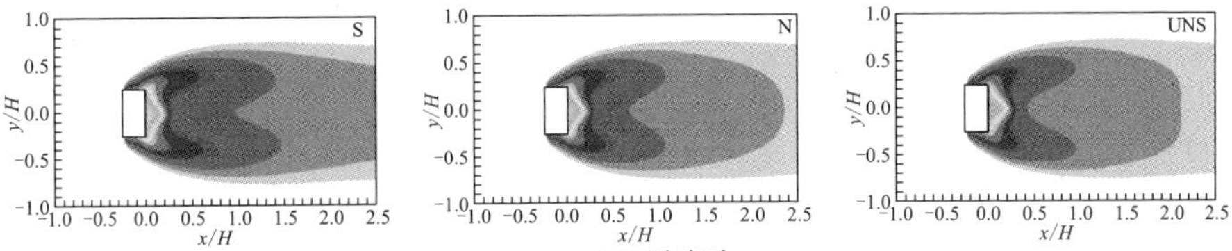

(g) SR=0.5, 近地面

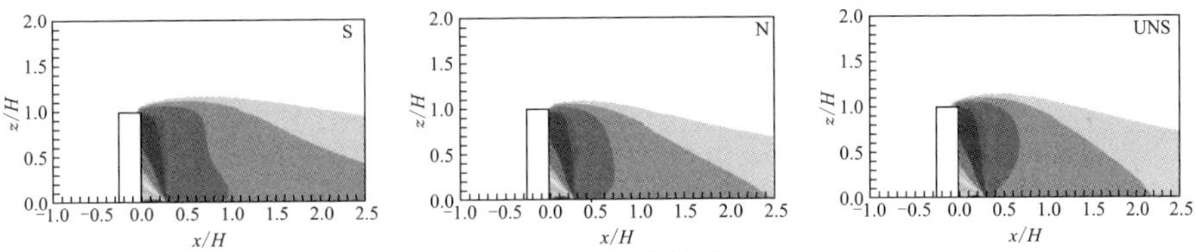

(h) SR=0.5, 垂直剖面

图 3-15 近地面（z/H=0.1）和垂直剖面（y/H=0）归一化浓度（C/C_0）分布

（S 为稳定条件，N 为中性条件，UNS 为不稳定条件；白色矩形为建筑物）

已有研究表明当气流流过高层建筑物时，在其背风侧会形成一个低风速的涡旋，通风效率差，使得污染物出现滞留。本研究中由于所有案例中污染源都位于建筑物的回流区范围内，所有模拟中污染物羽流都呈现出相似的分布模式，即在建筑物背风侧和污染源之间的区域浓度较高（图中蓝色区域），但污染物浓度仍有差别。当 SR 相同时，稳定条件下污染源和建筑物背风侧区域近地面浓度最大，其次为中性条件，不稳定条件下浓度最小。分析是由于不稳定温度层结条件下，垂向运动相对强烈，污染物随着建筑物背风侧较强的向上气流向建筑物顶部传输，混合相对更均匀。这也表明了当污染源位于建筑物回流区范围内时，主要污染范围为建筑物背风侧区域。

值得注意的是即使污染源位于建筑的再循环区域内，但仍然发现污染物扩散对温度层结很敏感。稳定温度层结条件下近地面高浓度区域最大，其次为中性条件，不稳定条件下浓度最小。另外，本例中温度层结对于污染物羽流宽度和深度的影响较小，这主要是由于本例中污染源为地面源且位于建筑物回流区范围内。关于污染物羽流范围，Kanda 和 Yamao 通过风洞试验（地面点源在交错布置的建筑物矩阵中扩散）研究发现温度层结对污染物羽流深度的影响较小，而对羽流宽度的影响较大，他们将风洞结果与 Pasquill-Gifford 稳定性等级的公式进行了比较，认为宽度的相对变化大于深度的变化虽然合理但并无定论，因为他们不能确定是由于实验误差还是其他原因。Mavroidis 等通过 CFD 以孤立立方体建筑物为研究对象，研究了大气温度层结对污染物（污染源位于建筑物上风向 2.5H 距离地面 1H 处，H 为立方体建筑物高度）扩散的影响，结果表明不稳定条件下的湍流动能更大，导致污染物羽流宽度增长更快，羽流垂直扩散深度也更大。Tomas 等用 LES 方法以规则建筑物矩阵（等高建筑物）为研究对象，对比了中性条件和稳定温度层结条件下对污染物扩散的影响。模拟中设置了两种位置线源，一种位于地面附近，另一种位于建筑物高度的三倍高位置。结果表明当污染源位于近地面时，稳定条件下街区内的平均浓度比中性条件高出约 85%；当污染源位于建筑物高度的三倍高位置（即明显高于城市建筑物）时，稳定条件下街区内污染物浓度反而低于中性条件，污染物随气流输送到更远的建筑物下游环境中。虽然他们没有比较污染物羽流的深度，但是中性条件下更蜿蜒曲折的羽流形态表明污染物羽流深度也受温度层结的影响。此外，根据 Gousseau 等的研究结果，湍流倾向于在垂直和横向方向拉伸羽流。因此，温度层结对污染物羽流宽度和深度的影响与污染源的位置密切相关。

3.3.3.2 建筑物侧边比对浓度分布的影响

如图 3-15 所示，建筑物侧边比对污染物扩散同样影响明显。稳定条件下，随着建筑物侧边比减小，污染物羽流宽度明显增加，下游近地面污染物浓度呈现越来越明显的 M 形，这与流场的双涡中心距离逐渐增大的规律一致。例如当建筑物侧边比 SR=0.5 时，建筑物背风侧回流区范围最大，双涡中心距离最大，污染物浓度分布的 M 形最明显，并且使污染物向建筑物侧向传输。

3.3.3.3 风向角对浓度分布的影响

图 3-16（书后另见彩图）为 $\alpha=22.5°$、45°和 67.5°时，不同温度层结条件下近地面（$z/H=0.1$）归一化浓度（C/C_0）分布。

由图 3-16 并结合速度分布图 3-12 可知，流场直接决定污染物浓度分布。由于流场发生偏转，浓度场也发生偏转。整体来看污染物一经排出首先受到建筑物周围气流影响，污染物羽流中心线与风向之间有一定的夹角，随着向下风向输送，建筑物的影响变小，污染物羽流中心线与风向角基本一致。

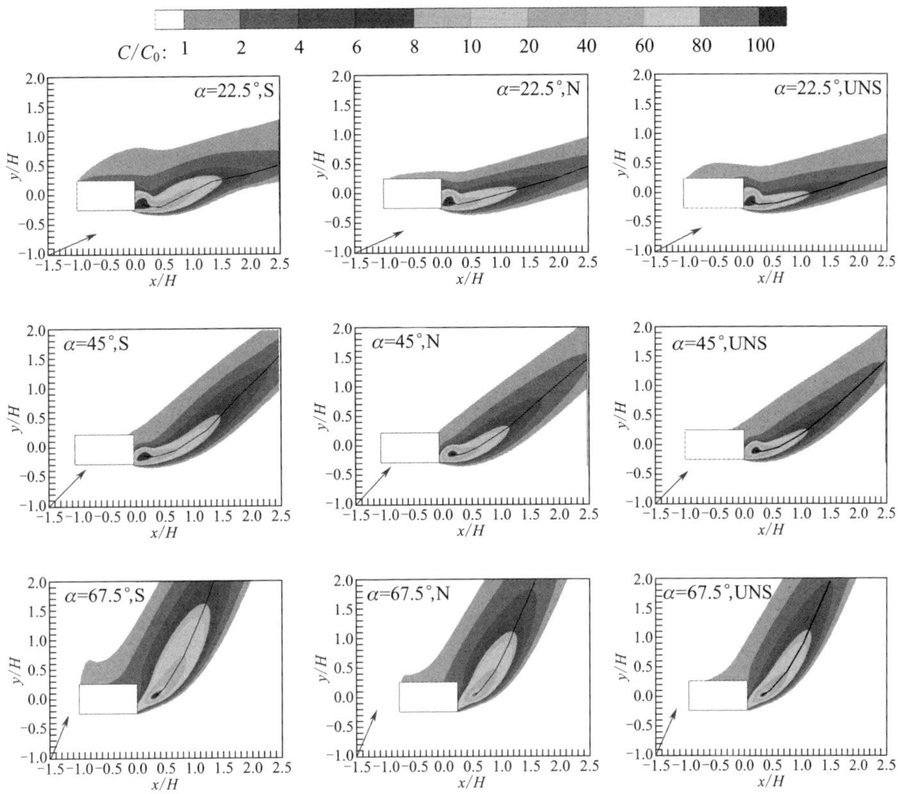

图 3-16 近地面（z/H=0.1）归一化浓度（C/C_0）分布

（α 为风向角，S 为稳定条件，N 为中性条件，
UNS 为不稳定条件；白色矩形为建筑物；红色箭头为来流风向）

当风向角为 22.5°和 45°时，污染源正处于建筑物背风侧反向流动区域内，因此污染物从污染源排出后随气流向 A 背风面运动，随后向下游运输。不同温度层结的规律类似，但稳定条件下近地面浓度最大。

当风向角为 67.5°时，污染物从污染源排出后主要随气流向下游运输，污染源附近的浓度相比风向角为 22.5°和 45°时的浓度要小很多。例如稳定条件下，风向角 α＝22.5°、45°和 67.5°时近地面最大归一化浓度分别为 225、198 和 126。不同温度层结条件下的规律类似，但稳定条件下近地面浓度最大。例如 α＝22.5°时，稳定条件下近地面最大归一化浓度为 225，中性条件下为 172，不稳定条件下为 148。随着风向角进一步增大到 90°（未展示），建筑物对污染物扩散的影响相对更小。

3.3.4 污染物通量

3.3.4.1 污染物扩散理论和通量计算方法

为了深入分析污染物输送的机理，研究温度层结和侧边比对污染物扩散的影响程度，本节分析了污染物通量。污染物通量包括对流通量和湍流通量。对流通量即由空气的对流运动引起的污染物的传输通量，湍流通量即由空气的湍流运动引起的污染物传输通量。对流通量和湍流通量分别表示为 Q_c 和 Q_t。对流通量采用平均速度和平均浓度计算，湍流通量根据梯度输送理论计算。湍流梯度输送理论的基本假定为由湍流所引起的局地的某种属性的通量与这种属性的局地浓度梯度成正比，通量的方向与梯度方向相反。湍流梯度输送理论广泛应用于污染物输送机理的研究当中。

湍流扩散基本公式见式(3-30)：

$$\overline{c'w'}=-K_Z\frac{\partial C}{\partial z} \tag{3-30}$$

式中 $\overline{c'w'}$——平均湍流扩散通量，kg/(m^2 · s)；

K_Z——湍流扩散系数，m^2/s；

C——平均浓度；

z——高度，m。

式(3-30) 中，负号表示质量输送的方向与梯度方向相反。

对流通量和湍流通量的计算公式见式(3-31)～式(3-33)：

$$Q_{c,x}=uC, Q_{c,y}=vC, Q_{c,z}=wC \tag{3-31}$$

$$Q_{t,x}=-\frac{\nu_t}{Sc_t}\times\frac{\partial C}{\partial x}, Q_{t,y}=-\frac{\nu_t}{Sc_t}\times\frac{\partial C}{\partial y}, Q_{t,z}=-\frac{\nu_t}{Sc_t}\times\frac{\partial C}{\partial z} \tag{3-32}$$

$$Q_x=Q_{c,x}+Q_{t,x}, Q_y=Q_{c,y}+Q_{t,y}, Q_z=Q_{c,z}+Q_{t,z} \tag{3-33}$$

式中 $Q_{c,x}$——x 方向的对流通量，kg/(m^2 · s)；

$Q_{c,y}$——y 方向的对流通量，kg/(m^2 · s)；

$Q_{c,z}$——z 方向的对流通量，kg/(m^2 · s)；

C——平均浓度；

u，v，w——x，y，z 方向的平均速度分量，m/s；

$Q_{t,x}$——x 方向的湍流通量，kg/(m^2 · s)；

$Q_{t,y}$——y 方向的湍流通量，kg/(m^2 · s)；

$Q_{t,z}$——z 方向的湍流通量，kg/(m^2 · s)；

ν_t——湍流黏度，Pa · s；

Sc_t——湍流施密特数，无量纲；

$\partial C/\partial x$——x 方向的浓度梯度；

$\partial C/\partial y$——y 方向的浓度梯度；

$\partial C/\partial z$——z 方向的浓度梯度；

Q_x——x 方向的总污染物扩散通量，kg/(m^2 · s)；

Q_y——y 方向的总污染物扩散通量，kg/(m^2 · s)；

Q_z——x 方向的总污染物扩散通量，kg/(m^2 · s)。

分析时常采用归一化扩散通量，即各通量与参照通量的比值。参照通量按照 $Q_0=U_HC_0$ 计算，其中，U_H 为高度 H 处的风速；C_0 为参照浓度。

对于任意平面，只有当速度分量垂直于平面时才有污染物通过，因此污染物通过该平面的质量流量按照式(3-34) 计算：

$$M_c=\int Q_c\mathrm{d}A,M_t=\int Q_t\mathrm{d}A \tag{3-34}$$

式中 M_c——该平面对流扩散的质量流量，kg/s；

M_t——该平面湍流扩散的质量流量，kg/s；

A——该平面面积，m^2；

dA——该平面上网格面积，m^2；

Q_c——垂直于该平面的对流通量，kg/(m^2 · s)；

Q_t——垂直于该平面的湍流通量，kg/(m^2 · s)。

例如图 3-17 中顶面污染物的流出量仅在速度 w 为正值时才是实际流出量，计算公式为式(3-35)，当速度 w 为负值时能够计算顶面流入量，计算公式为式(3-36)：

$$\left.\begin{aligned}M_{c,\mathrm{roof}}(\mathrm{in})&=\int Q_{c,z}(-)\mathrm{d}A=-\int|w(-)|C\mathrm{d}A\\M_{t,\mathrm{roof}}(\mathrm{in})&=\int Q_{t,z}(-)\,\mathrm{d}A\\M_{\mathrm{roof}}(\mathrm{in})&=M_{c,\mathrm{roof}}(\mathrm{in})+M_{t,\mathrm{roof}}(\mathrm{in})\end{aligned}\right\} \tag{3-35}$$

$$\left.\begin{aligned}M_{c,\mathrm{roof}}(\mathrm{out})&=\int Q_{c,z}(+)\,\mathrm{d}A=\int|w(+)|C\mathrm{d}A\\M_{t,\mathrm{roof}}(\mathrm{out})&=\int Q_{t,z}(+)\,\mathrm{d}A\\M_{\mathrm{roof}}(\mathrm{out})&=M_{c,\mathrm{roof}}(\mathrm{out})+M_{t,\mathrm{roof}}(\mathrm{out})\end{aligned}\right\} \tag{3-36}$$

式中　$M_{c,roof}(in)$——对流扩散顶面流入的质量流量，kg/s；

$M_{t,roof}(in)$——湍流扩散顶面流入的质量流量，kg/s；

$M_{roof}(in)$——顶面流入的总质量流量，kg/s；

$M_{c,roof}(out)$——对流扩散顶面流出的质量流量，kg/s；

$M_{t,roof}(out)$——湍流扩散顶面流出的质量流量，kg/s；

$M_{roof}(out)$——顶面流出的总质量流量，kg/s；

$Q_{c,z}(-)$——z 方向的对流流出通量，kg/(m^2·s)；

$Q_{c,z}(+)$——z 方向的对流流入通量，kg/(m^2·s)；

$Q_{t,z}(-)$——z 方向的湍流流出通量，kg/(m^2·s)；

$Q_{t,z}(+)$——z 方向的湍流流入通量，kg/(m^2·s)；

$w(-)$——速度 w 为负值的速度，m/s；

$w(+)$——速度 w 为正值的速度，m/s；

C——平均浓度；

A——该平面面积，m^2。

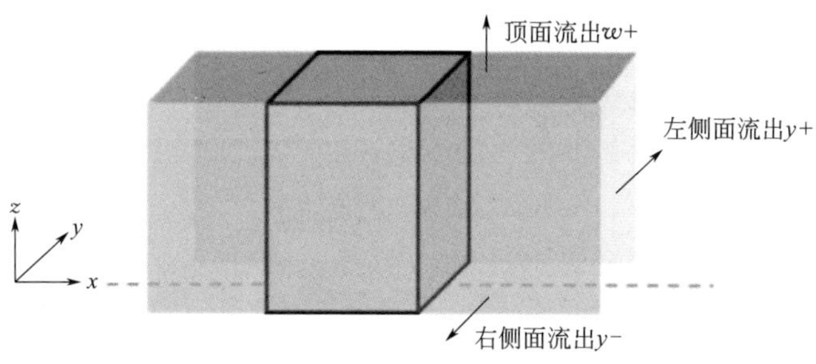

图 3-17　污染物流出方向定义示意

左侧面和右侧面的计算公式类似。分析时常采用归一化值，参照质量流量按照 $M_0=U_HC_0A$ 计算，其中 U_H 为 H 高度处的风速；C_0 为参照浓度；A 为平面面积。

对流运动和湍流运动的贡献率（对于某一平面两者之和为 1）按照式(3-37)计算：

$$\left.\begin{aligned}R_{c,plane}(out)=M_{c,plane}(out)/M_{plane}(out)\\R_{t,plane}(out)=M_{t,plane}(out)/M_{plane}(out)\end{aligned}\right\}\qquad(3\text{-}37)$$

式中　$R_{c,plane}(out)$——该平面归一化对流流出的质量流量占比，无量纲；

$R_{\mathrm{t,plane}}(\mathrm{out})$——该平面归一化湍流流出的质量流量占比，无量纲；

$M_{\mathrm{c,plane}}(\mathrm{out})$——该平面对流流出的质量流量，kg/s；

$M_{\mathrm{t,plane}}(\mathrm{out})$——该平面湍流流出的质量流量，kg/s；

$M_{\mathrm{plane}}(\mathrm{out})$——该平面流出的总质量流量，kg/s。

3.3.4.2 温度层结对污染物扩散的影响分析

表 3-4 为 $\alpha=0°$且建筑物侧边比 SR=2 时，不同温度层结条件下建筑物顶面平面（$z/H=1$）和两侧面（$y/H=0.5$ 和 $y/H=-0.5$）污染物归一化质量流量计算值。

表 3-4 不同温度层结条件下建筑物顶面平面和两侧面污染物质量流量分析

案例	平面	R_c(in)	R_c(out)	R_c	R_t(in)	R_t(out)	R_t	R(in)	R(out)	R
稳定	顶面	−0.193	0.015	−0.178	0.000	0.445	0.445	−0.193	0.460	0.267
	侧面	−1.040	0.506	−0.534	−0.008	1.766	1.758	−1.048	2.272	1.224
中性	顶面	−0.167	0.014	−0.153	0.000	0.580	0.580	−0.167	0.594	0.427
	侧面	−1.169	0.517	−0.652	−0.007	2.063	2.056	−1.176	2.581	1.404
不稳定	顶面	−0.145	0.013	−0.132	0.000	0.668	0.668	−0.145	0.680	0.535
	侧面	−0.984	0.176	−0.809	−0.001	2.123	2.122	−0.985	2.299	1.313

注：R_c(in) 为归一化对流流入量，R_c(out) 为归一化对流流出量，$R_c=R_c(\mathrm{in})+R_c(\mathrm{out})$ 为归一化对流量；R_t(in) 为归一化湍流流入量，R_t(out) 为归一化湍流流出量，$R_t=R_t(\mathrm{in})+R_t(\mathrm{out})$ 为归一化湍流量；$R(\mathrm{in})=R_c(\mathrm{in})+R_t(\mathrm{in})$ 为归一化总流入量，$R(\mathrm{out})=R_c(\mathrm{out})+R_t(\mathrm{out})$ 为归一化总流出量；$R=R(\mathrm{in})+R(\mathrm{out})$ 为归一化总流量。

由表 3-4 可知：

① 不同温度层结条件下建筑物顶面平面（$z/H=1$）的对流流入量远大于对流流出量（稳定、中性和不稳定条件下其比值分别为 12.9、11.9 和 11.2），顶面总对流量为负值，表明本案例污染物位于建筑物背风侧回流区范围内，污染物向建筑物高度以上的扩散难以依靠空气对流运动实现，这与速度场的结论一致（建筑物高度处的垂直速度很小）。稳定、中性和不稳定条件下顶面平面（$z/H=1$）的归一化对流量分别为−0.178、−0.153 和−0.132。建筑物顶面平面（$z/H=1$）的湍流流入量均为 0，湍流流出量明显大于相同条件下的对流流出量（例如稳定条件下湍流流出量为 0.445，对流流出量为 0.015），表明湍流在污染物的垂直扩散中起着积极的决定性作用。稳定、中性和不稳定条件下建筑物顶面平面

($z/H=1$) 的归一化湍流量分别为 0.445、0.580 和 0.668。湍流运动对顶面总流出量的贡献率分别为 96.7%、97.6% 和 98.1%，对流运动贡献率分别为 3.3%、2.4%和 1.9%，不稳定条件下的湍流贡献率大于中性条件，稳定条件下湍流贡献率最小。

② 不同温度层结条件下两侧面（$y/H=0.5$ 和 $y/H=-0.5$）的对流流入量大于对流流出量（稳定、中性和不稳定条件下其比值分别为 2.1、2.3 和 5.6），侧面总对流量为负值，表明本案例污染物位于建筑物背风侧回流区范围内，污染物横向扩散难以依赖空气横向对流运动。稳定、中性和不稳定条件下侧面的归一化对流量分别为−0.534、−0.652 和−0.809。侧面的湍流流入量很小几乎为 0，稳定、中性和不稳定条件下湍流流出量分别为 1.766、2.063 和 2.123，表明湍流在污染物的横向扩散中也起着积极的作用，稳定、中性和不稳定条件下湍流运动对侧面总流出量的贡献率分别为 77.7%、80.0%和 92.4%，对流运动贡献率分别为 22.3%、20.0%和 7.6%，不稳定条件下湍流运动贡献率明显大于中性和稳定条件。

③ 对比建筑物顶面平面（$z/H=1$）和两侧面（$y/H=0.5$ 和 $y/H=-0.5$）的流量对总流量的贡献率（稳定、中性和不稳定条件下顶面扩散贡献率分别为 17.9%、23.3%和 29.0%，侧面扩散贡献率分别为 82.1%、76.7%和 71.0%）发现，不稳定条件下顶面扩散贡献率最大，其次为中性条件，稳定条件下最小；侧面扩散贡献率规律正好相反。

综上可知，本研究案例中对流扩散和湍流扩散都起着重要作用，尤其是湍流扩散作用不容忽视。湍流运动在建筑物顶部及以上位置占绝对的主导地位，表明污染物向建筑物以上的区域扩散主要是受湍流运动的影响，且不稳定条件下的湍流扩散作用最大，其次为中性条件，稳定条件下最小。湍流运动在污染物的横向扩散过程中起着十分积极的作用，且不稳定条件下的湍流扩散作用明显最大，其次为中性条件，稳定条件下最小。另外，本例中污染源位于建筑物回流区范围内，污染物主要向建筑物下游及侧向扩散，顶面扩散相对有限。

3.3.4.3 建筑物侧边比对污染物扩散的影响分析

表 3-5 为不稳定条件，$\alpha=0°$，建筑物侧边比分别为 SR=2、1.5、1 和 0.5 时，顶面平面（$z/H=1$）和两侧面（$y/H=0.5$ 和 $y/H=-0.5$）污染物质量流量计算值。

表 3-5　不稳定条件下不同建筑物侧边比对顶面平面和两侧面污染物质量流量的影响分析

侧边比	平面	R_c(in)	R_c(out)	R_c	R_t(in)	R_t(out)	R_t	R(in)	R(out)	R
2.0	顶面	−0.145	0.013	−0.132	0.000	0.668	0.668	−0.145	0.680	0.535
	侧面	−0.984	0.176	−0.809	−0.001	2.123	2.122	−0.985	2.299	1.313
1.5	顶面	−0.116	0.012	−0.104	−0.004	0.672	0.668	−0.120	0.684	0.564
	侧面	−0.780	0.405	−0.374	−0.009	1.544	1.535	−0.788	1.950	1.161
1.0	顶面	−0.118	0.009	−0.109	−0.001	0.584	0.583	−0.118	0.593	0.475
	侧面	−0.582	0.588	0.006	−0.038	1.143	1.105	−0.620	1.731	1.111
0.5	顶面	−0.189	0.060	−0.129	−0.001	0.623	0.622	−0.190	0.682	0.493
	侧面	−0.582	0.871	0.288	−0.085	0.827	0.742	−0.668	1.698	1.030

注：R_c(in) 为归一化对流流入量，R_c(out) 为归一化对流流出量，$R_c = R_c\text{(in)} + R_c\text{(out)}$ 为归一化对流量；R_t(in) 为归一化湍流流入量，R_t(out) 为归一化湍流流出量，$R_t = R_t\text{(in)} + R_t\text{(out)}$ 为归一化湍流量；$R\text{(in)} = R_c\text{(in)} + R_t\text{(in)}$ 为归一化总流入量，$R\text{(out)} = R_c\text{(out)} + R_t\text{(out)}$ 为归一化总流出量；$R = R\text{(in)} + R\text{(out)}$ 为归一化总流量。

由表 3-5 可知，不稳定条件下，建筑物侧边比对污染物的扩散有很大影响。

① 不同建筑物侧边比条件下建筑物顶面平面（$z/H=1$）的对流流入量大于对流流出量（当建筑物侧边比分别为 SR＝2、1.5、1 和 0.5 时，其比值分别为 11.2、9.6、13.0 和 3.2），顶面总对流量为负值，表明本案例污染物位于建筑物背风侧回流区范围内，污染物向建筑物高度以上的扩散难以依靠对流运动。值得注意的是当 SR＝0.5 时的对流流出量明显增加，这是由于回流区内垂向速度更大（见速度场结论）。建筑物顶面平面（$z/H=1$）的湍流流入量很小，几乎为 0，湍流流出量明显大于相同条件下的对流流出量（例如当 SR＝2 时，湍流流出量为 0.668，对流流出量为 0.013；当 SR＝0.5 时，湍流流出量为 0.623，对流流出量为 0.060），表明湍流在污染物的垂直扩散中起着积极的决定性作用。建筑物侧边比分别为 SR＝2、1.5、1 和 0.5 时，湍流运动对顶面总流出量的贡献率分别为 98.1％、98.2％、98.5％和 91.2％，对流运动贡献率分别为 1.9％、1.8％、1.5％和 8.8％。

② 不同建筑物侧边比条件下两侧面（$y/H=0.5$ 和 $y/H=-0.5$）的对流流入量和对流流出量比值变化较大，当建筑物侧边比分别为 SR＝2、1.5、1 和 0.5 时，其比值分别为 5.6、1.9、1.0 和 0.7，表明随着建筑物侧边比减小，对流流出量逐渐增大，甚至超过对流流入量，也意味着对流流出的作用越来越强，例如当 SR＝2、1.5、1 和 0.5 时，侧面总对流量分别为−0.809、−0.374、0.006 和 0.288，即随着侧边比的减小，横向对流扩散加强，这与速度场结论对应。另外，随着建筑物侧边比的减小，侧面湍流流入量逐渐增加，湍流流出量反而逐渐减

小，导致侧面湍流量逐渐减小，例如SR＝2、1.5、1和0.5时，侧面总湍流量分别为2.122、1.535、1.105和0.742。当SR＝2、1.5、1和0.5时，湍流运动对侧面总流出量的贡献率分别为92.4％、79.2％、66.0％和48.7％，对流运动贡献率分别为7.6％、20.8％、34.0％和51.3％。这一方面表明随着建筑物侧边比的减小，对流运动贡献率越来越大，甚至与湍流运动贡献相当；另一方面表明污染物羽流宽度随侧边比的减小而增大主要是对流运动的结果。

综上可知，建筑物侧边比对污染物的对流扩散和湍流扩散都有一定程度的影响，对对流扩散的影响更大。污染物羽流宽度随侧边比的减小而增大主要是由于对流作用的增强。

3.4 小结

本章首先基于RANS方法，将常用的标准 k-ε 湍流模型与大气边界层莫宁-奥布霍夫相似理论相结合，对 ε 方程添加源项 S_ε，以考虑不同温度层结的影响。随后以孤立建筑物周围地面点源排放为研究对象，分别研究了温度层结、建筑物侧边比、来流风向角等因素对流场以及污染物扩散的耦合影响。主要结论如下：

① 模型有效性验证结果表明对标准 k-ε 湍流模型添加源项后计算得到的速度、温度和浓度分布与风洞试验结果基本一致，证明其能够模拟不同温度层结。

② 对于污染源位于建筑物回流区范围内的情况，由于标准 k-ε 湍流模型在弱风区的速度场重现性最好，因此浓度模拟结果与风洞试验结果最接近，表明对于污染物扩散为研究重点的情况，污染源位置不同，湍流模型的选择应更加谨慎，不能一概而论。

③ 不稳定条件下建筑物背风侧温度梯度更不明显，速度场对温度场的影响更大。

④ 温度层结对污染物的扩散有明显的影响。建筑物相同时，不稳定条件下近地面污染物浓度最低。当温度层结相同时，随着建筑物侧边比减小，污染物羽流宽度明显增加，建筑物下游近地面污染物浓度呈现越来越明显的M形。当流场发生偏转时污染物羽流也发生偏转，污染物羽流首先受建筑物周围气流的影响其轴线与风向有一定夹角，随着向下风向的迁移逐渐与风向一致，表明污染物近

场扩散受建筑物和风向的共同影响。

⑤ 温度层结影响污染物的对流扩散和湍流扩散。根据污染物通量分析发现对流扩散和湍流扩散都起着重要作用。污染物向建筑物顶部以上的区域扩散主要受湍流运动的影响，且不稳定条件下的湍流作用最大，其次为中性条件，稳定条件下最小。湍流运动在污染物的横向扩散过程中也起着十分积极的作用。

第4章 基于温度层结的建筑物高度对流场和污染物扩散的影响

随着城市化进程的不断推进，高层建筑物越来越常见。高层建筑物附近低矮排放源排放的污染物进入大气环境中，因受到周围建筑物几何形状、朝向、间距、当地气象条件和复杂的城市结构等多方面的影响，扩散过程比单个建筑物周围的扩散更加复杂。关于建筑物高度的影响，Zhang等总结了影响城市街区内气流和污染物扩散的多种因素和研究结果，结果表明建筑高度的变化会增强污染物的扩散和大规模的垂直交换，因此建筑物布局对城市街区内气流和污染物扩散的影响很大。目前研究者普遍认为高度不均匀的建筑布局能够改善街区内通风和污染物的扩散，尤其是“上升式”建筑更利于污染物的扩散。本章研究的提出主要基于以下考虑：①目前建筑物高度对流场影响的研究主要集中在中性条件下进行，实际大气经常在稳定、不稳定及中性条件之间变化，因此基于温度层结的研究十分必要。②目前研究的重点很多都集中在近地面行人风环境及舒适性方面，对污染物扩散的研究相对有限。③目前单个影响因素的研究相对较多，耦合效应的研究相对较少，本章研究了温度层结与建筑高度的耦合效应。④以简单建筑物群为研究对象，具有现实意义。例如随着城市人口密度的增加，城市建筑密度必然增加，其中高层建筑对其周围低矮建筑物以及对污染物扩散影响的研究十分必要。本研究对城市建筑设计具有一定的参考意义。

4.1 模型验证

4.1.1 风洞试验概述

本章研究使用日本建筑学会（AIJ）的数据集中的风洞试验结果进行模型验证分析，风洞试验数据库见 AIJ 网站。简单建筑物群风洞试验在藤田公司技术中心风洞中进行，试验条件为中性，风洞测量截面为 1.8m×3.0m。模型采用的立方体建筑物基底尺寸均为 $D \times D = 0.2\text{m} \times 0.2\text{m}$，外围建筑物高度均为 $D = 0.2\text{m}$，中心建筑物高度分别为 0m、0.2m 和 0.4m。建筑物之间的横向和纵向间距均为 0.2m，共有 120 个测量点位，测量高度为 0.02m。建筑物高度处（$D = 0.2\text{m}$）的参照风速为 $U_D = 3.65\text{m/s}$，风廓线指数为 0.28，建筑物高度处的雷诺数 $Re_H = 52000$。采用热线风速计测量风速，采样频率为 1Hz，采样时间为 30s。风洞模型见图 4-1(a)，测点位置见图 4-1(b)，图 4-2 为风洞入口风速、湍流动能和湍流耗散率。

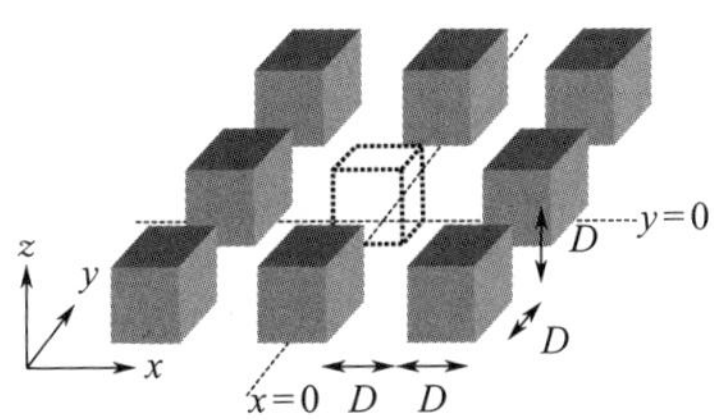

(a) 风洞建筑物群模型

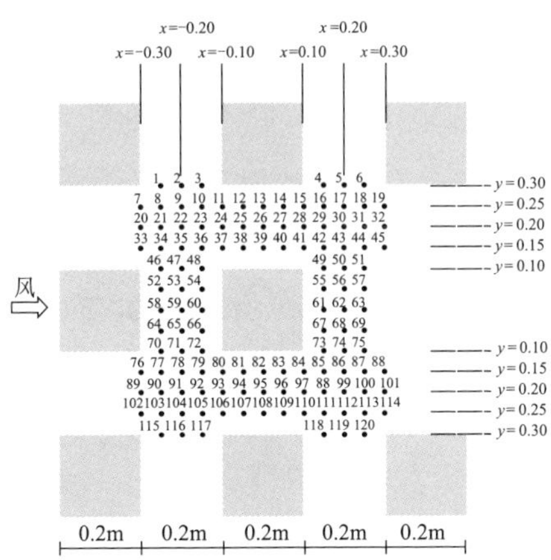

(b) 风洞测量点位(俯视图)

图 4-1 风洞试验中简单街区模型及测点位置

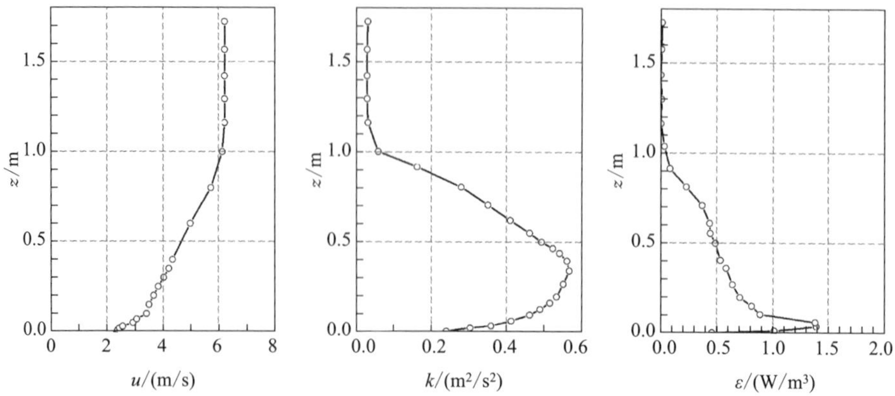

(a) 风速　(b) 湍流动能　(c) 湍流耗散率

图 4-2 风洞入口风速、湍流动能和湍流耗散率

4.1.2 模型验证设置

4.1.2.1 计算域及网格设置

对中心建筑物高度分别为 0D、1D 和 2D 的 3 种情况均进行验证。数值模拟验证案例中建筑物尺寸与风洞试验一致。计算域设置为 31D×15D×9D（长×宽×高，计算域宽度和高度与风洞试验测量截面尺寸一致）。最大阻塞率（中心建筑物为 2D 时）为 2.96%，满足数值模拟对阻塞率小于 3%的要求。

采用两种网格进行网格独立性分析，基本网格采用结构化网格，外围建筑物划分为 20(x)×20(y)×20(z)，中心建筑物高度为 1D 的建筑物划分为 20(x)×20(y)×20(z)，中心建筑物高度为 2D 的建筑物划分为 20(x)×20(y)×40(z)，近地面第一层网格高度为 0.005m，近地面无量纲距离 y^+ 为 20～1000，网格总数为 150 万～180 万。除基本网格外，对没有中心建筑物案例还采用了精细网格，精细网格采用结构化网格，外围建筑物划分为 32(x)×32(y)×32(z)，网格总数约为 400 万。图 4-3 为网格设置情况示意图。

4.1.2.2 数值模拟研究方法及边界条件设置

本次采用 ANSYS Fluent 提供的标准 k-ε 湍流模型并添加源项 $S_ε$ 后进行验证。

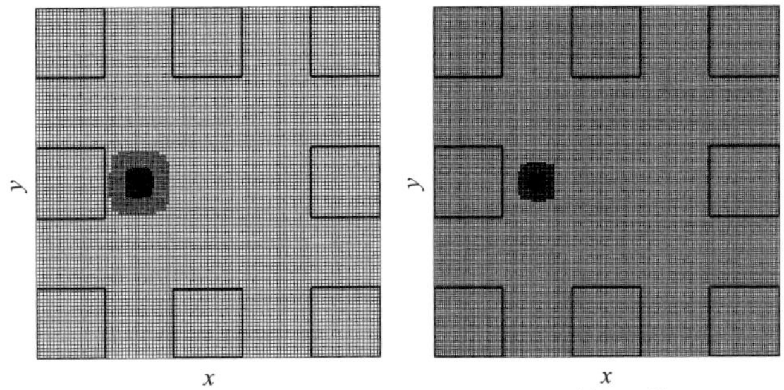

(a) 基本网格　　(b) 精细网格

图 4-3　网格设置（俯视图）

（黑色矩形为建筑物）

计算域入口设置为速度入口，入口风速（u）和湍流动能（k）与风洞试验一致。建筑物模型壁面和计算域地面设置为无滑移壁面并使用标准壁面函数，设置地表粗糙度长度为 $z_0=4.5\times10^{-4}$m。计算域两侧面以及顶部应用对称边界条件。计算域出口设置为压力出口。湍流施密特数设置为 $Sc_t=0.7$。

在计算中，采用 SIMPLEC 算法耦合压力方程和动量方程，采用二阶迎风差分格式求解。为了保证计算结果的收敛性，所有变量的残差均应小于 10^{-5}。

4.1.3 模型验证结果分析

根据风洞试验测量点位［见图 4-1(b)］提取对应的数值模拟结果中的 120 个测点速度并归一化后进行对比。归一化速度为平均速度（$U=\sqrt{u^2+v^2}$）与建筑物顶部平均速度（U_D）之比。采用相关系数（R）和标准误差（SE）来分析比较结果。

图 4-4（书后另见彩图）为数值模拟与风洞试验各测点归一化速度对比图以及相关性图。

由图 4-4 可知，CFD 整体计算结果与风洞试验结果一致但略微偏低。采用基本网格，没有中心建筑物时风洞试验与 CFD 计算结果相关系数和标准误差分别为 0.86 和 0.17；中心建筑物高度为 1D 时，相关系数和标准误差分别为 0.78 和 0.17；中心建筑物高度为 2D 时，相关系数和标准误差分别为 0.83 和 0.16。这与 AIJ 总结的简单建筑物群模拟结果一致。对没有中心建筑物且采用精细网格计算时，风洞试验与 CFD 计算结果相关系数和标准误差分别为 0.82 和 0.18，与基本网格结果基本一致，表明基本网格精度足够。

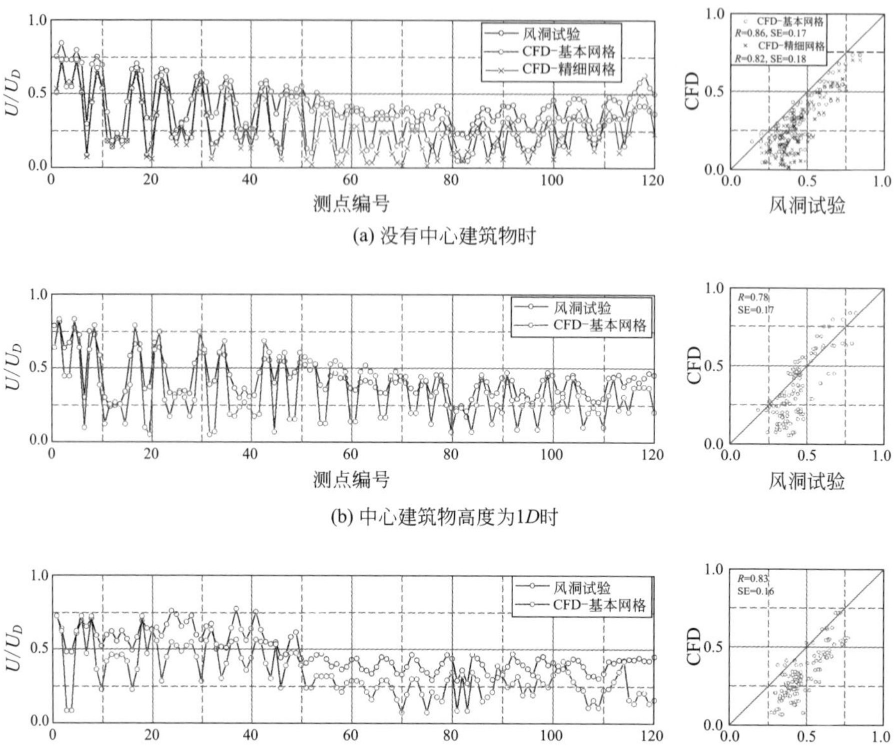

(a) 没有中心建筑物时

(b) 中心建筑物高度为1*D*时

(c) 中心建筑物高度为2*D*时

图 4-4 数值模拟与风洞试验各测点的归一化速度对比图以及相关性图

图 4-5（书后另见彩图）为数值模拟与风洞试验相同平面（$z/D=0.1$）的速度分布图。

由图 4-5 可知，CFD 计算的速度分布与风洞试验的速度分布规律整体一致。没有中心建筑物时，风洞试验与 CFD 计算结果均观察到明显的通道效应，空腔内尤其是建筑物后方的计算速度比风洞试验值小。中心建筑物高度为 1*D* 时，通道效应更为明显。中心建筑物高度为 2*D* 时，CFD 计算结果总体比风洞试验结果偏低。分析有两方面可能的原因：一个可能的原因是标准 k-ε 湍流模型高估了建筑物后方的回流区长度，低估了建筑物横向气流，使得通道效应更加明显。另一个原因可能是在风洞试验中用热敏电阻风速计测量的值是标量速度瞬时值的平均值，而在 CFD 计算中稳态 RANS 模型得到的时间平均标量速度是由各分量的时间平均速度得到的标量速度。两者在平均流速较低、湍流波动较大的区域（例如在建筑物尾迹的流动区域）有较大的差异。

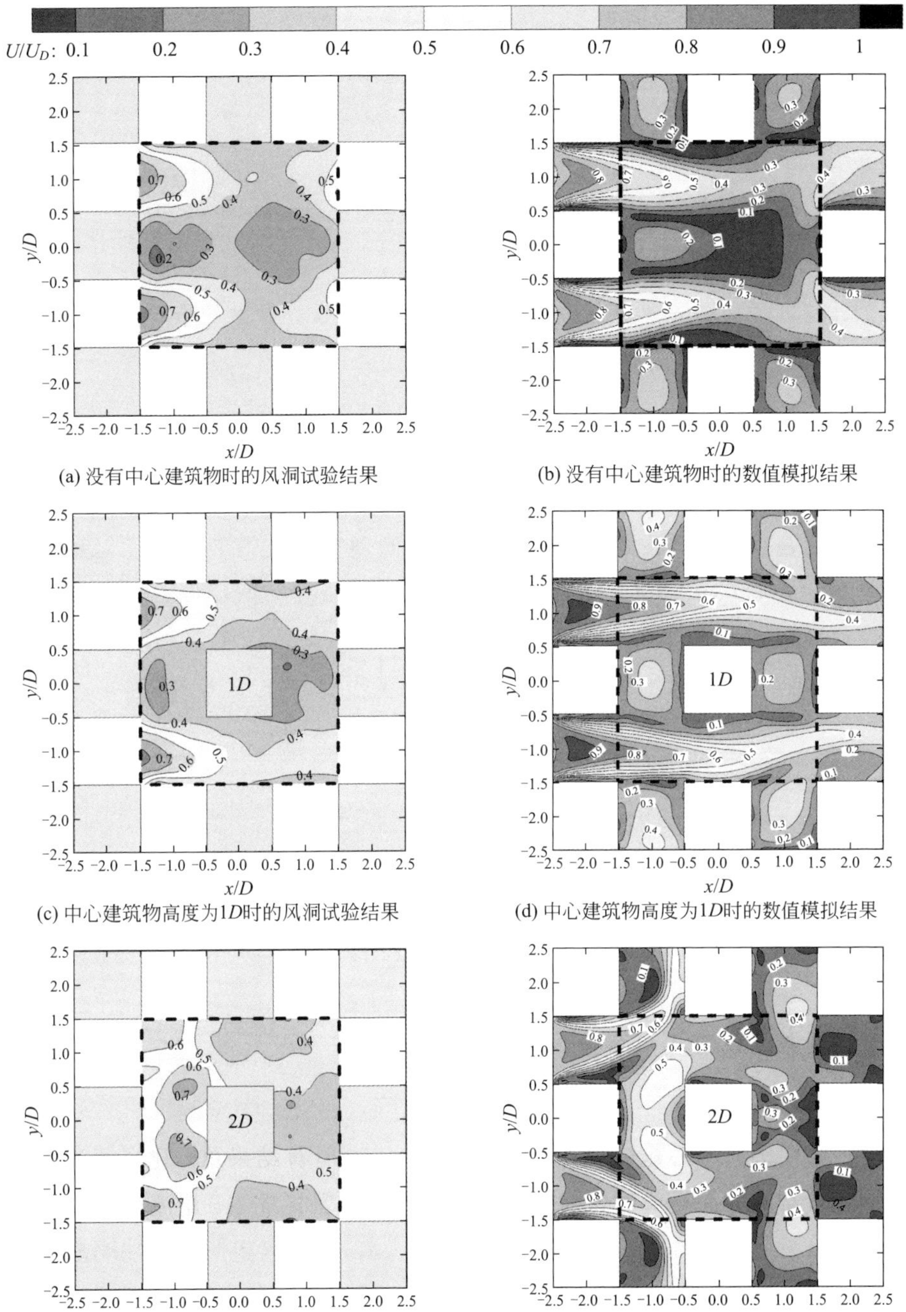

(a) 没有中心建筑物时的风洞试验结果

(b) 没有中心建筑物时的数值模拟结果

(c) 中心建筑物高度为1D时的风洞试验结果

(d) 中心建筑物高度为1D时的数值模拟结果

(e) 中心建筑物高度为2D时的风洞试验结果

(f) 中心建筑物高度为2D时的数值模拟结果

图 4-5 数值模拟与风洞试验速度分布图对比

［风洞试验速度分布图是根据测量数据用线性内插法绘制；

图（a）、(c)、(e）中灰色矩形以及图（b）、(d)、(f）中白色矩形为建筑物］

4.2 模型设置

4.2.1 模型的建立及主要参数

为研究温度层结和中心建筑物高度对流场及污染物扩散的影响，本研究设置了 3 种温度层结，4 种中心建筑物高度。

4.2.1.1 温度层结设置

本章研究的温度层结包括稳定、中性和不稳定温度层结，通过总体理查森数（Ri_b）来代表。此外，按照莫宁-奥布霍夫相似理论以及第 2 章所述对湍流模型的修正方法，本次给出了奥布霍夫长度（L）、摩擦速度（u_*）、地表温度尺度（T_*）、边界层厚度（b_h）以及对流速度尺度（w_*）（具体计算公式见第 2 章）。

温度层结主要设置参数见表 4-1。

表 4-1 计算案例设置及主要参数

Ri_b	H	U_H/(m/s)	T_H/K	T_f/K	u_*/(m/s)	z_0/m	L/m	T_*/K	b_h/m	w_*/(m/s)
0.05	0/1/2/3	4.63	294	292.38	0.20	0.03	40	0.07	120	—
0	0/1/2/3	3.97	294	294.20	0.25	0.03	10000	0	600	—
−0.11	0/1/2/3	4.81	294	297.86	0.35	0.03	−40	−0.30	1500	1.58

注：H 表示建筑物模型基准高度；U_H 表示高度为 H 处的风速；T_H 表示高度为 H 处的温度；T_f 表示地面温度；z_0 表示地表粗糙度长度。

4.2.1.2 中心建筑物高度设置

本章研究建筑物模型采用 3×3 建筑物矩阵，包含一个中心建筑物和 8 个外围建筑物。外围建筑物长、宽、高（H）均为 20m，中心建筑物设置了 4 种建筑物高度，分别为没有中心建筑物，中心建筑物高度为 20m、40m 和 60m，即中心建筑物高度分别为外围建筑物高度的 0 倍、1 倍、2 倍和 3 倍。坐标原点位于中心建筑物基底中心。建筑物模型示意见图 4-6。

4.2.1.3 污染源位置

设置污染源（地面点源）坐标为（−20m，0m，1m），污染源直径为 0.5m，选用 CO 作为示踪气体，排放温度为 T_g = 294K，浓度（体积分数）为 C_g = 1×

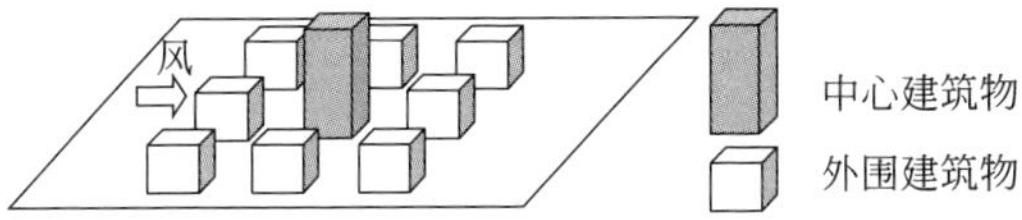

(a) 三维建筑物模型示意

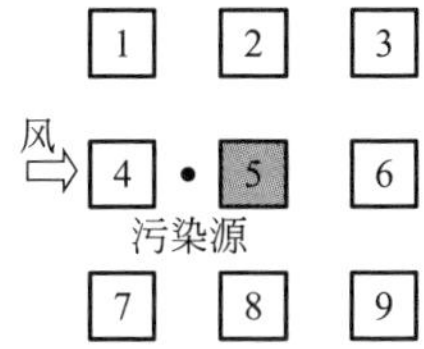

(b) 建筑物编号示意(俯视图)

图 4-6 建筑群几何布局示意

10^{-6}，体积排放速率为 $Q_V=1\times10^{-3}\text{m}^3/\text{s}$，排放速度为 $u_g=0.005\text{m/s}$，排放速度很小，可以认为是被动扩散。污染源位置示意见图 4-6(b)。

4.2.2 模拟设置

4.2.2.1 计算域和网格设置

由于中心建筑物高度不同，计算域设置也不同，但都按照建筑物群上游 5 倍中心建筑物高度，侧向 5 倍中心建筑物高度，下游 10 倍中心建筑物高度，垂直方向 5 倍建筑物高度的要求进行设置。网格采用结构化网格，外围建筑物划分为 $20(x)\times20(y)\times20(z)$，中心建筑物划分为 $20(x)\times20(y)\times(20\times H/20)(z)$。网格设置示意见图 4-7。

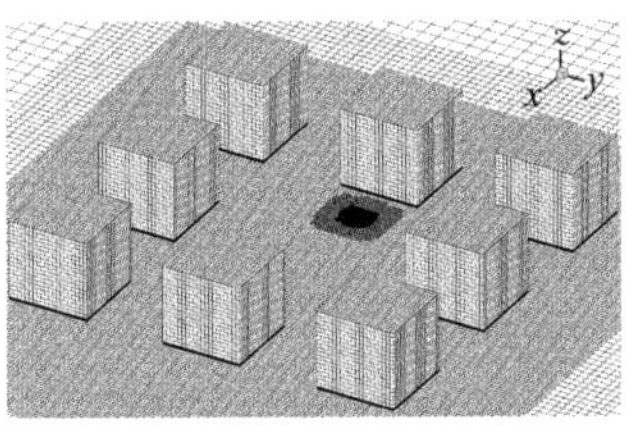
(a) 没有中心建筑物时网格划分

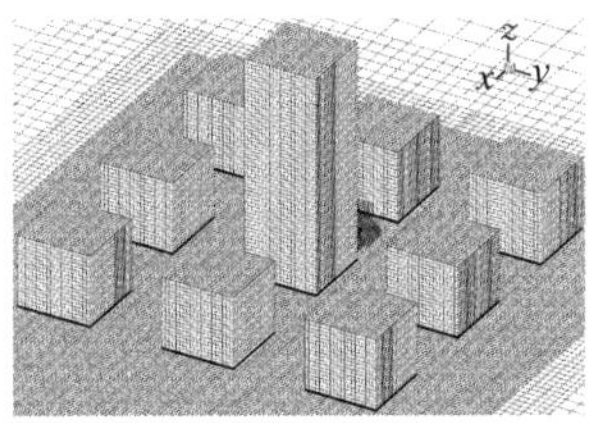
(b) 中心建筑物高度为3*H*时网格划分

图 4-7 网格划分

4.2.2.2 数值模拟研究方法及边界条件设置

入口设置为速度入口，根据表 4-1 及入口函数设置，地面设置为无滑移壁面并按照表 4-1 设置粗糙度，计算域两侧及顶面设置对称边界条件，出口为压力出口，污染源设置为质量入口（质量流量、温度、浓度等按照 4.2.1.3 中介绍的参数设置）。湍流施密特数设置为 $Sc_t=0.7$。入口廓线见图 4-8。计算方法、求解格式和收敛性判据与 4.1.2.2 部分相同。

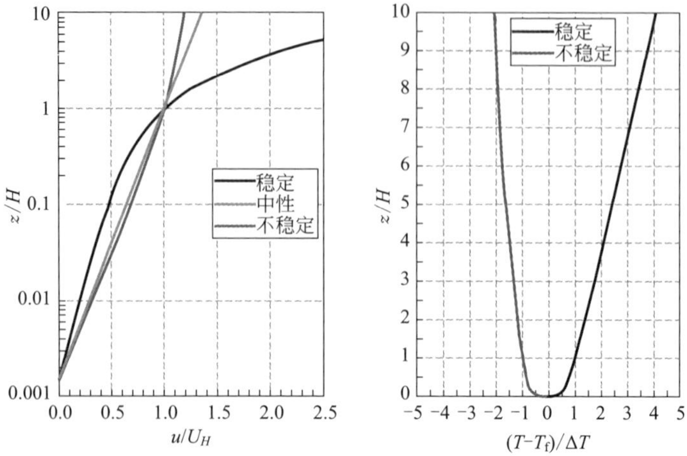

(a) 入口归一化速度　　(b) 入口归一化温度

图 4-8　数值模拟入口条件

4.3　结果分析

4.3.1　速度场及流场结构

图 4-9（书后另见彩图）为各案例近地面（$z/H=0.1$）的归一化流向速度（u/U_H）分布和速度矢量图（说明：由于模型沿 y 轴对称，因此仅展示 y 轴正方向结果）。图 4-10（书后另见彩图）为各案例垂直剖面（$y/H=0$）的归一化流向速度（u/U_H）分布和速度矢量图。

由图可知：

① 当中心没有建筑物时，在上游建筑物之间（即建筑物 1、建筑物 4 和建筑物 7 之间），由于“通道效应”形成了明显的加速。在上游建筑物与下游建筑物内部，由于“空腔效应”，速度显著减小，并形成涡旋。不同温度层结条件下在下游建筑物后方均形成了明显的回流区。但是不同温度层结下，建筑物群对流场

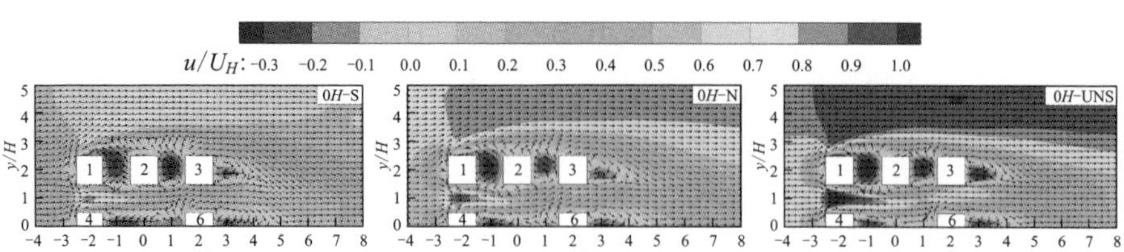

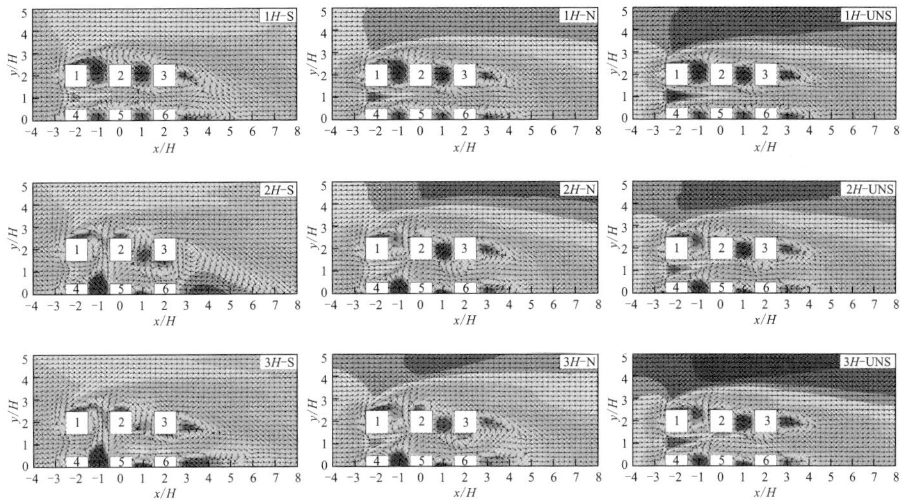

图 4-9 近地面（$z/H=0.1$）归一化流向速度（u/U_H）分布以及速度矢量图

（0H～3H 为中心建筑物高度；S 为稳定条件，N 为中性条件，

UNS 为不稳定条件；白色矩形为建筑物，其中数字 1～6 为建筑物编号）

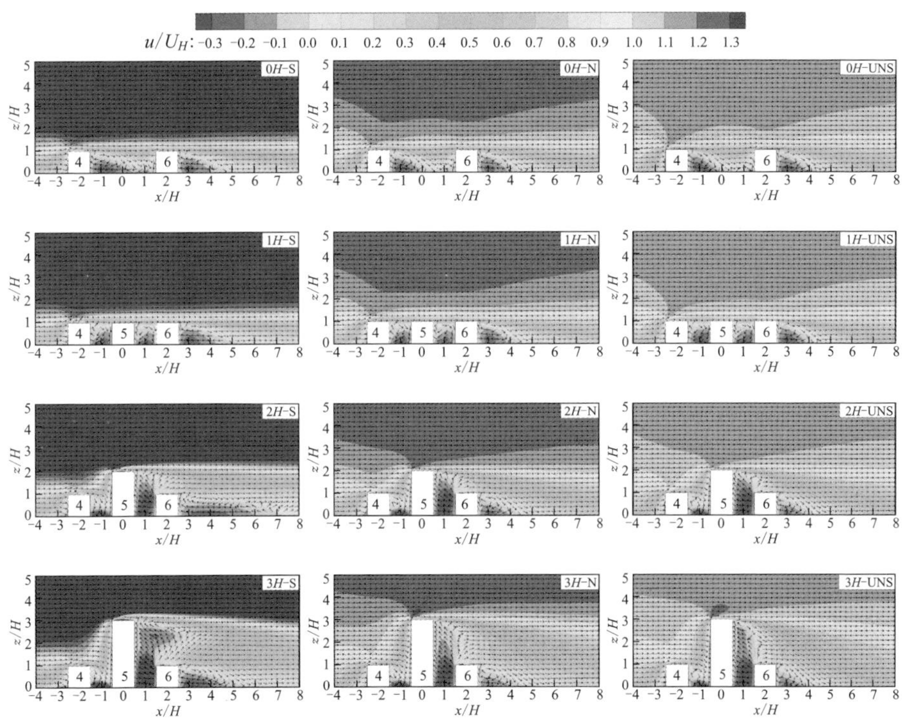

图 4-10 垂直剖面（$y/H=0$）归一化流向速度（u/U_H）分布以及速度矢量图

（0H～3H 为中心建筑物高度；S 为稳定条件，N 为中性条件，

UNS 为不稳定条件；白色矩形为建筑物，其中数字 4～6 为建筑物编号）

的影响范围不同，建筑物群周围的流动形态有所不同。稳定条件下影响范围不论在纵向还是横向上均最大。

稳定条件下上游建筑物（建筑物 1/4/7）前方受到建筑物阻挡作用，水平流动转变为垂向和侧向流动，流向速度减小，形成小涡旋。中性条件和不稳定条件下类似，但稳定条件下上游建筑物前方形成的涡旋最大，中性次之，不稳定最小。

稳定条件下建筑物 4 和建筑物 6 之间的近地面处几乎全部为反向流动（图 4-9 中 0H-S 案例），结合图 4-10 中 0H-S 案例可知在建筑物 4 和 6 之间形成一个几乎充满整个街区的大涡旋，涡旋高度约为 0.7H～1.0H，流动形态为尾迹干扰流向撇掠流过渡。中性条件下，建筑物 4 和建筑物 6 之间的近地面反向流动区域（蓝色区域）相对减小，结合图 4-10 中 0H-N 案例可以看出建筑物 4 和 6 之间的街区中有两个涡旋出现，且上游涡旋（建筑物 4 背风侧涡旋）与下游涡旋（建筑物 6 迎风侧涡旋）交互影响，流动形态为典型的尾迹干扰流。不稳定条件下，建筑物 4 和建筑物 6 之间的近地面反向流动区域（蓝色区域）更小，结合图 4-10 中 0H-UNS 案例可知建筑物 4 和 6 之间的街区中有两个相对相互独立涡旋出现，上游涡旋长度约为 1.8H，下游涡旋长度约为 0.6H，流动形态为尾迹干扰流向孤立流过渡，并且与中性条件下形成的两个涡旋相比，不稳定条件下形成的涡旋长度较短，两个涡旋中心距离较大。这表明温度层结甚至能够影响涡旋的数量和形态。

所有案例下游建筑物（建筑物 3/6/9）后方均形成了几乎独立的双涡，其中建筑物 6 后方的回流区长度大于建筑物 3 和 9。稳定、中性和不稳定条件下建筑物 6 下游的回流区长度分别为 2.5H、2.0H 和 1.8H。

② 当中心建筑物高度为 1H 时，上游建筑物（建筑物 1/4/7）迎风侧靠近地面处观察到小涡旋，稳定条件下的涡旋最大，中性次之，不稳定最小。在上游建筑物之间仍然观察到明显的“通道效应”。

由于所有建筑物高度一致，建筑物后方均形成回流区，不同温度层结条件下的差别在下游建筑物（建筑物 3/6/9）后方比较明显。稳定温度层结条件下，下游侧向建筑物（即建筑物 3/9）后方的流动向 x 轴方向明显偏转，且其后方的回流区长度明显小于下游中心建筑物（即建筑物 6）后的回流区长度（例如建筑物 3/9 后方回流区长度为 1.7H，建筑物 6 后方回流区长度为 2.7H）。中性条件下，这种偏转程度减小，且下游侧向建筑物（即建筑物 3/9）后方的回流区长度与下游中心建筑物（即建筑物 6）后的回流区长度差别变小（例如建筑物 3/9 后方回流区长度为 1.4H，建筑物 6 后方回流区长度为 1.9H）。不稳定条件下，这种偏转变得更不明显，下游建筑物后方的回流区长度差别变得更小（例如建筑物 3/9

后方回流区长度为 1.2H，建筑物 6 后方回流区长度为 1.5H）。

③ 当中心建筑物高度为 2H 时，由于中心建筑物的阻挡和分离作用，不同温度层结下，建筑物群周围的流动形态明显不同。这种阻挡和分离效应的影响在稳定条件下最为明显，中性条件下次之，不稳定条件下相对最小。

上游建筑物（建筑物 1/4/7）迎风侧靠近地面处观察到涡旋，规模比没有中心建筑物和中心建筑物高度为 1H 时略大，分析是受到中心建筑物的影响。但整体规律仍然为稳定条件下的涡旋最大，中性次之，不稳定最小。在上游建筑物之间（即建筑物 1、建筑物 4 和建筑物 7 之间），由于中心建筑物的阻挡和分离作用，“通道效应”变得不明显。

由图 4-9 可知，稳定条件下中心建筑物阻挡作用最明显，使流动变为侧向流动（即沿 y 轴流动），在下游建筑物（建筑物 3/6/9）后方形成两个大规模涡旋，回流区长度为 4.8H。中性条件下中心建筑物阻挡作用使流动变为侧向流动，但下游建筑物后方分别形成双涡。下游侧向建筑物（即建筑物 3/9）后方的回流区长度为 1.5H，建筑物 6 后方回流区长度为 1.9H。不稳定条件下下游建筑物后方分别形成双涡，侧向建筑物（即建筑物 3/9）和建筑物 6 后方的回流区长度分别为 1.5H 和 1.7H。

④ 当中心建筑物高度为 3H 时，由于中心建筑物明显高于周围建筑物，其阻挡和分离作用更加明显，“通道效应”几乎消失。

由图 4-9 可知，稳定条件下中心建筑物阻挡作用最明显，使流动变为侧向流动（即沿 y 轴流动），在下游建筑物（建筑物 3/6/9）后方分别形成双涡。下游侧向建筑物（即建筑物 3/9）和建筑物 6 后方回流区长度分别为 1.5H 和 3.0H。结合图 4-10 中 3H-S 案例中心建筑物上部形成一个独立的回流区（回流区长度为 2.2H），超过周围建筑物的部分似乎可以看成一个独立的孤立建筑物。中性条件下，下游建筑物后方分别形成双涡。下游侧向建筑物（即建筑物 3/9）和建筑物 6 后方回流区长度分别为 1.6H 和 2.1H。结合图 3-10 中 3H-N 案例发现中心建筑物上部也形成了独立的回流区，长度约为 1.2H。不稳定条件下，下游建筑物后方分别形成双涡，下游侧向建筑物（即建筑物 3/9）和建筑物 6 后方的回流区长度分别为 1.5H 和 1.6H。中心建筑物上部回流区长度约为 1.2H。

综合分析表明，温度层结明显影响建筑物周围的流场，甚至影响了涡旋的数量和形态。当中心建筑物高度超过周围建筑物高度时，由于中心建筑物迎风面向下的气流增强了迎风侧街区内的气流，形成水平气流辐散。在中心建筑物背风侧，压力的不足会导致垂直气流的增强和水平气流的收敛，这使得街区内风速增加。

图 4-11（书后另见彩图）为垂直剖面（$y/H=0$）不同位置处归一化流向速度（u/U_H）分布。由图可知，在建筑物群上游 $x/H=-3$ 处，不同温度层结条件下的流向速度均小于来流速度，这是由于建筑物群的阻挡作用使流向速度减小。稳定条件下的近地面风速最小，其次为中性条件，不稳定条件下近地面风速最大。例如当中心建筑物高度为 1H 时，稳定、中性和不稳定条件下近地面流向速度分别为 0.14、0.26 和 0.31；当中心建筑物高度为 3H 时，稳定、中性和不稳定条件下近地面流向速度分别为 −0.11、0.23 和 0.25。注意到稳定条件下建筑物高度为 2H 和 3H 时近地面风速为负值，表明此处受到上游建筑（建筑物 4）迎风侧形成的小涡旋的影响。

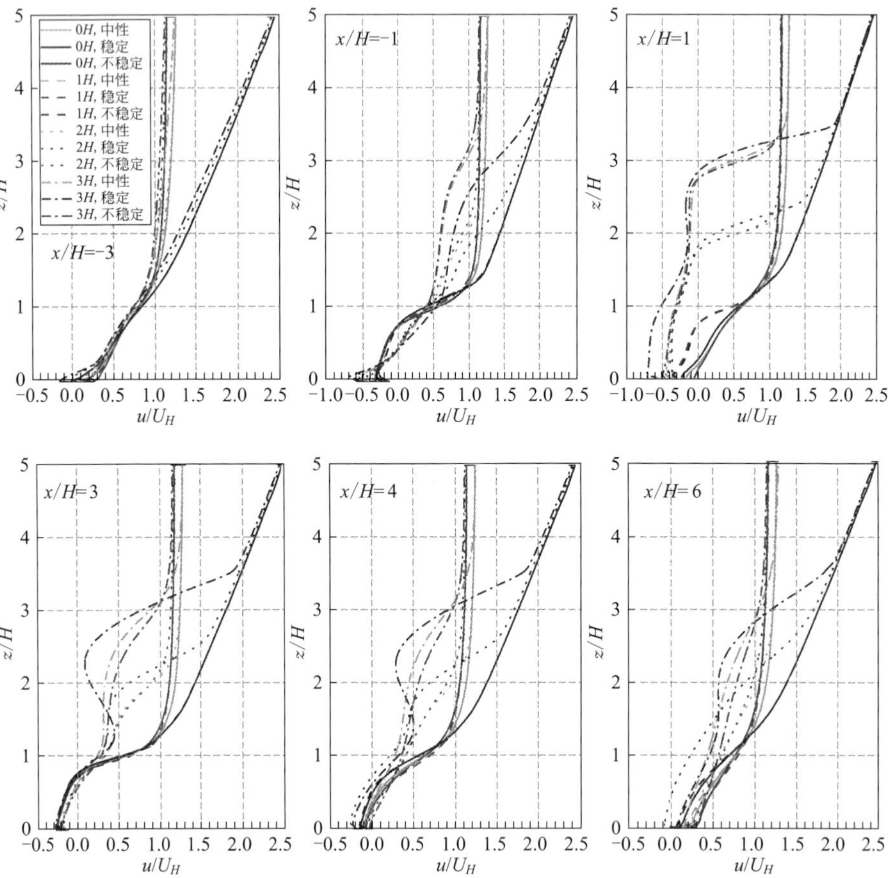

图 4-11 垂直剖面（$y/H=0$）不同位置处归一化流向速度（u/U_H）分布

在 $x/H=-1$ 处，不同温度层结条件下中心建筑物高度为 0H 和 1H 时的影响范围主要在 2H 高度以下，流向速度在 $z/H<0.7$ 范围内均为负值且差异很小

（例如当中心建筑物高度为 $0H$ 时，稳定、中性和不稳定条件下近地面流向速度分别为－0.30、－0.31 和－0.27；当中心建筑物高度为 $1H$ 时，稳定、中性和不稳定条件下近地面流向速度分别为－0.30、－0.31 和－0.31），表明在此范围内以回流运动为主，回流区的混合使得温度层结的影响不明显。不同温度层结条件下中心建筑物高度为 $2H$ 时的影响范围主要在 $3H$ 高度以下，流向速度在 $z/H<0.4$ 范围内均为负值且差异相对增大（例如当中心建筑物高度为 $2H$ 时，稳定、中性和不稳定条件下近地面流向速度分别为－0.56、－0.49 和－0.41），分析是由于此处主要受到中心高层建筑物强烈的垂直向下气流的影响，稳定条件下速度梯度最大，能够捕捉到上层速度大的风然后形成强下降气流，在建筑物 4 和 5 之间的街区内形成涡旋。中心建筑物高度为 $3H$ 时，随着捕捉到更高处的风，流向速度在 $z/H<0.4$ 范围内均为负值且差异进一步增大（例如当中心建筑物高度为 $3H$ 时，稳定、中性和不稳定条件下近地面流向速度分别为－0.60、－0.47 和－0.36）。

在 $x/H=1$ 处，中心建筑物高度为 $0H$ 时，稳定条件下近地面速度为－0.16，中性条件下为－0.09，不稳定条件下几乎为 0，这是由于稳定条件下建筑物 4 和 6 之间为一个大涡旋，此处位于大涡旋中；中性条件下建筑物 4 和 6 之间有两个交互影响的涡旋；不稳定条件下有两个几乎独立的涡旋。中心建筑物高度为 $1H$ 时，温度层结对此处的影响不明显，主要是由于此处位于回流区范围内，回流区气流机械运动使得建筑物高度以下部分的速度差异很小（例如当中心建筑物高度为 $1H$ 时，稳定、中性和不稳定条件下近地面流向速度分别为－0.30、－0.31 和－0.30）。中心建筑物高度为 $2H$ 时，速度梯度在 $z/H<1.8$ 范围内受温度层结影响均很小，原因是此处位于中心高层建筑物回流区范围内。稳定、中性和不稳定条件下近地面流向速度分别为－0.36、－0.41 和－0.40。中心建筑物高度为 $3H$ 时，中性条件和不稳定条件下速度梯度在 $z/H<2.8$ 范围内受温度层结影响均很小；稳定条件下在 $z/H<1.5$ 范围内反向流动速度明显大于其他条件（例如当中心建筑物高度为 $3H$ 时，稳定、中性和不稳定条件下近地面流向速度分别为－0.70、－0.44 和－0.47）。结合图 3-9 和图 3-10 速度矢量分布，分析可能的原因有两种：一是由于稳定条件会抑制垂向湍流，使得中心高层建筑物的阻塞效应最明显，稳定条件下中心建筑物超过周围建筑物高度部分甚至像一个孤立建筑物一样形成了单独的回流区；二是由于受到侧边效应的影响，回流区低压将流线收紧，引入了侧向流动，这使得此处的流动更为复杂。

在建筑物群下风向 $x/H=3$、$x/H=4$ 和 $x/H=6$ 处，流向速度负值区域逐渐变小，随着下游距离的增大，逐渐向来流恢复，且不稳定条件下恢复速度最快，其次为中性条件，在稳定条件下恢复最慢。值得注意的是，当建筑物高度为 $2H$ 时，稳定条件下建筑物群下游形成了两个大涡旋，回流区长度为 $4.8H$，因此速度恢复最慢。

图 4-12（书后另见彩图）为垂直剖面（$y/H=0$）不同位置处归一化垂向速度（w/U_H）分布。

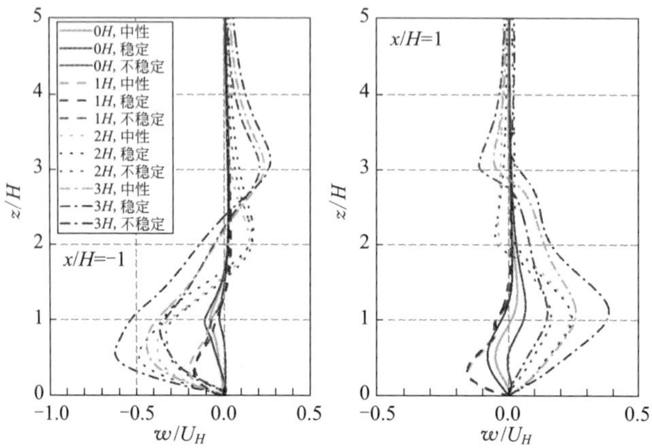

图 4-12 垂直剖面（$y/H=0$）不同位置处归一化垂向速度（w/U_H）分布

由图 4-12 可知，在 $x/H=-1$ 处，如前所述尽管不同温度层结条件和建筑物为 $0H$ 和 $1H$ 时此处的流向速度差异很小，但此处的垂向速度却有很大区别。当中心建筑物高度为 $0H$ 时，在 $z/H<1.5$ 范围内，垂向速度（w/U_H）均为负值，且不稳定条件下的垂向速度（$|w/U_H|$）最大，其次为中性条件，稳定条件下最小，这是由于此处位于上游建筑物回流区范围内（例如当中心建筑物高度为 $0H$ 时，稳定、中性和不稳定条件下最大垂向速度分别为 -0.03、-0.08 和 -0.11）。当中心建筑物高度为 $1H$ 时，在 $z/H<1.3$ 范围内，垂向速度（w/U_H）均为负值，且随着稳定性变化相对较小，没有明显规律，主要是由于此处位于建筑物 4 和 5 之间的涡旋范围内。当中心建筑物高度为 $2H$ 时，在 $z/H<1.6$ 范围内，垂向速度均为负值，且稳定条件下的垂向速度（$|w/U_H|$）最大，其次为中性条件，不稳定条件下最小。这是由于此处主要受到中心高层建筑物强烈的垂直向下气流的影响，稳定条件下速度梯度最大，能够捕捉到上层速度大的风然后形成强下降气流，其次为中性条件，不稳定条件下最小（例如当中心建筑物高度为 $2H$ 时，稳定、中性和不稳定条件下最大垂向速度分别为 -0.49、-0.38 和

−0.32）。随着中心建筑物高度增加到 $3H$，中心高层建筑物的捕风作用进一步加强，温度层结的影响更大。例如当中心建筑物高度为 $3H$ 时，稳定、中性和不稳定条件下最大垂向速度分别为−0.62、−0.44 和−0.35。

在 $x/H=1$ 处，中心建筑物高度为 $0H$ 时，垂向速度明显不同，原因如前所述此处主要受流动机制的影响，涡旋数量和规模不同。例如，稳定条件下此处仍位于大涡旋中，建筑物高度以下的速度全部为负值，最大垂向速度为−0.08；中性条件下此处位于两个交互影响的涡旋处，垂向速度（$|w/U_H|$）小于稳定条件下，最大垂向速度为−0.05；不稳定条件下，此处位于两个独立涡旋之间，垂向速度在 $z/H<0.6$ 范围内几乎为 0。中心建筑物高度为 $1H$ 时，温度层结对此处的影响不明显，主要是由于此处位于回流区范围内，回流区气流机械运动使得建筑物高度以下部分的速度差异很小（例如当中心建筑物高度为 $1H$ 时，稳定、中性和不稳定条件下最大垂向速度均为−0.16）。中心建筑物高度为 $2H$ 时，此处位于中心高层建筑物回流区范围内，不同温度层结条件下 $z/H<1.8$ 范围内垂向速度均为正值，且稳定条件下最大，中性条件其次，不稳定条件下最小。分析原因是稳定温度层结条件下 $z/H>1.0$ 范围内归一化风速更大，其回流区范围内风速也相对更大。随着中心建筑物高度增加到 $3H$，中心高层建筑物的捕风作用进一步加强，稳定条件下垂向速度更大。例如当中心建筑物高度为 $3H$ 时，稳定、中性和不稳定条件下最大垂向速度分别为 0.38、0.26 和 0.15。

综上所述，温度层结和中心建筑物高度对建筑物群周围流场都有明显的影响。当没有中心建筑物时，温度层结甚至影响涡旋数量和规模。当中心建筑物高度与外围建筑物高度一致时，形成了等高建筑物群，温度层结对建筑物群内部的流场影响似乎不明显，主要影响建筑物群下游。当中心建筑物高度为 $2H$ 和 $3H$ 时，温度层结对流场的影响主要是由中心高层建筑物的捕风作用引起。

4.3.2 湍流动能

图 4-13（书后另见彩图）显示了归一化湍流动能（k/U_H^2）在垂直剖面（$y/H=0$）的分布。

由图 4-13 可知：

① 当建筑物高度相同但温度层结不同时，对比相同位置处的 k/U_H^2 值，其均为不稳定条件最大，中性次之，稳定最小。但湍流动能最大值出现位置有所不同。稳定条件下湍流动能最大值出现在建筑物顶部，而中性和不稳定条件下出现

在建筑物迎风角位置。例如，当中心建筑物高度为 0H 和 1H 时，稳定条件下归一化湍流动能最大值均出现在上游建筑物 4 顶面位置，最大值均为 0.15；中性条件下，最大值均出现在上游建筑物 4 迎风角位置，最大值均为 0.24；不稳定条件下，最大值均出现在上游建筑物 4 迎风角位置，最大值均为 0.30。当中心建筑物高度超过外围建筑物时，最大值出现在中心建筑物附近。例如中心建筑物高度为 2H 时，稳定条件下最大值出现在中心建筑物顶面位置，最大值为 0.26；中性条件下最大值出现在中心建筑物迎风角位置，最大值为 0.35；不稳定条件下最大值出现在中心建筑物迎风角位置，最大值为 0.38。

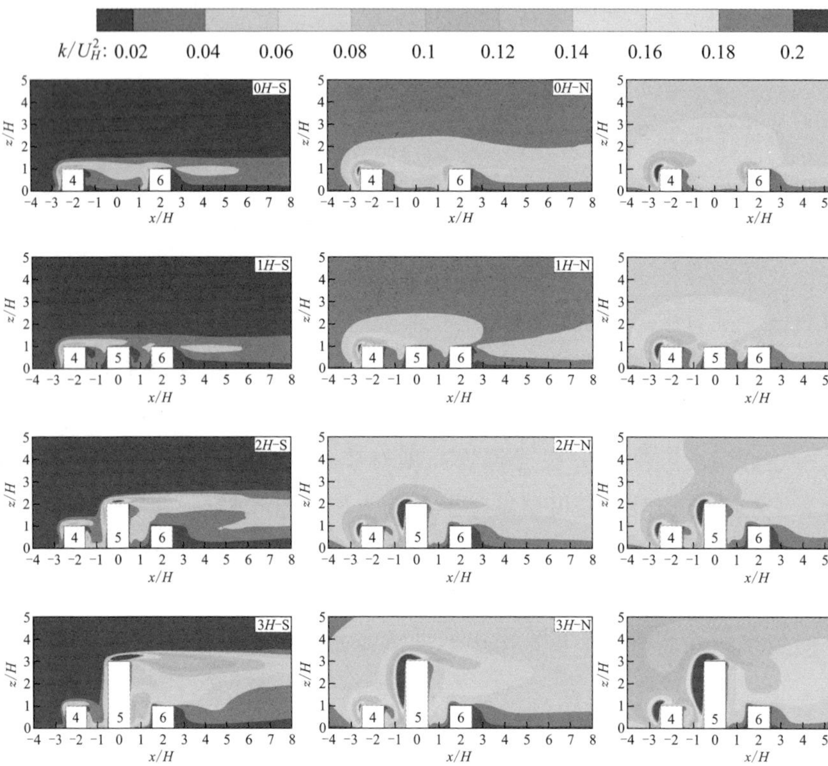

图 4-13 垂直剖面（$y/H=0$）的归一化湍流动能（k/U_H^2）分布

（0H～3H 为中心建筑物高度；S 为稳定条件，N 为中性条件，

UNS 为不稳定条件；白色矩形为建筑物，其中数字 4～6 为建筑物编号）

② 当温度层结相同时，中心建筑物高度影响湍流动能最大值位置和大小。当中心建筑物高度小于或等于外围建筑物时，湍流动能最大值出现在上游建筑物附近，而当中心建筑物明显高于周围建筑物时，湍流动能最大值出现在中心建筑物附近。例如稳定条件下，当中心建筑物高度为 0H 和 1H 时，归一化湍流动能

最大值均出现在上游建筑物 4 顶面位置，最大值均为 0.15；当中心建筑物高度为 $2H$ 和 $3H$ 时，归一化湍流动能最大值均出现在中心建筑物顶面位置，分别为 0.26 和 0.43。

4.3.3 浓度场

图 4-14（书后另见彩图）和图 4-15（书后另见彩图）分别为各案例近地面（$z/H=0.1$）和垂直剖面（$y/H=0$）归一化浓度（c/c_0）分布（说明：参照浓度 $C_0=\dfrac{C_g \times Q_v}{u_H \times H^2}$，$C_g$ 为示踪气体浓度，Q_v 为示踪气体体积排放量）。

由图 4-14 和图 4-15 可知，污染物浓度分布与温度层结和中心建筑物高度密切相关。

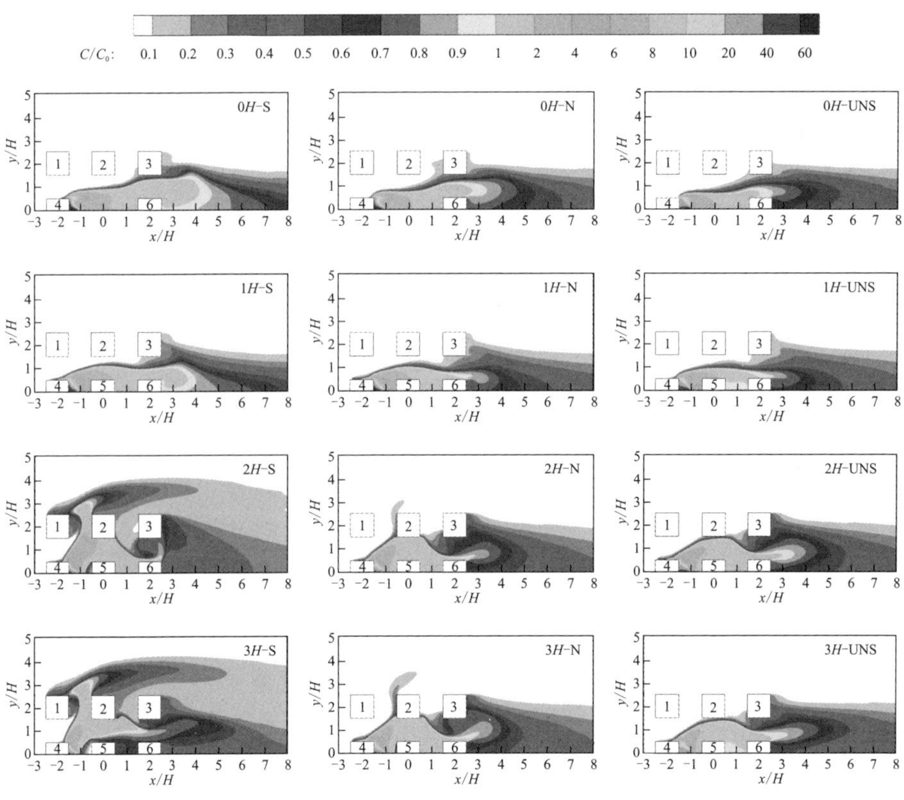

图 4-14 近地面（$z/H=0.1$）归一化浓度（C/C_0）分布

（$0H$～$3H$ 为中心建筑物高度；S 为稳定条件，N 为中性条件，UNS 为不稳定条件；白色矩形为建筑物，其中数字 1～6 为建筑物编号）

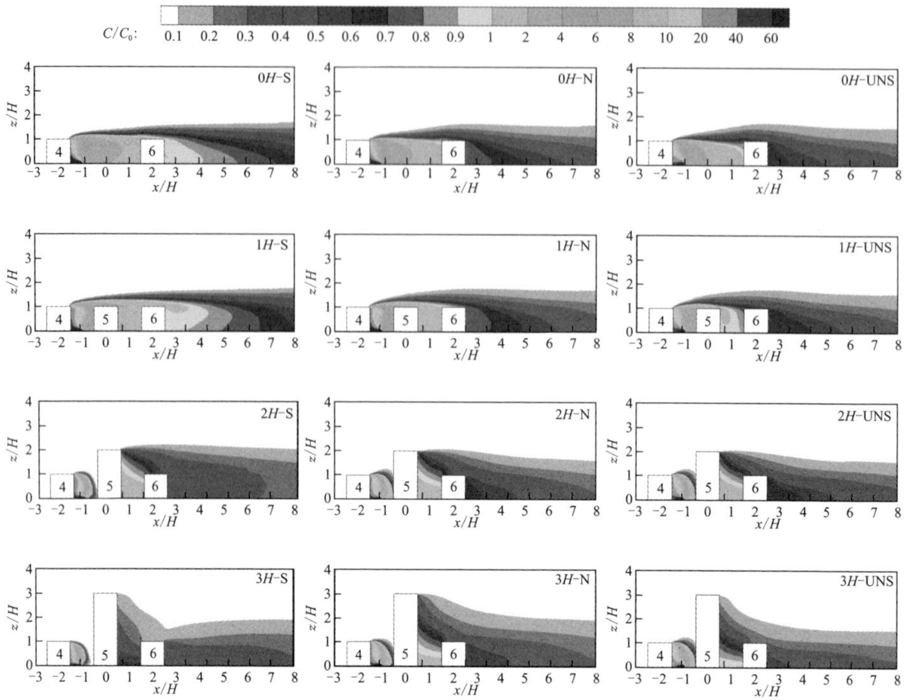

图 4-15 垂直剖面（$y/H=0$）归一化浓度（C/C_0）分布

（$0H$～$3H$ 为中心建筑物高度；S 为稳定条件，N 为中性条件，

UNS 为不稳定条件；白色矩形为建筑物，其中数字 4～6 为建筑物编号）

不同温度层结条件下污染物羽流影响范围不同。中心建筑物高度为 $0H$ 时，污染源位于建筑物 4 背风侧回流区范围内，污染物随背风侧的回流运动向建筑物 4 的背风侧移动，然后随气流向下游和侧向流动。稳定条件下污染物羽流横向范围最大，近地面浓度最大，分析是稳定的分层增加了水平输送，抑制了气流的垂直运动。不同温度层结下的高浓度区域主要出现在街区内的污染源上风向，这是由于污染物在街区内部的运移以涡旋再循环为主，污染物在街区底部的扩散主要是回流作用，因此在污染源上风向出现了高浓度区域，这与 4.3.1 部分速度场的研究结果一致。随后污染物受通道作用的影响，逐渐向下游输送。例如稳定条件下近地面最大归一化浓度为 110.84，中性条件下为 81.16，不稳定条件下为 79.25。在垂线 $y/H=0$，$x/H=-1.5$ 处，稳定、中性和不稳定条件下近地面归一化浓度分别为 1.68、1.38 和 1.26；在垂线 $y/H=0$，$x/H=1$ 处，稳定、中性和不稳定条件下近地面归一化浓度分别为 1.68、1.38 和 1.26；在垂线 $y/H=0$，$x/H=3$ 处，稳定、中性和不稳定条件下近地面归一化浓度分别为 0.98、0.74 和 0.62。总体来看，中心建筑物高度为 $0H$ 时，污染物羽流的影响

范围包括建筑物 4、6、3 和 9，对建筑物 1、2、7 和 8 几乎没有影响。

中心建筑物高度为 $1H$ 时，污染物位于建筑物 4 背风侧回流区范围内，高浓度区域位于污染源和建筑物 4 背风侧区域。近地面浓度分布规律仍为稳定条件下最大，其次为中性，不稳定条件下最小。例如稳定条件下近地面最大归一化浓度为 100.82，中性条件下为 82.31，不稳定条件下为 73.71。在垂线 $y/H=0$，$x/H=1$ 处，稳定、中性和不稳定条件下近地面归一化浓度分别为 1.58、1.10 和 0.94；在垂线 $y/H=0$，$x/H=3$ 处，稳定、中性和不稳定条件下近地面归一化浓度分别为 0.94、0.73 和 0.68。总体来看，中心建筑物高度为 $1H$ 时，污染物羽流的影响范围包括建筑物 4、6、3 和 9，对建筑物 1、2、7 和 8 几乎没有影响。

中心建筑物高度为 $2H$ 时，虽然高浓度区域仍然位于污染源和建筑物 4 背风侧区域，但由于中心建筑物的捕风作用产生的强下降气流加强了建筑物 4 和 5 之间的涡旋运动并随气流分离向侧向流动（即 y 轴方向）。稳定条件下的污染物羽流宽度明显大于中性和稳定条件下的羽流宽度，这是由于中心高层建筑物的阻挡和分离效应的影响在稳定条件下最为明显，中性次之，不稳定条件下相对最小。稳定条件下污染物羽流的影响范围包括了所有建筑物。中性条件下污染物羽流影响范围包括了除建筑物 1 和 7 之外的其他建筑物。不稳定条件下污染物羽流影响范围包括了除建筑物 1 和 7 之外的其他建筑物，但相比中性条件对建筑物 2 的影响减小。随着中心建筑物高度增加为 $3H$，侧向扩散进一步加强。

另外，由于污染源位于建筑物回流区范围内，温度层结对羽流深度的影响较小。关于羽流深度的分析在 3.3.3 部分已经讨论过，此处不再赘述。

4.3.4 污染物通量分析

污染物通量理论及计算公式详见 3.3.4 部分，此处不再赘述，仅对计算平面进行说明。图 4-16(a) 为中心建筑物高度为 $0H$ 时的计算平面，图 4-16(b) 为中心建筑物高度为 $1H$ 时的计算平面，中心建筑物高度为 $2H$ 和 $3H$ 的计算平面与 $1H$ 一致。

4.3.4.1 温度层结对污染物扩散的影响分析

表 4-2 为中心建筑物高度为 $0H$ 时，不同温度层结条件下顶面和两侧面污染物质量流量计算值。

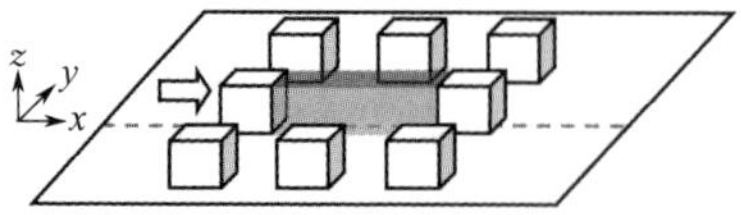

(a) 中心建筑物高度为0H时的计算平面

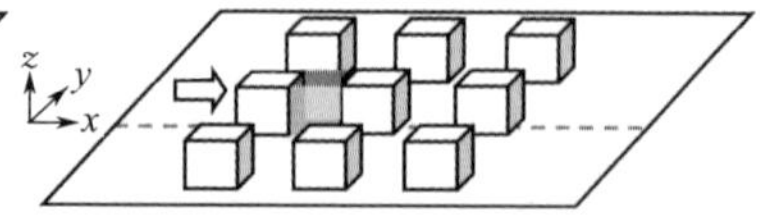

(b) 中心建筑物高度为1H时的计算平面

图 4-16　通量分析平面

表 4-2　不同温度层结条件下中心建筑物高度为 0H 时污染物质量流量分析

温度层结	平面	R_c(in)	R_c(out)	R_c	R_t(in)	R_t(out)	R_t	R(in)	R(out)	R
稳定	顶面	−0.183	0.080	−0.103	0	0.401	0.401	−0.183	0.480	0.298
	侧面	−0.373	0.619	0.246	−0.035	0.591	0.555	−0.409	1.210	0.801
	合计	−0.556	0.699	0.143	−0.035	0.992	0.956	−0.592	1.69	1.099
中性	顶面	−0.177	0.073	−0.103	0	0.419	0.419	−0.177	0.493	0.316
	侧面	−0.505	0.544	0.04	−0.012	0.817	0.805	−0.517	1.362	0.845
	合计	−0.682	0.617	−0.063	−0.012	1.236	1.224	−0.694	1.855	1.161
不稳定	顶面	−0.141	0.079	−0.062	0	0.383	0.383	−0.141	0.462	0.321
	侧面	−0.538	0.346	−0.192	0	1.029	1.029	−0.538	1.374	0.836
	合计	−0.679	0.425	−0.254	0	1.412	1.412	−0.679	1.836	1.157

注：R_c(in) 为归一化对流流入量，R_c(out) 为归一化对流流出量，$R_c = R_c$(in)$+ R_c$(out) 为归一化对流量；R_t(in) 为归一化湍流流入量，R_t(out) 为归一化湍流流出量，$R_t=R_t$(in)$+R_t$(out) 为归一化湍流量；R(in)$= R_c$(in)$+R_t$(in) 为归一化总流入量，R(out)$=R_c$(out)$+R_t$(out) 为归一化总流出量；$R=R$(in)$+ R$(out) 为归一化总流量。

由表 4-2 可知：

① 不同温度层结条件下顶面的对流流入量均为负值且大于对流流出量（稳定、中性和不稳定条件下其比值分别为 2.29、2.42 和 1.78），顶面总对流量为负值，表明本案例污染物位于建筑物背风侧回流区范围内，污染物向建筑物高度以上的扩散难以依靠空气对流运动实现。稳定、中性和不稳定条件下顶面的归一化对流量分别为 −0.103、−0.103 和 −0.062。顶面的湍流流入量均为 0，湍流流出量明显大于相同条件下的对流流出量（例如稳定条件下湍流流出量为 0.401，对流流出量为 0.080；中性条件下湍流流出量为 0.419，对流流出量为 0.073），表明湍流在污染物的垂直扩散中起着积极的决定性作用。

② 稳定温度层结条件下，侧面的对流流入量小于流出量，侧面总对流量为正值，表明对流运动在污染物扩散中起到积极作用；湍流流入量远小于流出量，表明湍流运动在侧面起到积极作用；对流运动和湍流运动的贡献率分别为

30.7%和69.3%。中性条件下，侧面的对流流入量略小于流出量，侧面总对流量为正值（0.040），表明对流运动在污染物扩散中起到积极作用；湍流流入量远小于流出量，表明湍流运动在侧面起到积极作用；对流运动和湍流运动贡献率分别为4.7%和95.3%。不稳定条件下，侧面的对流流入量略大于流出量，侧面总对流量为负值（−0.192）；湍流流出量为1.029，表明湍流运动在侧面起到绝对的积极作用；对流运动和湍流运动贡献率分别为 −23.0%和123.0%。

③ 对比顶面和两侧面的流量对总流量的贡献率（稳定、中性和不稳定条件下顶面扩散贡献率分别为27.1%、27.2%和27.7%，侧面扩散贡献率分别为72.9%、72.8%和72.3%），结果表明不稳定条件下顶面扩散贡献率最大，其次为中性条件，稳定条件下最小；侧面扩散贡献率规律正好相反。另外也表明对于地面源，污染物主要为水平扩散。

④ 对比顶面和侧面的总湍流贡献率和对流贡献率（稳定、中性和不稳定条件下湍流扩散贡献率分别为87.0%、105.4%和122.0%，对流扩散贡献率分别为13.0%、−5.4%和 −22.0%），结果表明稳定条件下污染物的扩散依靠湍流和对流的共同作用，中性条件下和不稳定条件下湍流起决定性作用。

综上可知，当中心建筑物高度为0H时，对流扩散和湍流扩散都起着重要作用，甚至湍流扩散起主导作用。湍流运动在建筑物顶部及以上位置占绝对的主导地位，表明污染物向建筑物以上的区域扩散主要是受湍流运动的影响。湍流运动在污染物的横向扩散过程中起着十分积极的作用，且不稳定条件下的湍流作用最大，其次为中性条件，稳定条件下最小。

表4-3为中心建筑物高度为1H时，不同温度层结条件下顶面和两侧面污染物质量流量计算值。

表4-3　不同温度层结条件下中心建筑物高度为1*H*时污染物质量流量分析

温度层结	平面	R_c(in)	R_c(out)	R_c	R_t(in)	R_t(out)	R_t	R(in)	R(out)	R
稳定	顶面	−0.116	0.115	−0.001	0	0.389	0.389	−0.116	0.504	0.388
	侧面	−0.233	0.357	0.124	0	0.578	0.578	−0.233	0.936	0.703
	合计	−0.349	0.472	0.123	0	0.967	0.967	−0.349	1.44	1.091
中性	顶面	−0.117	0.092	−0.025	0	0.386	0.386	−0.117	0.478	0.361
	侧面	−0.224	0.362	0.138	0	0.594	0.594	−0.224	0.956	0.733
	合计	−0.341	0.454	0.113	0	0.98	0.98	−0.341	1.434	1.094

续表

温度层结	平面	R_c(in)	R_c(out)	R_c	R_t(in)	R_t(out)	R_t	R(in)	R(out)	R
不稳定	顶面	−0.072	0.063	−0.009	0	0.314	0.314	−0.072	0.377	0.305
	侧面	−0.166	0.286	0.120	0	0.687	0.687	−0.166	0.973	0.807
	合计	−0.238	0.349	0.111	0	1.001	1.001	−0.238	1.350	1.112

注：R_c(in) 为归一化对流流入量，R_c(out) 为归一化对流流出量，$R_c = R_c$(in)$+ R_c$(out) 为归一化对流量；R_t(in) 为归一化湍流流入量，R_t(out) 为归一化湍流流出量，$R_t = R_t$(in)$+R_t$(out) 为归一化湍流量；R(in)$= R_c$(in)$+R_t$(in) 为归一化总流入量，R(out)$=R_c$(out)$+R_t$(out) 为归一化总流出量；$R=R$(in)$+ R$(out) 为归一化总流量。

由表 4-3 可知：

① 不同温度层结条件下顶面的对流流入量均为负值且略大于对流流出量，顶面总对流量为负值，表明本案例污染物位于建筑物背风侧回流区范围内，污染物向建筑物高度以上的扩散难以依靠空气对流运动实现。顶面的湍流流入量均为 0，湍流流出量明显大于相同条件下的对流流出量，表明湍流在污染物的垂直扩散中起着积极的决定性作用。

② 不同温度层结条件下，侧面的对流流入量小于流出量，侧面总对流量为正值（稳定、中性和不稳定条件下侧面对流量分别为 0.124、0.138 和 0.120），表明对流运动在污染物扩散中起到积极作用；稳定、中性和不稳定条件下湍流流出量分别为 0.578、0.594 和 0.687，表明湍流运动在侧面起到绝对积极的作用。

③ 对比顶面和两侧面的流量对总流量的贡献率（稳定、中性和不稳定条件下顶面扩散贡献率分别为 35.6%、33.0%和 27.4%，侧面扩散贡献率分别为 64.4%、67.0%和 72.6%），发现稳定条件下顶面扩散贡献率最大，其次为中性条件，不稳定条件下最小；侧面扩散贡献率规律正好相反。

④ 对比顶面和侧面的总湍流贡献率和对流贡献率（稳定、中性和不稳定条件下湍流扩散贡献率分别为 88.6%、89.6%和 90.0%，对流扩散贡献率分别为 11.4%、10.4%和 10.0%）发现，不稳定条件下的湍流贡献率最大，其次为中性，稳定条件下最小。

综上可知，当中心建筑物高度为 $1H$ 时，对流扩散和湍流扩散都起着重要作用，甚至湍流扩散起主导作用。湍流运动在建筑物顶部及以上位置占绝对的主导地位，在污染物的横向扩散过程中起着十分积极的作用，且不稳定条件下的湍流作用最大，其次为中性条件，稳定条件下最小。

4.3.4.2 中心建筑物高度对污染物扩散的影响分析

表 4-4 为不稳定条件下中心建筑物高度分别为 1H、2H 和 3H 时，顶面和两侧面污染物质量流量计算值。

表 4-4 不稳定条件下中心建筑物高度分别为 1H、2H 和 3H 时污染物质量流量分析

中心建筑物高度	平面	R_c(in)	R_c(out)	R_c	R_t(in)	R_t(out)	R_t	R(in)	R(out)	R
1H	顶面	−0.072	0.063	−0.009	0	0.314	0.314	−0.072	0.377	0.305
	侧面	−0.166	0.286	0.120	0	0.687	0.687	−0.166	0.973	0.807
	合计	−0.238	0.349	0.111	0	1.001	1.001	−0.238	1.35	1.112
2H	顶面	−0.193	0.019	−0.174	0	0.234	0.234	−0.193	0.253	0.060
	侧面	−0.098	0.722	0.624	−0.023	0.451	0.428	−0.12	1.173	1.052
	合计	−0.291	0.741	0.450	−0.023	0.685	0.662	−0.313	1.426	1.112
3H	顶面	−0.147	0.008	−0.139	0	0.192	0.192	−0.147	0.200	0.053
	侧面	−0.063	0.693	0.630	−0.022	0.437	0.415	−0.084	1.129	1.045
	合计	−0.210	0.701	0.491	−0.022	0.629	0.607	−0.231	1.329	1.098

注：R_c(in) 为归一化对流流入量，R_c(out) 为归一化对流流出量，R_c = R_c(in)+ R_c(out) 为归一化对流量；R_t(in) 为归一化湍流流入量，R_t(out) 为归一化湍流流出量，R_t=R_t(in)+R_t(out) 为归一化湍流量；R(in)= R_c(in)+R_t(in) 为归一化总流入量，R(out)=R_c(out)+R_t(out) 为归一化总流出量；R=R(in)+ R(out) 为归一化总流量。

由表 4-4 可知：不稳定条件下，中心建筑物高度对污染物的扩散有很大影响。

① 随着中心建筑物高度从 1H 增大到 3H，顶面的对流流出量明显减少（中心建筑物高度为 1H、2H 和 3H 时，顶面对流流出量分别为 0.063、0.019 和 0.008)，这是由于随着中心建筑物高度的增加，阻挡作用越来越明显，强烈的下降气流使得污染物难以从顶面扩散。另外，随着中心建筑物高度的增加，顶面湍流流出量也明显减少（中心建筑物高度为 1H、2H 和 3H 时，顶面湍流流出量分别为 0.314、0.234 和 0.192)，总流量亦是如此。

② 随着中心建筑物高度从 1H 增大到 3H，侧面湍流量减少（中心建筑物高度为 1H、2H 和 3H 时，侧面湍流量分别为 0.687、0.428 和 0.415)，对流量明显增加（中心建筑物高度为 1H、2H 和 3H 时，侧面对流量分别为 0.120、0.624 和 0.630)，对流贡献率分别为 14.9%、59.3%和 60.3%，对流扩散作用越来越强。

③ 对比顶面和侧面的总湍流贡献率和对流贡献率（中心建筑物高度为 $1H$、$2H$ 和 $3H$ 时，湍流扩散贡献率分别为 90.0%、59.5%和 55.3%，对流扩散贡献率分别为 10.0%、40.5%和 44.7%）发现，中心建筑物高度的增加主要影响了对流扩散。

④ 对比顶面和两侧面的流量对总流量的贡献率（中心建筑物高度为 $1H$、$2H$ 和 $3H$ 时，顶面扩散贡献率分别为 27.4%、5.4%和 4.8%，侧面扩散贡献率分别为 72.6%、94.6%和 95.2%），结果显示随着中心建筑物高度的增加，侧面扩散比例明显增加，表明中心建筑物高度的增加明显抑制了污染物垂直向上的扩散，增加了水平扩散。

综上可知，中心建筑物高度对污染物的对流扩散和湍流扩散都有一定程度的影响，对对流扩散的影响更大。

4.4 小结

本章基于改进后的标准 k-ε 湍流模型（添加源项）研究了不同温度层结条件下建筑物高度对流场以及污染物扩散的影响。主要结论如下：

① CFD 模拟结果与 AIJ 风洞试验结果基本一致。

② 温度层结能够显著影响建筑物周围的流场，甚至影响了涡旋的数量和形态，尤其是没有中心建筑物时。当中心建筑物高度与外围建筑物高度一致时，温度层结对建筑物群内部的流场影响不明显，主要影响建筑物群下游。当中心建筑物高度为 $2H$ 和 $3H$ 时，温度层结对流场的影响主要是由中心高层建筑物的捕风作用引起的。中心高层建筑物迎风面向下的气流增强了迎风侧街区内的气流，形成水平气流辐散；中心建筑物背风侧，压力的不足会导致垂直气流的增强和水平气流的收敛，街区内风速增加。

③ 不同温度层结条件下污染物羽流影响范围不同。当没有中心建筑物或中心建筑物高度为 $1H$ 时，稳定条件下污染物羽流横向范围最大，近地面浓度最大；中性次之；不稳定最小。当中心建筑物高度为 $2H$ 和 $3H$ 时，由于中心建筑物的捕风作用产生的强下降气流加强了迎风侧街区内气流分离和流动，同时加强了污染物的水平扩散。稳定条件下的阻挡作用最明显，因此羽流宽度也最大。

④ 温度层结和中心建筑物高度影响污染物的对流扩散和湍流扩散。当中心

建筑物高度为 $0H$ 和 $1H$ 时，对流扩散和湍流扩散都起着重要作用，甚至湍流扩散起主导作用。湍流运动在建筑物顶部及以上位置占绝对的主导地位，在污染物的横向扩散过程中起着十分积极的作用，且不稳定条件下的湍流作用最大，其次为中性条件，稳定条件下最小。当中心建筑物高度为 $2H$ 和 $3H$ 时，污染物的垂直扩散受强下降气流的抑制，水平扩散加强。

第5章 城市街区局部热效应对交通污染物扩散的影响

随着城市建筑密度的增大，机动车辆的不断增加，汽车尾气已经成为城市中不可忽视的污染源。本章研究的提出主要基于以下考虑：①城市空间可视为各种不同类型及特征的街区单元的集合，街区是城市空间的基本组成单元，具有代表性；②街区是城市机动车主要行驶区域，是尾气排放源所在的区域，也是受汽车尾气污染的空间；③街区是城市居民出行的必经路线，其中污染物的分布情况直接影响着环境空气质量及人群健康；④当风向与交通污染源垂直时空气质量最差，其他风向情况下空气质量都比垂直时要好；⑤由太阳辐射的日变化引起的建筑物壁面以及地面温度的不均匀是实际存在的；⑥目前的研究集中在二维街区，局部热效应对三维街区的影响研究相对较少。

5.1 模型验证

5.1.1 风洞试验概述

本章研究使用日本建筑学会（AIJ）的数据集中的风洞试验结果进行模型验证分析。风洞试验是在东京工业大学热分层风洞（测量部分截面为 1.2m×1.0m）中进行的。风洞试验段底板由 6 块加热和冷却板组成，可用于产生相应的非等温边界层。城市街区模型共有 126 个立方体建筑块（尺寸：60mm×

60mm×60mm，14 排×9 列）位于不稳定边界层中。建筑的横向和纵向间距均为 60mm，风洞试验的阻塞率为 2.7%。实验中控制风洞底板温度为 318.16K，建筑物高度处温度为 287.90K。建筑物高度处的风速为 1.34m/s，雷诺数为 5400。示踪气体排放源（宽 37mm，长 1200mm）位于第七和第八排建筑物之间的地面上。示踪气体（C_2H_4：100%的乙烯，温度＝308.15K）体积排放流量为 $Q_V=8.33\times10^{-6}\,m^3/s$，排放速度为 0.0002m/s。风洞试验采用裂膜探针（SFP）测量风速，冷线法（CW）测试空气温度，快速响应火焰离子化检测器（FID）分析气体浓度，采样频率为 1000Hz。详细测量说明见文献。

图 5-1（书后另见彩图）为风洞试验设置简图及测点位置，图 5-2 为风洞入口归一化风速、归一化温度和归一化湍流动能的垂直分布。

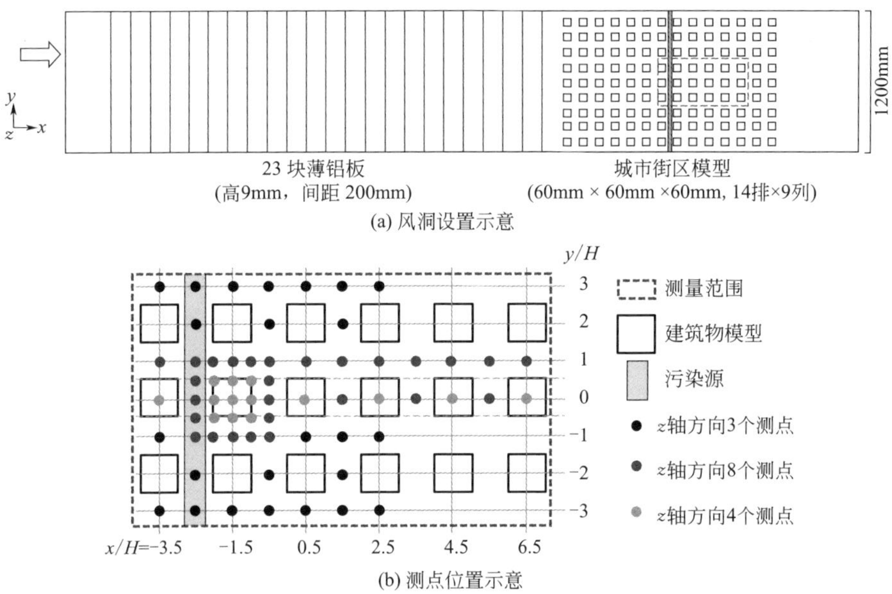

图 5-1 风洞设置及测点位置

5.1.2 模型验证设置

5.1.2.1 计算域及网格设置

由于风洞试验中建筑物群在 y 轴方向上是重复的，因此本次设置的计算域只重复了建筑物群的基本部分并将两侧设置为对称边界条件以节约计算资源。该方法适用于建筑物矩阵的侧向尺寸（y 轴方向）足够大且侧向边界影响可以忽略时

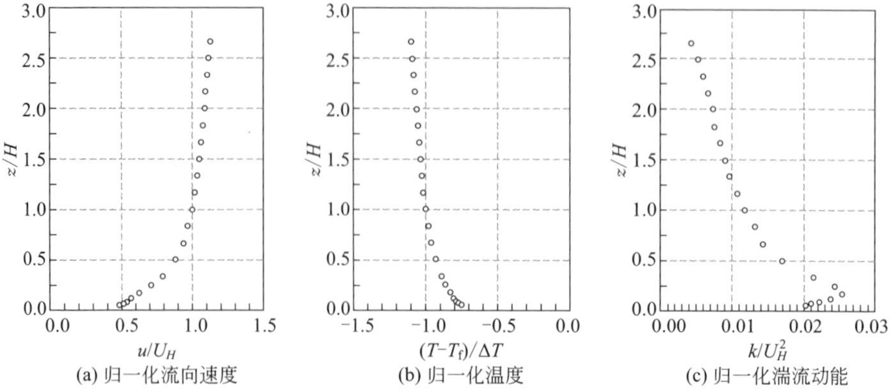

图 5-2 风洞入口条件

的情况，已经被许多研究者证实是有效的。

因此，将计算域设置为 $47H \times 2H \times 16.67H$（长×宽×高，计算域高度与风洞试验测量截面一致），阻塞率为 3.0%。数值模拟中建筑物尺寸、间距、污染源位置等参数与风洞试验一致。采用非均匀的结构化网格，建筑物划分为 $14(x) \times 14(y) \times 12(z)$，并且在污染源和建筑表面附近采用更精细的网格，网格增长率不大于 1.2。近地面第一层网格高度是 0.008m，近地面无量纲距离（y^+）为 16，网格总数为 58 万。除基本网格外，还采用精细网格以验证网格独立性。精细网格的分辨率是基本网格的 2 倍。所采用的基本条件与其他计算条件相同。图 5-3（书后另见彩图）为计算域和网格示意。

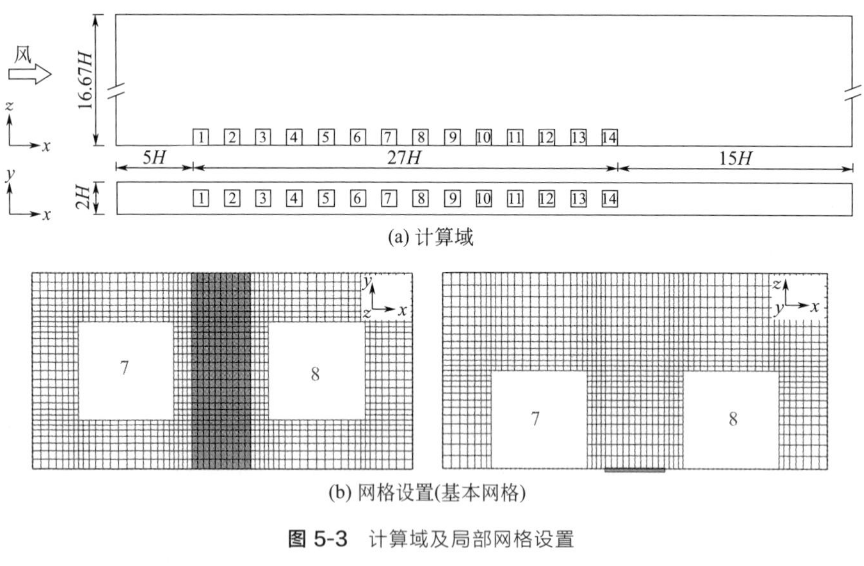

图 5-3 计算域及局部网格设置

（1～14 为建筑物编号；红色为污染源）

5.1.2.2 数值模拟研究方法及边界条件设置

本次采用 ANSYS Fluent 提供的标准 k-ε 湍流模型并进行优化，此部分不再赘述。计算域入口设置为速度入口，入流廓线与风洞试验一致，建筑物模型壁面、计算域地面设置为无滑移壁面并使用标准壁面函数，计算域两侧面及顶部应用对称边界条件，计算域出口设置为压力出口，污染源设置为质量入口。湍流施密特数(Sc_t) 设置为 0.7。

计算中采用 SIMPLEC 算法和二阶迎风差分格式求解，所有变量残差小于 10^{-5}。

5.1.3 模拟验证结果

图 5-4 为 CFD 计算的 8-9 街区内归一化流向速度、温度、浓度分布及风洞试验结果。表 5-1 为均方误差(NMSE)、偏差(FB)、相关系数(R) 和二倍因子(FAC2) 统计值。

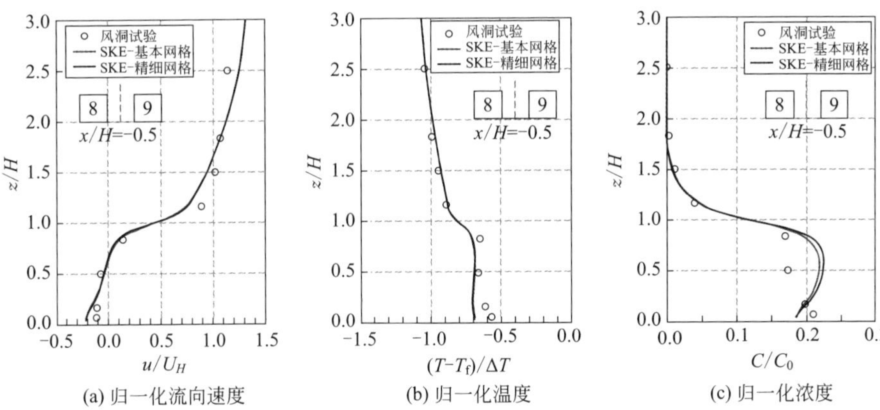

图 5-4 CFD 计算的 8-9 街区内归一化流向速度、温度、浓度分布及风洞试验结果（8 和 9 代表第 8 和 9 排建筑物）

表 5-1 数值模拟和风洞试验结果统计量分析

网格	项目	NMSE	FB	R	FAC2
基本网格	u/U_H	0.084	0.077	0.992	—
	$(T-T_f)/\Delta T$	0.025	−0.035	0.987	—
	C/C_0	0.022	−0.057	0.980	0.75

续表

网格	项目	NMSE	FB	R	FAC2
精细网格	u/U_H	0.079	0.076	0.992	—
	$(T-T_f)/\Delta T$	0.036	−0.038	0.984	—
	C/C_0	0.022	−0.075	0.976	0.75

注：1. FAC2 即 CFD 计算浓度和风洞测量浓度之间的比值；

2. 可接受的模型性能值范围：NMSE＜1.5，−0.3＜FB＜0.3，0.5≤FAC2≤2。

根据图 5-4 可知，CFD 计算的速度分布、温度分布以及浓度分布与风洞试验的结果整体一致，但由于 CFD 技术仍然不能准确地预测近壁流，因此在近地面附近有一定差异。由表 5-1 可知，CFD 和风洞试验结果的均方误差 NMSE＝0.022～0.084，满足 NMSE＜1.5 的要求；偏差 FB＝−0.075～0.077，满足 −0.3＜FB＜0.3 要求；相关系数 R＝0.976～0.992，非常接近于 1；浓度二倍因子 FAC2＝0.75，满足 FAC2＞0.5 的要求，总体 CFD 模型性能良好。此外，基本网格和精细网格的计算结果基本一致，证明基本网格精度足够。

5.2 模拟设置

5.2.1 模型的建立及主要参数

本章案例旨在研究太阳热辐射对气流、温度分布和污染物运移特性的影响，并进行参数化研究。

5.2.1.1 建筑物模型和污染源设置

建筑物模型包括 10 排规则排列的建筑物，建筑物长、宽、高均为 H＝20m，建筑物间距为 20m。污染源位于第 5 排和第 6 排建筑物之间的地面上，宽度设置为 12m，高度为 0.2m，选用 CO 作为污染物，浓度（体积分数）$C_g=1\times10^{-6}$，体积排放速率 $Q_V=0.001\text{m}^3/\text{s}$，排放速度 $u_g=2.5\times10^{-6}\text{m/s}$。本次采用均一的污染源虽然并不现实，但作为一种研究方法得到了广泛的使用。

5.2.1.2 入口条件和局部热效应设置

为进行参数化研究，本次模拟所有案例的入口风速、湍流动能和湍流耗散率按照 AIJ 推荐的入口条件，公式见式(5-1)～式(5-4)：

$$U_z = U_H \left(\frac{z}{H}\right)^{\alpha} \tag{5-1}$$

$$k(z) = (I_z U_z)^2 \tag{5-2}$$

$$I_z = 0.1 \times \left(\frac{z}{z_G}\right)^{(-\alpha - 0.05)} \tag{5-3}$$

$$\varepsilon(z) = C_{\mu}^{0.5} k(z) \frac{\mathrm{d}U_z}{\mathrm{d}z} \tag{5-4}$$

式中　z——高度，m；

U_H——高度为 H 处的速度，m/s，$U_H = 3$m/s。

U_z——高度为 z 处的风速，m/s；

H——建筑物高度，m；

α——风廓线指数，无量纲，$\alpha = 0.15$；

$k(z)$ ——z 处的湍流动能，J/kg；

I_z——湍流强度，无量纲；

z_G——边界层厚度，m，$z_G = 400$m；

$\varepsilon(z)$ ——z 处的湍流耗散率，W/m^3；

$C_{\mu}^{0.5}$——常数，无量纲。

入口温度采用均一温度 $T_H = 300$K。考虑到实际城市环境中的温度差异，本次设置多种地面温度，分别为 300K、302K、304K、306K、308K、310K、312K、314K 和 316K。另外，根据太阳入射角的日变化情况选择不同的受热面，设置非均匀壁面温度（T_1）。不同案例设置示意如图 5-5，局部热效应设置参数见表 5-2。

表 5-2　案例设置及主要参数

案例编号	Ri_b	T_1/K	T_H/K	$(\Delta T = T_1 - T_H)$/K	q/(W/m^2)	T_*/K	L/m
A+0	0	300	300	0	0	0	∞
A+2	−0.14	302	300	2	2.42	−0.02	−38.04
A+4	−0.29	304	300	4	4.84	−0.04	−19.02
A+6	−0.43	306	300	6	7.26	−0.06	−12.68
A+8	−0.57	308	300	8	9.68	−0.08	−9.51
A+10	−0.70	310	300	10	12.10	−0.10	−7.61
A+12	−0.84	312	300	12	14.52	−0.12	−6.34
A+14	−0.97	314	300	14	16.94	−0.14	−5.43

续表

案例编号	Ri_b	T_1/K	T_H/K	($\Delta T=T_1-T_H$)/K	q/(W/m²)	T_*/K	L/m
A+16	−1.10	316	300	16	19.36	−0.16	−4.75
B+8	−0.57	308	300	8	9.68	−0.08	−9.51
C+8	−0.57	308	300	8	9.68	−0.08	−9.51
D+8	−0.57	308	300	8	9.68	−0.08	−9.51
E+8	−0.57	308	300	8	9.68	−0.08	−9.51
F+8	−0.57	308	300	8	9.68	−0.08	−9.51
G+8	−0.57	308	300	8	9.68	−0.08	−9.51

注：Ri_b 表示总体理查森数；q 表示表面热通量；T_* 表示温度尺度；L 表示奥布霍夫长度。$Ri_b=0$，$\Delta T=0$，$q=0$，$T_*=0$，$L=\infty$属于中性条件；$Ri_b>0$，$\Delta T>0$，$q>0$，$T_*>0$，$L<0$ 属于不稳定条件。

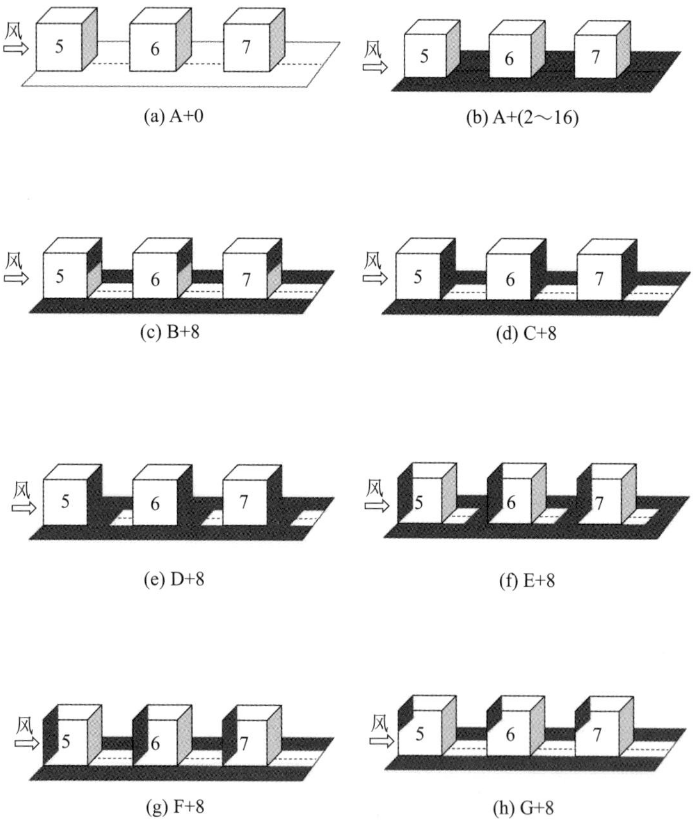

图 5-5 温度设置示意

（图中阴影部分为受热表面，温度设置为T_1；案例编号及参数设置见表 5-2）

5.2.2 模拟设置

5.2.2.1 计算域及网格设置

计算域设置为 $39H \times 2H \times 17H$（长×宽×高），阻塞率为 3.0%。采用非均匀的结构化网格，建筑物划分为 $14(x) \times 14(y) \times 25(z)$。图 5-6 为计算域设置示意。

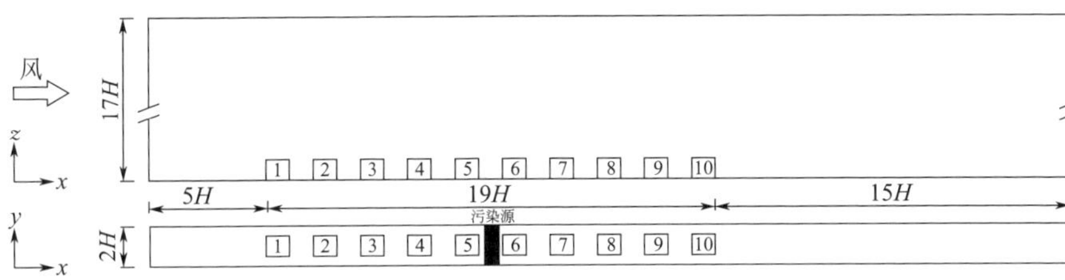

图 5-6 计算域设置

（数字 1～10 为建筑物编号）

5.2.2.2 数值模拟研究方法及边界条件设置

本次采用改进的标准 k-ε 湍流模型，计算中采用 SIMPLEC 算法和二阶迎风差分格式求解，所有变量残差小于 10^{-5}。

计算域入口设置为速度入口，按式(5-1)～式(5-4) 输入速度、湍流动能和湍流耗散率廓线，入口温度为 300K。计算域地面和建筑物表面均设置为无滑移壁面并按照表 5-2 设置温度；计算域两侧及顶面设置为对称边界条件，出口为压力出口，污染源通过 UDF 并按照 5.2.1.1 部分参数进行设置。

5.3 结果分析

5.3.1 速度场及流场结构

5.3.1.1 局部热效应对流向速度和流线的影响

图 5-7（书后另见彩图）为 6-7 街区内各案例的平均流线和归一化流向速度

(u/U_H) 在对称面 ($y/H=0$) 上的分布。图 5-8 (书后另见彩图) 为对称面不同垂线上归一化的流向速度 (u/U_H) 分布，需要说明：$x/H=-0.9$ 表示背风面，$x/H=-0.5$ 表示街区中心线，$x/H=-0.1$ 表示迎风面。

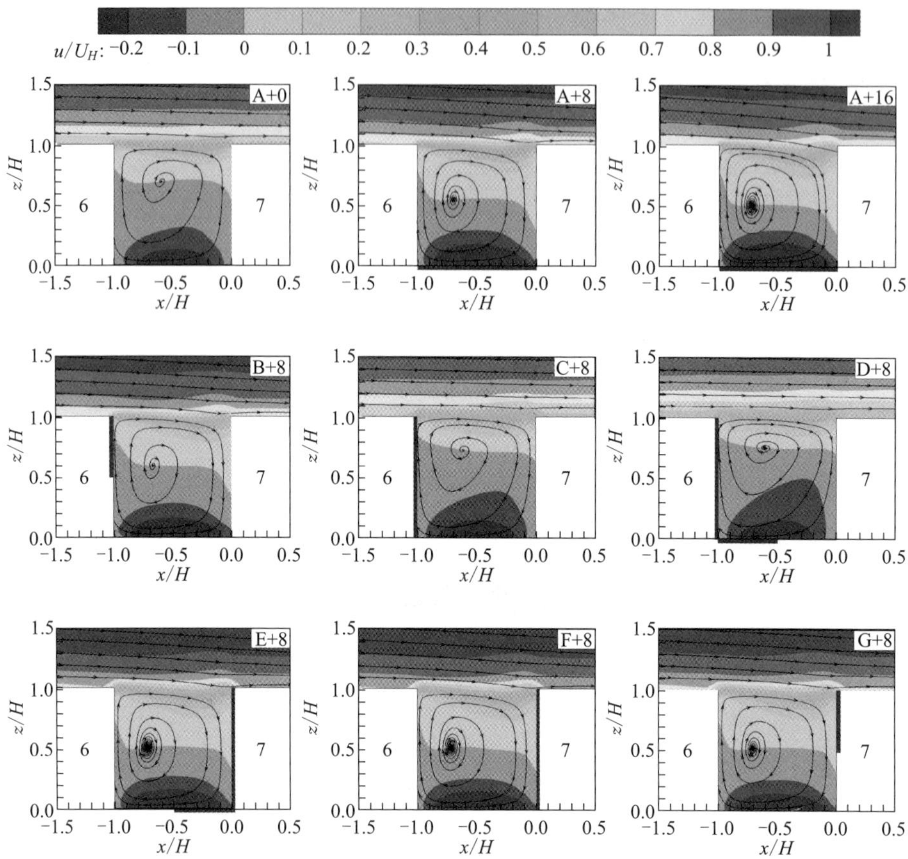

图 5-7 6-7 街区内平均流线和归一化流向速度 (u/U_H) 在对称面 ($y/H=0$) 上的分布

(案例编号见表 5-2；白色矩形为建筑物，数字 6、7 为建筑物编号；红色粗实线为受热范围)

(1) 地面温度对街区内流向速度和流线的影响

图 5-7 中 A+0、A+8 和 A+16 案例均为均匀的地面温度案例，由图可知街区内风速由于受到建筑物阻挡作用明显低于来流速度。尽管没有完全展示，但所有的 A+(0～16) 案例都观察到在街区内形成一个主涡旋，明显与街区上部的流线分离，属于典型的撇掠流。随着局部热效应的加强 (即随着地面温度的升高)，流线明显向地面方向偏转，表明不稳定性的增加使得街区上部的气流更容易进入街区内部。另外随着不稳定性的增加，涡旋的中心明显向地面以及街区背风侧

靠近。

由图 5-8 中 A+0、A+8 和 A+16 案例不同位置处速度分布可知，街区内流速明显小于来流流速，且与地面温度有一定的相关性，街区内近地面反向流动速度随着地面温度的升高而增大。例如 A+0、A+8 和 A+16 案例街区中心线（$x/H=-0.5$）近地面最大归一化风速分别为 −0.29、−0.40 和 −0.45。可以预测当污染源位于近地面附近时，地面温度对污染物的扩散作用不容忽视。随着不稳定性的增加，街区内流向速度梯度增加，涡流强度增加，这与 Uehara 等的风洞试验结果一致。另外发现街区中心的垂直风速剖面更倾向于线性，而非对数或指数型，这与 Niachou 等的现场实验结果一致。

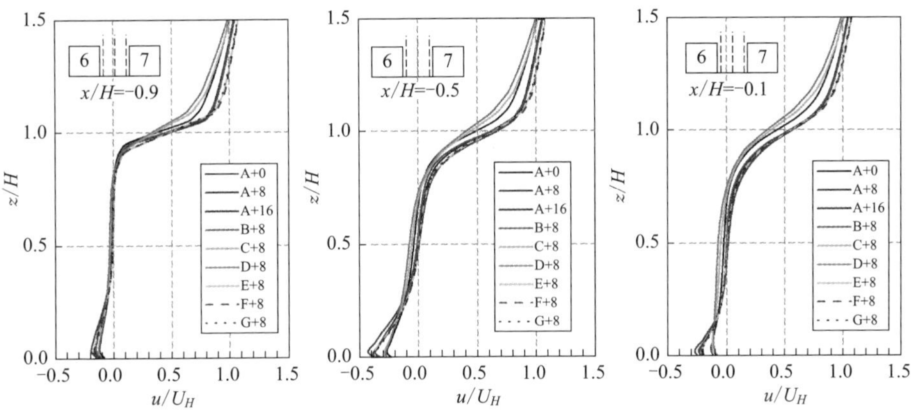

图 5-8 6-7 街区对称面归一化流向速度（u/U_H）在不同垂线位置处的分布

（2）非均匀壁面温度对街区内流向速度和流线的影响

图 5-7 中 A+8 案例和（B～G）+8 案例均为非均匀的壁面（地面和建筑物外表面）温度案例，由图可知壁面升温位置对街区内流向速度和流线有一定的影响。对比 B+8、C+8 和 D+8 案例可知，街区背风侧受热对流线影响明显，随着受热面面积的增加，涡旋的中心明显向建筑物顶部方向移动，背风侧反向流动速度增加。对比 A+8 案例和（E～G）+8 案例可知，与中性条件案例 A+0 相比，街区迎风侧受热使涡旋中心向背风侧移动，但 E+8、F+8 和 G+8 案例之间的涡旋形态似乎差别不大，分析是由于迎风侧流线方向与受热表面产生的浮力作用方向相反，浮力作用一定程度上被抵消。

由图 5-8 中 A+8 案例和（B～G）+8 案例不同位置处流向速度分布可知，壁面升温位置对街区内流向速度有一定程度的影响。在建筑物中心线位置（$x/$

$H=-0.5$）处，A+8、B+8、E+8、F+8 和 G+8 案例整体差别不大；C+8 和 D+8 案例在建筑物高度以下部分的反向流动速度梯度更小。

5.3.1.2 局部热效应对垂向速度的影响

图 5-9（书后另见彩图）为各案例在街区内的平均流线和归一化垂向速度（w/U_H）在对称面（$y/H=0$）的分布。图 5-10（书后另见彩图）为对称面不同垂线上归一化的垂向速度（w/U_H）分布。

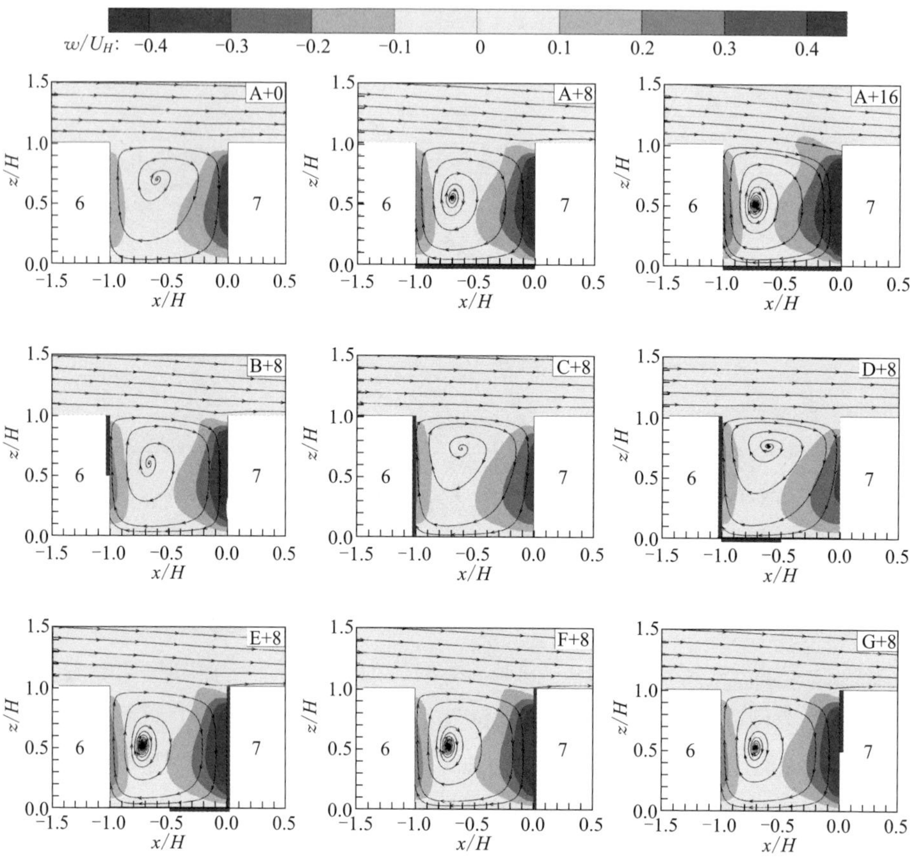

图 5-9 6-7 街区内平均流线和归一化垂向速度（w/U_H）在对称面（$y/H=0$）的分布

（案例编号见表 5-2；白色矩形为建筑物，数字 6、7 为建筑物编号；红色粗实线为受热范围）

（1）地面温度对街区内流向速度和流线的影响

图 5-9 中 A+0、A+8 和 A+16 案例均为均匀的地面温度案例，随着地面温度升高，街区迎风侧的垂直向下速度和背风侧垂直向上速度均增大。街区内背风

侧附近归一化垂向速度（w/U_H）为正值，且随地面温度的升高而增大，主要是由于地面受热产生的浮力效应与此处流动方向一致，增强了向上气流强度。例如根据图 5-10，A+0、A+8 和 A+16 案例背风侧位置（$x/H=-0.9$）最大归一化垂向速度分别为 0.12、0.16 和 0.18。在街区中心位置（$x/H=-0.5$）处归一化垂向速度均为负值，且随着地面温度变化相对较小，这可能是由于此处本身的气流流动方向与浮力驱动的方向相反，产生了相互抵消的作用。在街区内迎风侧位置（$x/H=-0.1$）处归一化垂向速度均为负值，随着地面温度升高而增大，例如 A+0、A+8 和 A+16 案例迎风侧位置（$x/H=-0.1$）处最大垂向速度分别为−0.27、−0.38 和−0.45。

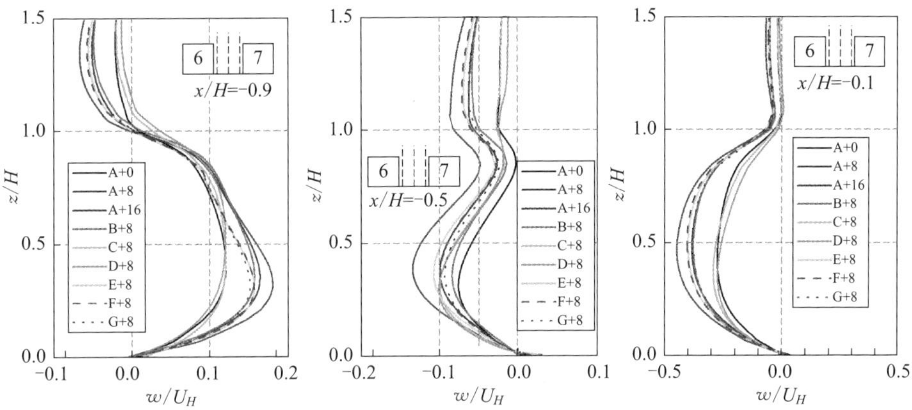

图 5-10 6-7 街区对称面归一化垂向速度（w/U_H）在不同垂线位置处的分布

(2) 非均匀壁面温度对街区内流向速度和流线的影响

图 5-9 中 A+8 案例和（B～G）+8 案例均为非均匀的壁面温度案例，由图可知壁面受热位置对街区内垂向速度也有影响。对比 B+8、C+8 和 D+8 案例可知，随着街区背风侧受热面面积的增加，背风侧垂直向上的速度反而减小，C+8 和 D+8 案例垂直速度差别不大。E+8、F+8 和 G+8 案例之间以及与 A+8 案例差别不大。

综合速度场分析可知，随着地面温度的升高，街区内的涡旋强度增加，涡旋中心向地面和背风侧移动，街区上部气流更容易进入街区内部。不均匀温度壁面案例结果表明街区背风侧受热对街区内涡旋状态和速度影响最大，而迎风侧受热对涡旋状态及速度场影响相对较小。

5.3.2 湍流动能

图 5-11（书后另见彩图）为 6-7 街区内各案例的归一化湍流动能（k/U_H^2）在对称面（$y/H=0$）上的分布。图 5-12（书后另见彩图）为 6-7 街区不同垂线位置处归一化湍流动能在对称面（$y/H=0$）不同位置处的分布。

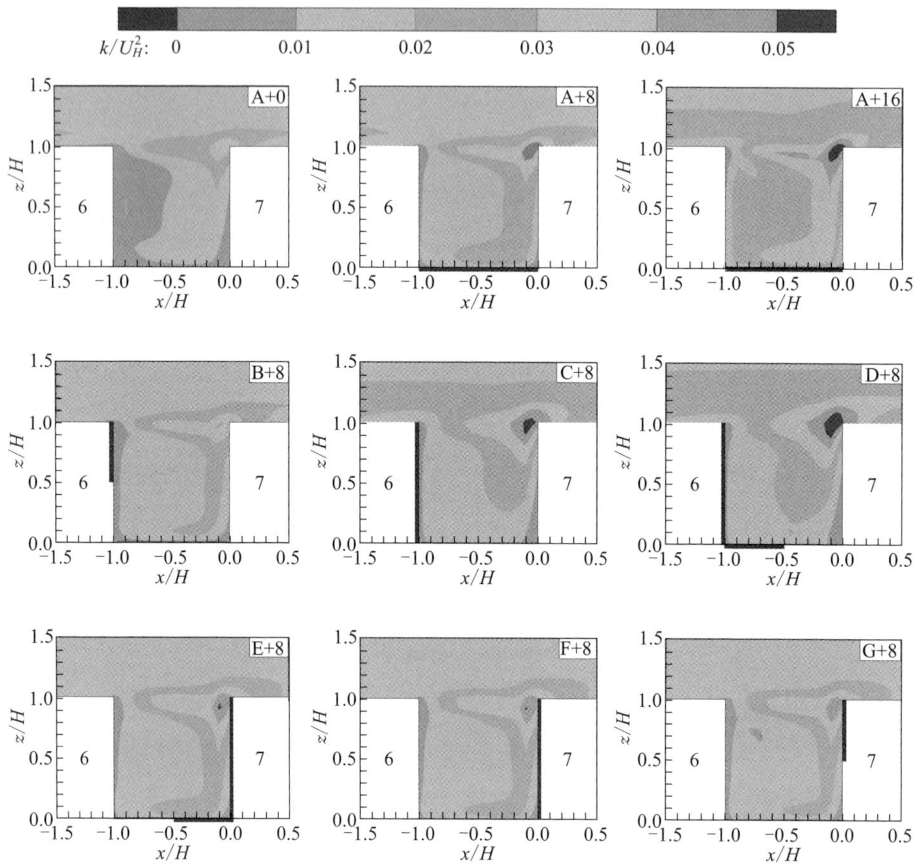

图 5-11 6-7 街区内归一化湍流动能（k/U_H^2）在对称面（$y/H=0$）上的分布

（案例编号见表 5-2；白色矩形为建筑物，数字 6、7 为建筑物编号；红色粗实线为受热范围）

(1) 地面温度对湍流动能的影响

图 5-11 和图 5-12 中 A+0、A+8 和 A+16 案例均为均匀的地面温度案例，湍流动能最大值出现在建筑物迎风角位置，这是由在建筑物顶部的速度与迎风侧

的停滞流之间的速度差导致了高速度梯度，并且随着地面温度的升高，湍流动能明显增加，尤其是街区内部的湍流动能明显增加。例如 A＋0、A＋8 和 A＋16 案例建筑物 7 迎风角附近湍流动能最大值分别为 0.037、0.045 和 0.054；在街区背风侧位置（$x/H=-0.9$）最大归一化湍流动能分别为 0.010、0.017 和 0.025；在街区内中心位置（$x/H=-0.5$）近地面最大归一化湍流动能分别为 0.012、0.024 和 0.036。

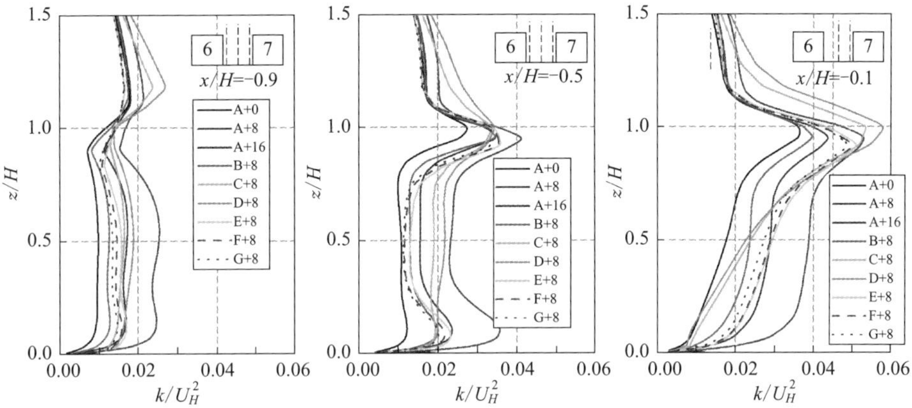

图 5-12 6-7 街区对称面归一化湍流动能（k/U_H^2）在不同垂线位置处的分布

需要说明的是本章研究中所有案例的入口风速、湍流动能、湍流耗散率和温度一致，区别仅为地面温度。尽管由于空气的传热系数很低，当离开高温地面时，温度会迅速降低，但本章研究表明随着地面温度的升高，整个街区内的湍流动能值明显增大。

(2) 非均匀壁面温度对湍流动能的影响

图 5-11 和图 5-12 中 B＋8、C＋8 和 D＋8 案例为不同面积背风侧受热案例，对比发现随着背风侧高温面面积的增加，街区内湍流动能明显增加。例如，B＋8、C＋8 和 D＋8 案例湍流动能最大值均出现在建筑物 7 迎风角位置，最大值分别为 0.039、0.054 和 0.059。

图 5-11 和图 5-12 中 E＋8、F＋8 和 G＋8 案例为不同迎风侧受热案例，对比发现随着迎风侧受热面面积的增加，街区内湍流动能略有增加但相对不明显，尤其是 E＋8 和 F＋8 案例之间的差别更小。例如 E＋8、F＋8 和 G＋8 案例湍流动能最大值均出现在建筑物 7 迎风角位置，最大值分别为 0.051、0.051 和 0.046。

5.3.3 浓度场

局部热效应产生的浮力效应对污染输送产生了相应的影响。图 5-13（书后另见彩图）为各案例在垂直平面（$y/H=0$）和水平剖面（$z/H=0.1$）的归一化浓度（C/C_0）分布。由图可知，由于污染源位于建筑物 5 和 6 之间的地面上，污染物随着街区内的涡旋先向建筑物 5 的背风侧迁移，因此污染物在建筑物 5 的背风侧的区域呈现出高浓度。图 5-14 为归一化浓度在对称面（$y/H=0$）上不同位置处分布。

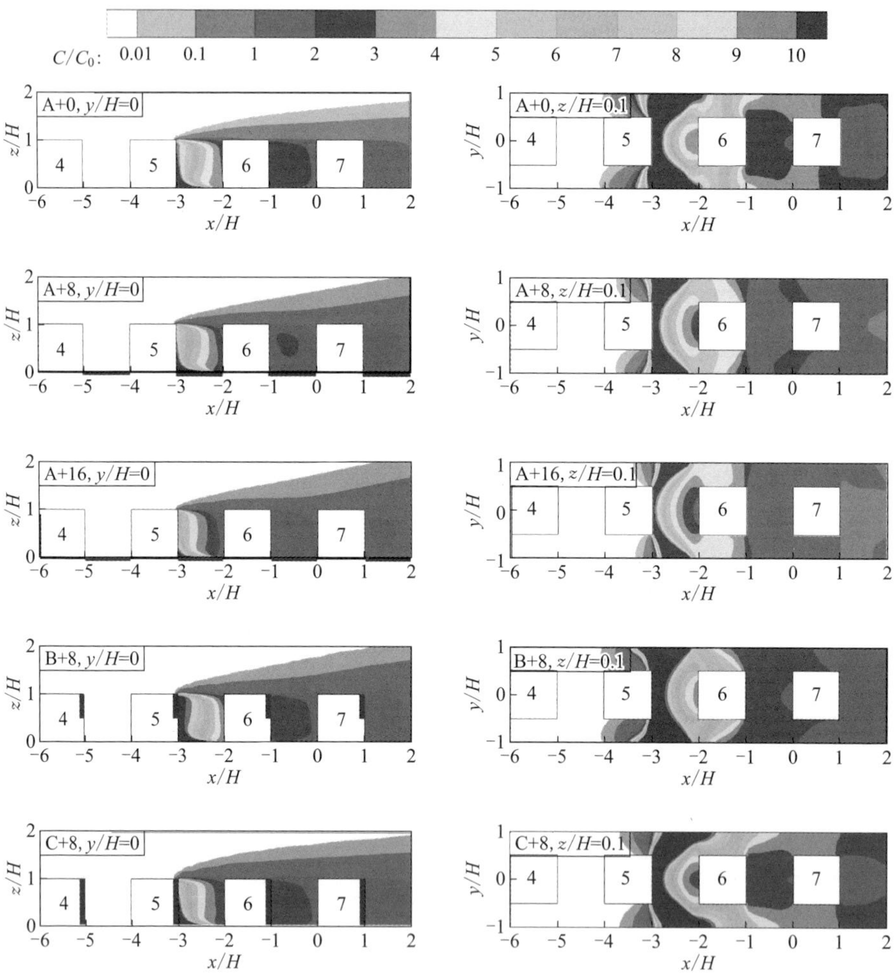

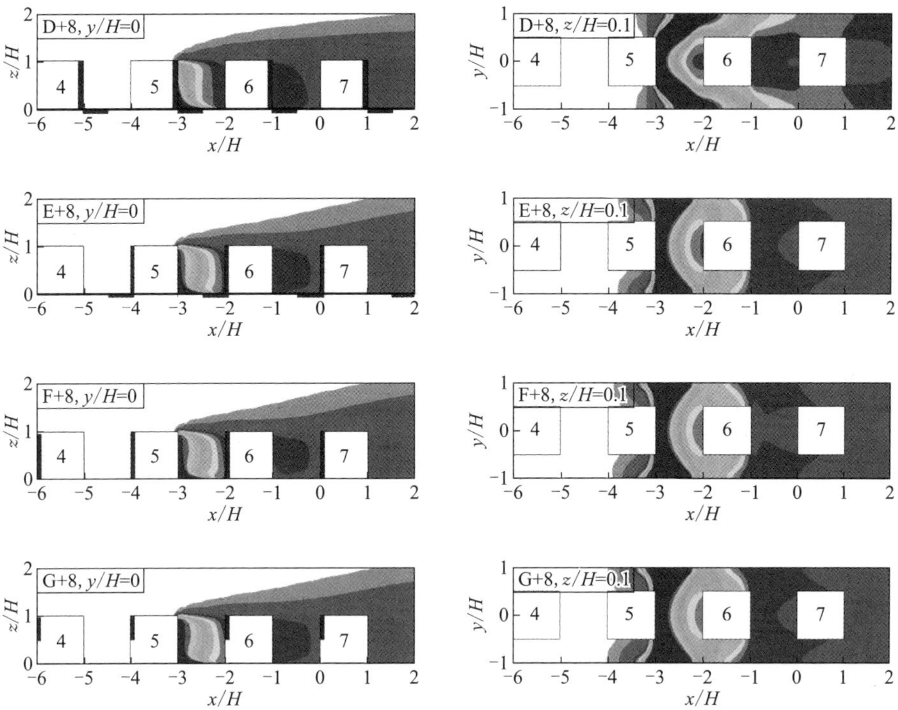

图 5-13 归一化浓度在对称面（y/H=0）和近地面分布（z/H=0.1）

（案例编号见表 5-2；白色矩形为建筑物，数字 4～7 为建筑物编号；红色粗实线为受热范围）

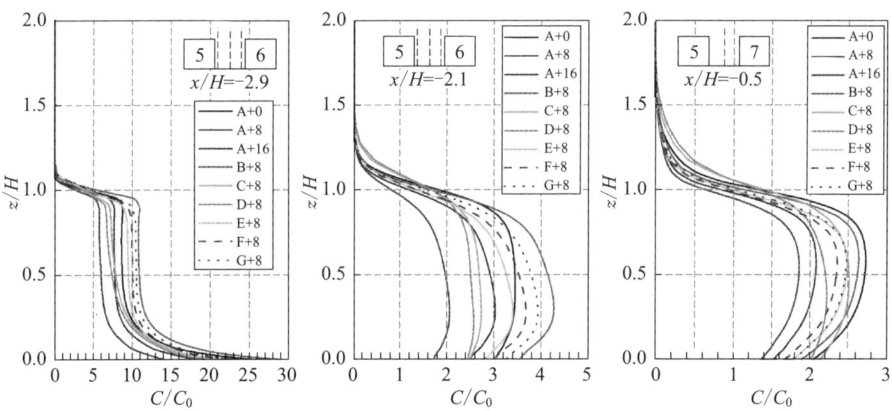

图 5-14 归一化浓度在对称面（y/H=0）上不同位置处分布

(1) 地面温度对浓度的影响

图 5-13 中 A+0、A+8 和 A+16 案例均为均匀的地面温度案例，对比发现

随着地面温度的升高，近地面污染物浓度降低。另外，随着地面温度的升高，羽流深度随 x 的增长速度更快，表明地面温度影响了羽流深度，主要是由于随着地面温度的升高，湍流动能也增加。这与 Mavroidis 等和 Tomas 等的研究结果一致。

由图 5-14 可知，在污染源所在的街区内（即 5-6 街区内），建筑物 5 的背风侧浓度明显大于街区中心和建筑物 6 的迎风侧浓度，原因如前所述，污染物随街区内涡旋向建筑物 5 的背风侧迁移。例如 A+0、A+8 和 A+16 案例 $x/H=-2.9$ 处（即污染源所在街区的背风侧）地面浓度分别为 24.95、18.23 和 14.05；而 $x/H=-2.1$ 处（即污染源所在街区的迎风侧）地面浓度分别为 3.03、2.49 和 1.71。随着地面温度的升高，街区内的污染物浓度降低，但建筑物高度以上的污染物浓度规律正好相反，表明地面温度的升高有利于污染物向建筑物顶部扩散。

（2）非均匀壁面温度对浓度的影响

图 5-13 中 B+8、C+8 和 D+8 案例为不同面积背风侧受热案例，对比发现随着背风侧受热面面积的增加，近地面污染物浓度降低。图 5-14 为对称面不同垂线浓度分布。由图可知在污染源所在的街区内（即 5-6 街区内），建筑物 5 的背风侧浓度明显大于街区中心和建筑物 6 的迎风侧浓度，原因如前所述，污染物随街区内涡旋向建筑物 5 的背风侧迁移。在污染源所在的街区，C+8 和 D+8 案例街区内污染物浓度明显小于 B+8 案例，表明背风侧受热有利于污染物的扩散。B+8、C+8 和 D+8 案例 $x/H=-2.9$ 处（即污染源所在街区的背风侧）地面浓度分别为 28.48、20.40 和 19.05；而 $x/H=-2.1$ 处（即污染源所在街区的迎风侧）地面浓度分别为 3.55、2.49 和 2.43。

图 5-13 中 E+8、F+8 和 G+8 案例为不同迎风侧受热案例，对比发现随着迎风侧受热面面积的增加，污染源所在街区内混合程度增加。由图 5-14 可知在污染源所在的街区内，G+8 案例污染物浓度略大于 F+8 案例，E+8 案例相对最小，表明迎风侧受热也有利于污染物的扩散。例如 E+8、F+8 和 G+8 案例 $x/H=-2.9$ 处（即污染源所在街区的背风侧）地面浓度分别为 21.21、22.34 和 23.22；而 $x/H=-2.1$ 处（即污染源所在街区的迎风侧）地面浓度分别为 2.82、2.99 和 3.25。

另外，对比所有不同受热位置案例结果，表明街区内背风侧和地面靠近污染位置处的受热最有利于街区污染物的扩散。

5.3.4 污染物浓度通量

本章研究内容为城市街区，因此只有当污染物传输到建筑物顶面以上的大气中污染物才能得到真正意义上的扩散，否则仍然位于城市内部，对地面或建筑物内部产生影响，因此本次选取建筑物顶面平面（即 $z/H=1$ 平面）进行通量分析。表 5-3 为建筑物顶面平面的污染物质量流量统计。

表 5-3 顶面平面污染物质量流量分析

案例名称	R_c(in)	R_c(out)	R_c	R_t(in)	R_t(out)	R_t	R(in)	R(out)	R
A+0	−0.651	0.156	−0.495	0.000	1.151	1.151	−0.651	1.307	0.656
A+2	−0.637	0.174	−0.463	0.000	1.153	1.153	−0.637	1.327	0.690
A+4	−0.624	0.209	−0.415	0.000	1.131	1.131	−0.624	1.340	0.716
A+6	−0.609	0.251	−0.358	0.000	1.092	1.092	−0.609	1.343	0.734
A+8	−0.595	0.293	−0.302	0.000	1.050	1.050	−0.595	1.343	0.748
A+10	−0.582	0.330	−0.253	0.000	1.011	1.011	−0.582	1.341	0.758
A+12	−0.571	0.353	−0.217	0.000	0.985	0.985	−0.571	1.338	0.768
A+14	−0.561	0.362	−0.199	0.000	0.975	0.975	−0.561	1.337	0.776
A+16	−0.563	0.389	−0.175	0.000	0.959	0.959	−0.563	1.348	0.784
B+8	−0.830	0.381	−0.449	0.000	1.404	1.404	−0.830	1.785	0.955
C+8	−0.699	0.263	−0.436	0.000	1.305	1.305	−0.699	1.568	0.869
D+8	−0.662	0.303	−0.359	0.000	1.209	1.209	−0.662	1.512	0.850
E+8	−0.760	0.477	−0.283	0.000	1.154	1.154	−0.760	1.631	0.871
F+8	−0.774	0.508	−0.266	0.000	1.131	1.131	−0.774	1.639	0.865
G+8	−0.782	0.450	−0.332	0.000	1.193	1.193	−0.782	1.643	0.861

注：R_c(in) 为归一化对流流入量，R_c(out) 为归一化对流流出量，$R_c=R_c(\text{in})+R_c(\text{out})$ 为归一化对流量；R_t(in) 为归一化湍流流入量，R_t(out) 为归一化湍流流出量，$R_t=R_t(\text{in})+R_t(\text{out})$ 为归一化湍流量；$R(\text{in})=R_c(\text{in})+R_t(\text{in})$ 为归一化总流入量，$R(\text{out})=R_c(\text{out})+R_t(\text{out})$ 为归一化总流出量；$R=R(\text{in})+R(\text{out})$ 为归一化总流量。

由表 5-3 可知：

(1) 地面温度的影响

表 5-3 中 A+(0～16) 案例为均匀地面温度案例。

① 随着地面温度的升高，顶面对流流入量逐渐减少，对流流出量逐渐增加，顶面的对流流入量大于对流流出量，顶面总对流量为负值，表明本案例地面污染

源产生的污染物向建筑物高度以上的扩散难以依靠空气对流运动实现。例如 A+0、A+8 和 A+16 案例对流流入量分别为−0.651、−0.595 和−0.563；对流流出量分别为 0.156、0293 和 0.389；总对流量分别为−0.495、−0.302 和−0.175。

② 随着地面温度的升高，顶面的湍流流入量均为 0，但流出量逐渐减少，例如 A+0、A+8 和 A+16 案例湍流流出量分别为 1.151、1.050 和 0.959，表明地面温度的升高并没有直接影响建筑物顶面平面的湍流流出量。对比对流流出量和湍流流出量发现湍流流出量明显大于对流流出量，表明湍流运动在污染物的顶面扩散中起到积极的决定性作用。

③ 随着地面温度的升高，顶面总质量流量逐渐增加，例如 A+0、A+8 和 A+16 案例顶面总质量流量分别为 0.656、0.748 和 0.784。

(2) 非均匀壁面温度的影响

表 5-3 中（B～G）+8 案例为非均匀壁面温度案例。

① B+8、C+8 和 D+8 案例为不同背风侧高温案例，对比发现顶面总对流量为负值，且随着背风侧受热面面积的增加而减少，表明地面污染源产生的污染物向建筑物高度以上的扩散难以依靠空气对流运动实现，且背风侧高温面面积越大越有利于污染物的扩散。例如 B+8、C+8 和 D+8 案例总对流量分别为−0.449、−0.436 和−0.359。

B+8、C+8 和 D+8 案例顶面的湍流流出量随着背风侧受热面面积的增加而逐渐减少，分别为 1.404、1.305 和 1.209。而且湍流流出量明显大于对流流出量，表明湍流运动在污染物的顶面扩散中起到积极的决定性作用。

对比 B+8、C+8 和 D+8 案例顶面总质量流量发现，随着背风侧高温面面积的增加，总流入量、总流出量和总质量流量均减少。例如 B+8、C+8 和 D+8 案例总质量流量分别为 0.955、0.869 和 0.850。表明本模型中背风面高温面面积的增加使得污染物在街区内扩散，而向街区上方的大气扩散量减少，这从图 5-13 中 B+8、C+8 和 D+8 案例污染物羽流亦能看出。

② E+8、F+8 和 G+8 案例为不同迎风侧受热案例，对比发现三者之间的差别不明显，总体顶面总质量流量随着迎风侧高温面面积的增加，总流入量和总流出量随之略微增加，而总质量流量随之略微减小。例如 E+8、F+8 和 G+8 案例总质量流量分别为 0.871、0.865 和 0.861。

综合分析表明湍流运动在污染物的顶面扩散中起到积极的决定性作用。地面温度的升高有利于污染物向建筑物顶面以上的大气进行垂直扩散，主要是减少了对流流入量，增加了对流流出量，这也表明地面温度的升高对流场的影响较大。对于均匀地面案例，地面温度增加 8 K，向建筑物上方大气中扩散的总质量流量增加 14.1%；地面温度增加 16 K，向建筑物上方大气中扩散的总质量流量增加 19.6%。

5.4 小结

本章基于改进后的标准 k-ε 湍流模型（添加源项）研究了局部热效应对城市街区内流场和污染物扩散的影响。主要结论如下：

① 街区均匀地面温度案例研究结果表明随着地面温度的升高，流线明显向地面方向偏转，涡旋中心向地面和背风侧移动，街区上部气流更容易进入街区内部。非均匀壁面温度案例研究结果表明街区背风侧受热对街区内涡旋状态和速度场影响较大，而迎风侧受热对涡旋状态及速度场影响相对较小。

② 本章研究中所有案例的入口条件一致，区别仅为街区壁面温度的范围。研究显示随着壁面温度的升高，整个街区内的湍流动能值均增大，表明壁面温度增加一定程度上影响了湍流结构和流动形态。

③ 局部热效应对污染输送产生明显的影响。当污染源位于街区地面时，街区背风侧的浓度高于迎风侧。均匀地面温度案例研究结果表明随着地面温度的升高，街区内污染物浓度减小。非均匀壁面温度案例研究结果表明街区背风侧和地面污染源附近受热最有利于污染物的扩散。

④ 污染物通量分析结果表明湍流运动在污染物扩散到城市上空中起到积极的决定性作用。

第 6 章

基于温度层结的风向对城市污染物扩散的影响

城市建筑物对近地面排放源的影响由建筑物几何形状、朝向、建筑物间距、气象条件以及复杂的下垫面等多因素决定。众多研究者已经对各种单因素进行了研究。常见的有建筑物高度（主要包括均匀建筑物、非均匀建筑物等），大多数研究者都认为中性条件下不均匀高度的建筑物布局有利于污染物的扩散。建筑物布局也是研究热点，常见的包括均匀矩阵、非均匀矩阵等。另外，建筑物间距、其他建筑物形状以及气象条件也得到了研究，但是基于温度层结的不同风向角条件下城市面源污染物扩散规律却鲜有人研究。

本章研究的提出主要基于以下考虑：①室外行人层是城市居民室外活动主要空间，其中污染物的分布情况直接影响着人群健康；②不同风向对流场的影响相对于风向固定垂直于建筑物的情况更为复杂，但是具有现实意义，因为常见的风向垂直于建筑物表面的情况在实际中遇到的概率较小。

6.1 模拟设置

6.1.1 模型的建立及主要参数

为研究温度层结和风向对城市污染物扩散的影响，本研究设置了 3 种不同的温度层结和 3 种风向，设置概况如下。

(1) 温度层结

包括稳定、中性和不稳定温度层结，用总体理查森数（Ri_b）来代表。此外，按照莫宁-奥布霍夫相似理论以及第 2 章所述对湍流模型的修正方法，本次给出了奥布霍夫长度(L)、摩擦速度(u_*)、地表温度尺度(T_*)、边界层厚度(b_h)以及对流速度尺度(w_*)，具体计算公式见第 2 章。

根据第 2 章不同温度层结条件下的入口条件公式，得到入口风速(u/U_H)、温度［$(T-T_f)/\Delta T$］以及湍流动能($k/U_H{}^2$)。温度层结主要设置参数见表 6-1。

表 6-1　计算案例设置及主要参数

Ri_b	α/(°)	U_H/(m/s)	T_H/K	T_f/K	u_*/(m/s)	z_0/m	L/m	T_*/K	b_h/m	w_*/(m/s)
0.08	22.5/45/67.5	4.63	300	297.42	0.20	0.03	29.87	0.10	100	—
0	22.5/45/67.5	4.76	300	300	0.25	0.03	10000	0	600	—
−0.05	22.5/45/67.5	3.79	300	304.48	0.30	0.03	−16.24	−0.40	1500	1.80

(2) 来流风向角

来流风向角定义为来流风方向与 x 轴方向的夹角，本研究设置 3 种情况，分别为 $\alpha=22.5°$、45°和 67.5°。

(3) 建筑物模型和污染源设置

城市街区模型共有 49 个长方体建筑物（尺寸为 $H\times2H\times H=20\text{m}\times40\text{m}\times20\text{m}$，共 7 排×7 列）位于边界层中。建筑物的横向和纵向间距均为 20m。

为研究不同温度层结及风向角条件下城市整体污染情况，本次在城市建筑物群范围内地面 2m 高度采用均一的示踪气体，排放强度为 $1.0\times10^{-7}\text{kg}/(\text{m}^3\cdot\text{s})$。

6.1.2 模拟设置

6.1.2.1 计算域和网格设置

计算域设置为 $60H\times60H\times10H$（长×宽×高），网格采用结构化网格，建筑物划分为 $20(x)\times10(y)\times10(z)$，近地面第一层网格高度为 0.05m，近地面无量纲距离（y^+）为 100～1000，网格总数约为 170 万。

6.1.2.2 数值模拟研究方法及边界条件设置

设置入口为速度入口，地面及建筑物设置为无滑移壁面，计算域两侧及顶面设置对称边界条件，出口为压力出口，污染源通过 UDF 进行设置，湍流施密特数设置为 $Sc_t=0.7$。

计算采用 SIMPLEC 算法，采用二阶迎风差分格式求解，所有变量残差均应小于 10^{-5}。

6.2 结果分析

6.2.1 速度场和浓度场

6.2.1.1 温度层结对近地面速度和浓度分布的影响

图 6-1（书后另见彩图）为当风向角 $\alpha=45°$时不同温度层结条件下建筑物群周围近地面（$z/H=0.1$）归一化速度（U/U_H，$U=\sqrt{u^2+v^2}$）分布及归一化浓度（C/C_0）分布。（说明：当风向角不垂直于建筑物时，分别出现 2 个迎风面和 2 个背

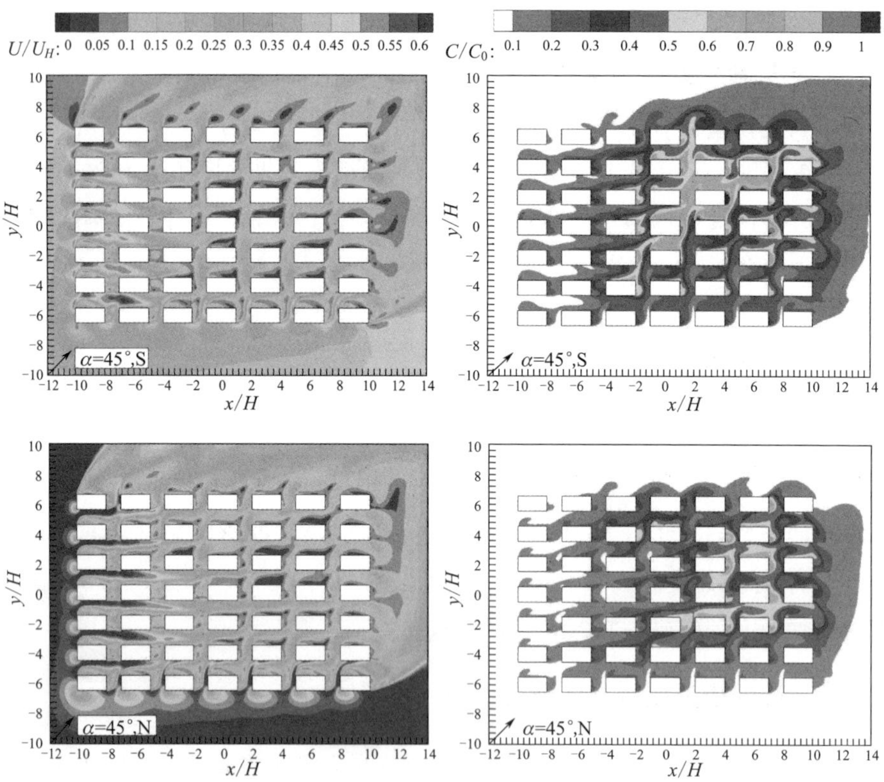

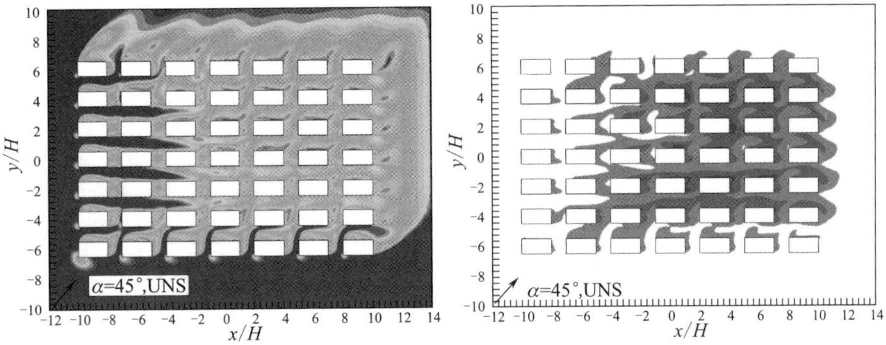

图 6-1 近地面（$z/H=0.1$）归一化速度（U/U_H）分布及归一化浓度（C/C_0）分布

（α 为风向角；S 为稳定条件，N 为中性条件，UNS 为不稳定条件；白色矩形为建筑物；黑色箭头为来流风向）

风面，为方便描述，本章将面积较小的迎风面称为 A 迎风面，面积较大的称为 B 迎风面，对应的面积小的背风面称为 A 背风面，面积较大的背风面称为 B 背风面。）

由图 6-1 可知，城市建筑物的存在会使来流弯曲，即使在 $z/H=1.1$ 高度处（未展示），来流仍然存在不同程度的偏转，尤其是稳定条件下的偏转更明显。在迎风侧建筑物之间均出现明显的通道效应。例如，当风向角 $\alpha=45°$时，由于建筑物 B 迎风面有明显的导流作用，不同温度层结条件下的近地面流场发生偏转，流场不再对称。另外，尽管建筑物的横向和纵向间距一致，但是由于建筑物 B 迎风面面积明显大于 A 迎风面面积，建筑物之间沿 x 轴方向产生的通道效应比沿 y 轴方向的通道效应更加明显。

温度层结对近地面（$z/H=0.1$）速度分布有很大影响。稳定温度层结条件下，风速梯度相对较大，整体近地面风速较小，建筑物背风侧涡旋范围更大，不利于近地面污染物的扩散。不稳定条件下正好相反（见图 6-1）。当风向角 $\alpha=45°$时，近地面归一化浓度最大值在稳定、中性和不稳定条件下分别为 1.25、0.96 和 0.45；其他位置处的浓度规律亦是如此。这表明不稳定条件下室外近地面的通风效果要好于中性条件，稳定条件下相对最差。

6.2.1.2 风向角对近地面速度和浓度分布的影响

图 6-2（书后另见彩图）为稳定温度层结条件下不同风向角时建筑物群周围近地面（$z/H=0.1$）归一化速度（U/U_H，$U\ \sqrt{u^2+v^2}$）分布及归一化浓度（C/C_0）分布。

由图 6-2 可知，稳定温度层结条件下随着风向角从 22.5°增大到 67.5°，迎风面面积也增加，速度分布和浓度分布发生很大的变化，表明建筑物的存在会使来

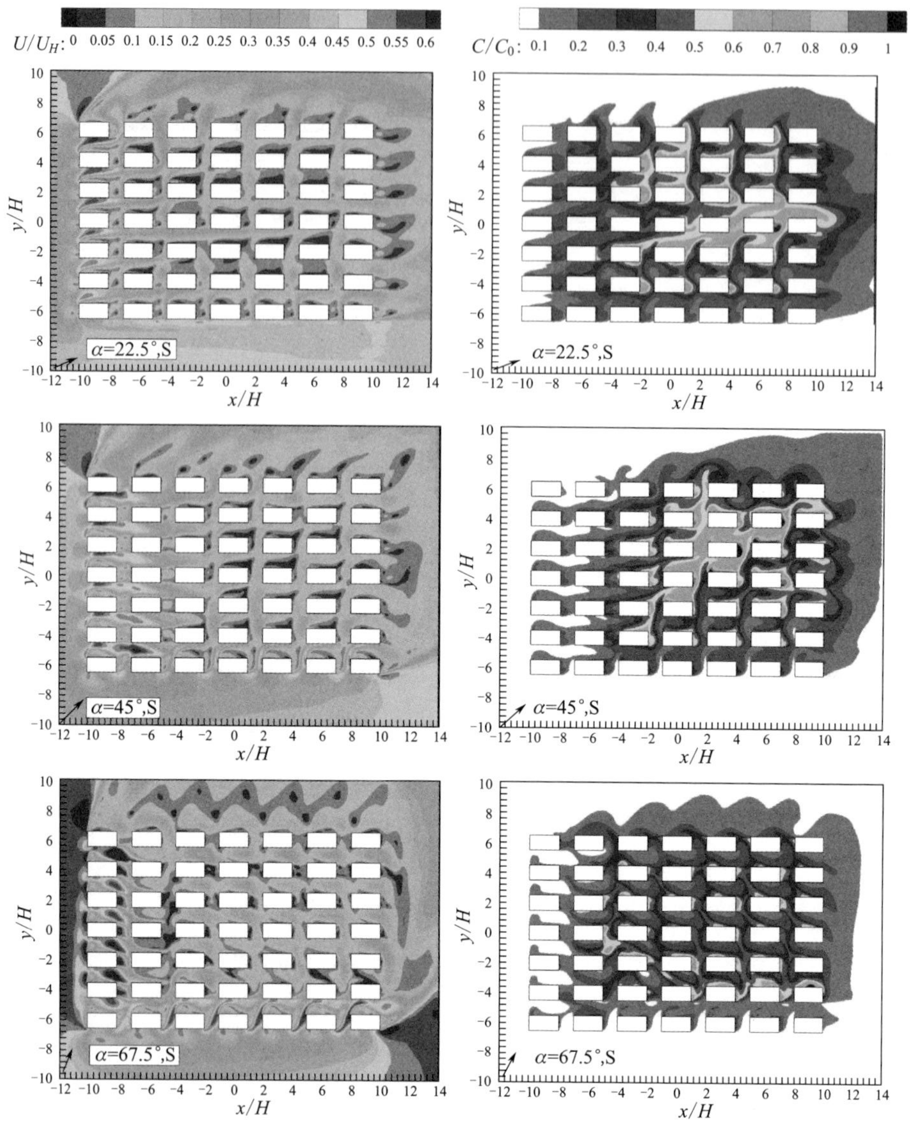

图 6-2 近地面（$z/H=0.1$）归一化速度（U/U_H）分布及归一化浓度（C/C_0）分布

（α 为风向角；S 为稳定条件；白色矩形为建筑物；黑色箭头为来流风向）

流弯曲，污染物羽流也随之发生偏转。

当风向角 $\alpha=22.5°$时，来流风向与建筑物形成的长通道之间相对更为平行，建筑物群内部的气流受到建筑物壁面的导流作用，近地面污染物羽流中心轴线与 x 轴之间的夹角小于来流风向角，甚至在建筑物高度以上仍然如此（例如在 $z/H=1.1$ 高度处，污染物羽流轴线与 x 轴之间的夹角约为 14°，与风向角之间差值为 8.5°）。稳定温度层结条件下，近地面最大浓度位于第 6 列中间建筑物 A 背风侧，其值为 1.11。

当风向角 $\alpha=45°$时，气流更为贴近建筑物壁面，呈流线型。近地面（$z/H=0.1$）污染物羽流也出现偏转，在建筑物高度以上仍然如此（例如在 $z/H=1.1$ 高度处，污染物羽流轴线与 x 轴之间的夹角约为 36°，与风向角之间差值为 9°）。稳定温度层结条件下，近地面最大浓度位于第 5 列第 3 排建筑物 A 背风侧，其值为 1.25。

当风向角 $\alpha=67.5°$时，气流受到建筑物 B 迎风面的阻挡，气流发生明显分离。污染物羽流也出现偏转。稳定温度层结条件下，近地面最大浓度位于第 7 列第 6 排建筑物 B 背风侧，其值为 1.23。

6.2.2 污染物浓度通量

污染物通量理论及计算公式等不再赘述，仅对计算平面进行说明。本章研究重点为基于温度层结的不同风向角对城市污染物扩散的影响，选取建筑物群顶面平面（即 $z/H=1$ 平面），下风向两个出口平面（即 $y/H=6.5$ 平面和 $x/H=10$ 平面）进行通量分析。

6.2.2.1 温度层结对污染物扩散的影响分析

表 6-2 为风向角 $\alpha=45°$时，不同温度层结条件下各平面污染物质量流量计算值。

表 6-2 风向角为 45°时不同温度层结条件下各平面污染物质量流量分析

温度层结	平面	R_c(in)	R_c(out)	R_c	R_t(in)	R_t(out)	R_t	R(in)	R(out)	R
稳定	$z/H=1$	−0.386	0.284	−0.103	0.000	0.341	0.341	−0.386	0.625	0.238
	$y/H=6.5$	−0.021	0.207	0.186	0.000	0.003	0.003	−0.021	0.210	0.190
	$x/H=10$	−0.020	0.277	0.256	0.000	0.002	0.002	−0.020	0.279	0.258
中性	$z/H=1$	−0.115	0.257	0.142	0.000	0.405	0.405	−0.115	0.662	0.547
	$y/H=6.5$	−0.019	0.138	0.119	0.000	0.004	0.004	−0.019	0.142	0.123
	$x/H=10$	−0.022	0.268	0.246	0.000	0.002	0.002	−0.022	0.271	0.248
不稳定	$z/H=1$	−0.098	0.180	0.082	0.000	0.481	0.481	−0.098	0.661	0.563
	$y/H=6.5$	−0.015	0.126	0.112	0.000	0.004	0.004	−0.015	0.131	0.116
	$x/H=10$	−0.021	0.253	0.232	0.000	0.003	0.003	−0.021	0.256	0.235

注：R_c(in) 为归一化对流流入量，R_c(out) 为归一化对流流出量，$R_c=R_c$(in)$+R_c$(out) 为归一化对流量；R_t(in) 为归一化湍流流入量，R_t(out) 为归一化湍流流出量，$R_t=R_t$(in)$+R_t$(out) 为归一化湍流量；R(in)$=R_c$(in)$+R_t$(in) 为归一化总流入量，R(out)$=R_c$(out)$+R_t$(out) 为归一化总流出量；$R=R$(in)$+R$(out) 为归一化总流量。

由表 6-2 可知：

① 风向角为 45°时，稳定温度层结条件下顶面（$z/H=1$ 平面）的对流流入量大于对流流出量，顶面的对流量为负值（−0.103）；顶面湍流流出量为 0.341。中性条件下的顶面的对流流入量小于对流流出量，顶面的对流量为正值 (0.142)；顶面湍流流出量为 0.405。不稳定条件下顶面的对流流入量小于对流流出量，对流量为正值（0.082）；顶面湍流流出量为 0.481。结果表明随着温度层结从稳定到中性到不稳定，湍流流出量逐渐增加，不稳定条件下的湍流输送作用最强。对比顶面总流量发现顶面湍流量明显大于顶面的对流量（例如稳定、中性和不稳定条件下，顶面的对流量分别为−0.103、0.142 和 0.082；湍流量分别为 0.341、0.405 和 0.481，稳定情况下比中性条件下减少了 15.8%，不稳定条件下比中性条件下的增加了 18.8%），表明湍流运动在污染物的垂向扩散中起着重要的积极作用。

② 风向角为 45°时，对于侧面（$y/H=6.5$ 平面），稳定、中性和不稳定条件下，对流量分别为 0.186、0.119 和 0.112；湍流量分别为 0.003、0.004 和 0.004。表明湍流运动在污染物的横向（沿 y 轴）扩散中的作用不明显，主要是对流运动的作用，并且稳定条件下的对流量更大，其次为中性，不稳定条件下最小，这揭示了稳定条件下污染物羽流沿 y 轴宽度最大是由于空气的对流运动。

③ 风向角为 45°时，对于侧面（$x/H=10$ 平面），稳定、中性和不稳定条件下，对流量分别为 0.256、0.246 和 0.232；湍流量分别为 0.002、0.002 和 0.003。表明湍流运动在污染物的横向（沿 x 轴）扩散中的作用不明显，主要是对流运动的作用，并且稳定条件下的对流量更大，其次为中性，不稳定条件下最小，这揭示了稳定条件下污染物羽流沿 x 轴长度最大是由于空气的对流运动。

6.2.2.2 风向角对污染物扩散的影响分析

表 6-3 为稳定温度层结条件下不同风向角各平面污染物质量流量计算值。

表 6-3 稳定温度层结条件下不同风向角各平面污染物质量流量分析

风向角/(°)	平面	R_c(in)	R_c(out)	R_c	R_t(in)	R_t(out)	R_t	R(in)	R(out)	R
22.5	$z/H=1$	−0.346	0.170	−0.176	0.000	0.326	0.326	−0.346	0.495	0.150
	$y/H=6.5$	−0.022	0.207	0.185	0.000	0.005	0.005	−0.022	0.212	0.190
	$x/H=10$	−0.026	0.384	0.358	0.000	0.002	0.002	−0.026	0.386	0.360

续表

风向角/(°)	平面	R_c(in)	R_c(out)	R_c	R_t(in)	R_t(out)	R_t	R(in)	R(out)	R
45	$z/H=1$	−0.386	0.284	−0.103	0.000	0.341	0.341	−0.386	0.625	0.238
	$y/H=6.5$	−0.021	0.207	0.186	0.000	0.003	0.003	−0.021	0.210	0.190
	$x/H=10$	−0.020	0.277	0.256	0.000	0.002	0.002	−0.020	0.279	0.258
67.5	$z/H=1$	−0.477	0.314	−0.163	0.000	0.403	0.403	−0.477	0.717	0.240
	$y/H=6.5$	−0.025	0.222	0.197	0.000	0.004	0.004	−0.025	0.226	0.201
	$x/H=10$	−0.015	0.193	0.178	0.000	0.004	0.004	−0.015	0.197	0.182

注：R_c(in) 为归一化对流流入量，R_c(out) 为归一化对流流出量，$R_c=R_c(\text{in})+R_c(\text{out})$ 为归一化对流量；R_t(in) 为归一化湍流流入量，R_t(out) 为归一化湍流流出量，$R_t=R_t(\text{in})+R_t(\text{out})$ 为归一化湍流量；$R(\text{in})=R_c(\text{in})+R_t(\text{in})$ 为归一化总流入量，$R(\text{out})=R_c(\text{out})+R_t(\text{out})$ 为归一化总流出量；$R=R(\text{in})+R(\text{out})$ 为归一化总流量。

由表 6-3 可知：

① 稳定温度层结条件下，风向角为 22.5°、45°和 67.5°时，顶面（$z/H=1$ 平面）的对流流入量和对流流出量均增大，且流入量大于流出量，顶面的对流量为负值；湍流流出量随风向角增大而增大，例如风向角为 22.5°、45°和 67.5°时，湍流流出量分别为 0.326、0.341 和 0.403。对比顶面总流量发现顶面湍流量明显大于顶面的对流量，且随着风向角增大而增大，表明稳定温度层结条件下随着风向角增大，增加了污染物的垂向扩散。

② 稳定温度层结条件下，风向角为 22.5°和 45°时，侧面（$y/H=6.5$ 平面）的对流流入量和对流流出量变化不大，但风向角为 67.5°时对流流出量明显增加。不同风向角条件下侧面湍流量很小，差别不明显。对比侧面总流量发现对流量明显大于湍流量，表明湍流运动在污染物的横向（沿 y 轴）扩散中的作用不明显，主要是对流运动的作用，并且风向角为 22.5°和 45°时，侧面（$y/H=6.5$ 平面）的总流量变化不大（均为 0.190），主要是由于建筑物长边的导流作用明显；风向角进一步增大到 67.5°时，侧面（$y/H=6.5$ 平面）的总流量增加到 0.201，增加了 5.8%。

③ 稳定温度层结条件下，风向角为 22.5°、45°和 67.5°时，侧面（$x/H=10$ 平面）对流流出量、流入量和对流量均逐渐减小，例如侧面（$x/H=10$ 平面）对流量分别为 0.358、0.256 和 0.178。不同风向角条件下湍流量很小，差别不明显。对比侧面（$x/H=10$ 平面）总流量发现对流量明显大于湍流量，表明湍流运动在污染物的横向（沿 x 轴）扩散中的作用不明显，主要是对流运动的作用，并且随着风向角的增加，风速沿 x 轴的分量越小，对流量越小［例如风向角为 22.5°、45°和 67.5°时，侧面（$x/H=10$ 平面）总流量分别为 0.360、0.258 和

0.182]，与 22.5°时相比，风向角为 45°和 67.5°时，侧面（$x/H=10$ 平面）总流量分别减少 28.3%和 49.4%。

综合分析表明相同风向角条件下，湍流运动在污染物的垂向扩散中起着重要的积极作用，稳定情况下比中性条件下减少了 15.8%，不稳定条件下比中性条件下的增加了 18.8%。温度层结对侧面的湍流输送影响作用不明显，主要是对流运动输送，并且稳定条件下的对流量更大，其次为中性，不稳定条件下最小，这揭示了稳定条件下污染物羽流水平范围最大是由于空气的对流运动。当温度层结条件相同时，随着风向角的增加，污染物的垂向扩散增加；湍流运动在污染物的水平扩散中的作用不明显，主要是对流运动的作用。

6.3 小结

本章基于改进的标准 k-ε 湍流模型研究了不同温度层结条件下风向对城市街区内流场以及污染物扩散的影响。主要结论如下：

① 对于非垂直于建筑物迎风面的风向角，建筑物周围的流场发生偏转，即城市建筑物的存在使来流弯曲，改变城市内街区甚至是城市上部风的方向。本例中建筑物长宽比为 2∶1，长边对流场和污染物羽流有明显的导流作用。

② 相同风向角条件下，湍流运动在污染物的垂向扩散中起着重要的积极作用，表现为不稳定条件下最大，中性次条件下之，稳定条件下最小；但湍流运动对污染物水平方向的扩散影响不明显。当温度层结条件相同时，风向角变化使流场发生很大改变，从而引起污染物不同的分布。

第7章 局部热效应和来流温度层结对二维街道峡谷中流动和污染物扩散的数值模拟研究

对于数值模拟来说，模拟城市空气流动的两大主要方法是雷诺平均纳维-斯托克斯（RANS）和大涡模拟（LES）。由于较低的计算成本和可接受的精度水平，RANS在工程和学术界更为常用，尤其是在工程领域。另一方面，LES达到了更高的精度水平，但其计算时间要求过于苛刻。许多研究人员比较了这两种方法的性能。LES可以提供有关浓度瞬时波动的重要信息，主要是由于它能够再现非定常流动。但多数研究是在中性条件下进行的，未涉及热效应。

本章研究的提出主要基于以下考虑：①目前，大多数风洞试验或数值模拟研究都是在中性条件下进行的，对热效应的考虑相对较少。②热效应包括流入气流的温度分层和局部热效应。然而，之前的研究主要关注局部热效应，对流入气流的温度分层的调查非常有限，而对两者同时考虑的调查则更为罕见。③许多先前的研究证实，在中性条件下，LES模型在再现流场和浓度场方面具有优越性。当考虑热效应时，这种优越性是否能保持？这些方面值得进一步研究。对于风垂直吹向几乎无限长的街道峡谷，且风向侧被加热的场景，无疑会出现多涡结构。当流入气流也含有温度梯度时，这种多涡结构是否会改变？RANS或LES模型能否捕捉这种多涡结构？这些模型的表现如何？

7.1 研究方法

7.1.1 数值模拟方法

7.1.1.1 RANS

ANSYS Fluent 的标准 k-ε 湍流模型结合增强型壁面函数。湍流动能(k) 及其耗散率(ε) 输运方程见式(3-1)～式(3-6)。

增强壁面函数通过使用 Kader 提出的函数将线性（层流）和对数（流）壁面定律进行混合，从而将其适用范围扩展到整个近壁区域（即黏性底层、缓冲区和完全湍流区）。

7.1.1.2 LES

子网格尺度湍流模型采用壁面自适应局部涡黏性模型(WALE)。

7.1.2 风洞试验

风洞试验在萨里大学的 EnFlo 风洞中进行，所有数据均有完整记录。街道峡谷模型是一个二维街道峡谷，高度(H) 为 166mm，宽度(W) 为 166mm，长度(L) 为 2490mm。污染源(C_3H_8：1.8%；直径：22mm；流量：Q_V=0.46L/min) 位于峡谷中心的地面上。研究了两种来流温度层结（中性和稳定）和五种局部加热配置。本章研究仅选取在中性和稳定入流的条件下迎风墙加热的情况作为验证数据，因为该情景在试验中发现了多涡结构。

为便于区分，定义两个无量纲数，即入流理查森数(Ri_{inflow}) 表示入流温度分层和局部理查森数(Ri_{local}) 表示热效应，见式(7-1) 和式(7-2)。

$$Ri_{\text{inflow}}=\frac{g(T_{2H}-T_0)H}{T_0U_{2H}^2} \tag{7-1}$$

$$Ri_{\text{local}}=\frac{g(T_{2H}-T_{\text{local}})H}{T_{2H}U_{2H}^2} \tag{7-2}$$

式中　g——重力加速度，m/s^2；

U_{2H}——高度为 $2H$ 处的速度，m/s；

T_{2H}——高度为 $2H$ 处的温度，K；

T_0——参照温度，K；

T_{local}——局部加热温度，K。

表 7-1 列出了风洞试验中的进口参数和局部温度设定。

表 7-1 风洞中来流参数和局部加热参数设置

来流参数			局部加热参数	
中性	U_{2H}/(m/s)	0.65	T_{local}/K	391.5
	T_0/K	297	Ri_{local}	−1.27
	T_{2H}/K	297		
	Ri_{inflow}	0		
稳定	U_{2H}/(m/s)	0.65	T_{local}/K	391
	T_0/K	292	Ri_{local}	−1.18
	T_{2H}/K	298		
	Ri_{inflow}	0.08		

7.2 CFD 计算设置

7.2.1 计算域和网格设置

街道峡谷和污染源的尺寸与风洞中的尺寸一致。计算域设置为 $18H\times15H\times H$（长×宽×高，计算域的宽度和高度与风洞试验中测量的横截面一致，上、下游长度分别为 $5H$ 和 $10H$）。

图 7-1 为网格系统。原点位于地面源的中心，x 是来风方向，y 是垂直于风的方向，z 是距离地面的距离。在本研究中，使用了嵌套区域和结构化网格系统。峡谷附近的网格尺寸在 x 和 z 方向上为 $0.05H$，在 y 方向上为 $0.1H$。此外，所有靠近墙壁的单元格都使用了最小的单元格，单元格尺寸为 $0.003H$（0.5mm），因此所有靠近墙壁的 y^+ 都小于 5（对于本研究，大多数靠近墙壁的值都小于 1）。网格总数为 65 万。

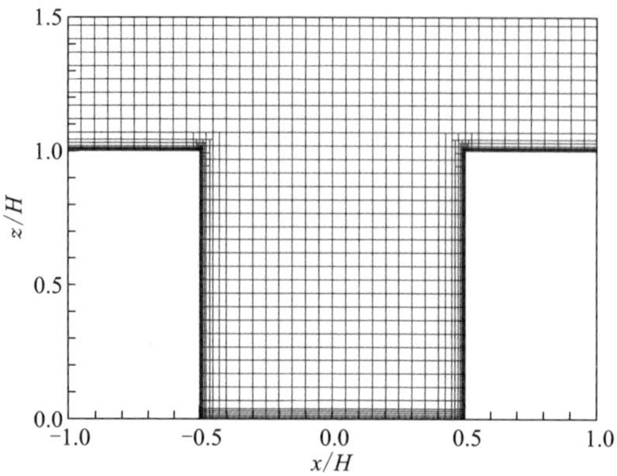

图 7-1 网格设置示意

7.2.2 边界条件和计算方法

7.2.2.1 RANS

入口表面设置为速度入口边界条件，入口风速、温度和湍流动能等参数与风洞试验一致。源项设置为质量流量入口边界条件，且源项参数与试验中所用的参数一致。街道峡谷两侧墙壁及地面设置无滑移壁面边界条件，且温度与风洞试验一致，并采用增强壁面函数。计算域两侧（平行于 x 轴）和表面设置为对称边界条件。出口设置为压力出口边界条件。

在计算过程中，采用半隐式 SIMPLEC 计算压力-速度耦合方程方法，对流项采用二阶迎风差分格式（UDS)。为了确保计算结果的收敛性，所有变量的残差应小于 10^{-4}。

7.2.2.2 LES

对于 LES，边界条件与 RANS 相同，但入口的湍流通过涡方法在计算中生成，对流项使用了有界中心差分（BCD）格式。瞬态项使用了有界二阶隐式格式。步长固定为 $0.01H/U_{2H}$(0.0026s)。平均值在 $100H/U_{2H}$（26s）后统计，平均周期为 $100H/U_{2H}$(26s，即从 26s 到 52s)。库朗数小于 1。残差设置与 RANS 相同。

7.3 结果分析

7.3.1 流场

图 7-2 显示了速度矢量和归一化平均速度（$\sqrt{u^2+w^2}/U_{2H}$）的等值线。值得注意的是，u 和 w 分别是风在 x 和 z 方向上的分量。在风洞试验中，在中性层结条件下，迎风面局部加热产生的浮力与空气流入峡谷下沉运动相反，减慢了速度并产生了反向旋转的双涡旋。在稳定层结条件下，峡谷内的速度进一步降低，特别是在峡谷下部，甚至在背风面近地面处形成了第三个逆时针方向的涡旋。尽管街区内部为不稳定层结（$Ri_{\text{local}}=-1.18$），但是来流的稳定温度层结仍然对街区内的空气流动形成了明显的影响，尤其是在街区底部［图 7-2(d)］。

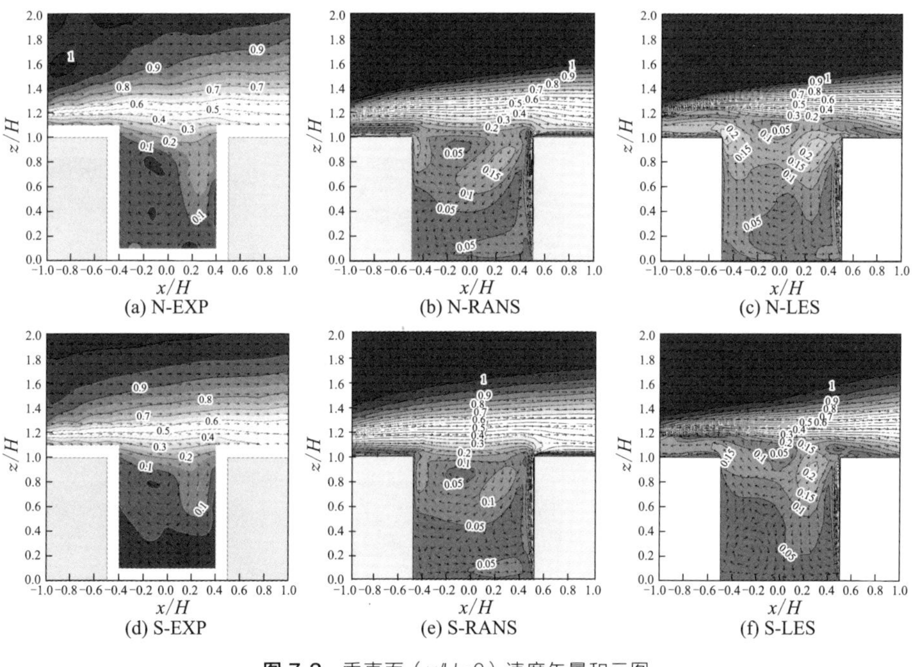

图 7-2 垂直面（$y/H=0$）速度矢量和云图

（N 代表中性条件，S 代表稳定条件，EXP 代表风洞试验）

RANS 方法高估了迎风侧加热对峡谷流动的影响，因为结果表明在中性和稳定流入条件下反向涡流的大小相似［图 7-2(b) 和图 7-2(e)］。此外，使用 RANS 模拟的峡谷中的速度在稳定条件下略低于中性条件下的速度，但第三个反向旋转涡流没有再现［图 7-2(e)］。因此，RANS 不能很好地模拟流入温度分层。相反，LES 在再生涡流的数量和峡谷中的低风速方面表现更好，其结果更接近风洞试验结果［图 7-2(c) 和图 7-2(f)］。然而，通过 LES 模拟的第三个涡流比试验中的要大，因为风洞中的流入空气温度高于实验室中的流入空气温度，它们之间的可能的热交换被排除在数值模拟之外。可以预测，通过 LES 模拟的流入温度分层比试验中的更明显。

为什么 RANS 在遇到热效应时无法预测流场？有两种假设：流动分离和布辛尼斯克假设的局限性。首先，由加热的迎风墙产生的强上升气流（向上）与自由流风产生的机械效应（向下）相反。这种对立导致了流动分离。显然，稳态求解器 RANS 无法重现这种非稳态流动特征。然而，瞬态求解器 LES 可以相对准确地模拟峡谷内的涡旋，主要是因为 LES 可以模拟流动分离，即使在考虑入口温度层结和局部热效应的情况下，LES 的性能仍然令人满意。图 7-3 显示了三个不同时刻的瞬时流场。对于中性温度层结，在 28.6s 时，强下降流在迎风侧附近与上升的浮力流相撞。在 33.8s 时，在迎风墙甚至整个峡谷中，浮力驱动的上升流显然占主导地位。在 41.6s 时，强下沉气流再次占主导，只有在迎风墙的下部才出现浮力驱动的向上流动。在稳定的入口条件下，浮力驱动流和机械驱动流随时间变化，并且在峡谷中发生流动分离，导致平均流场的多涡结构。

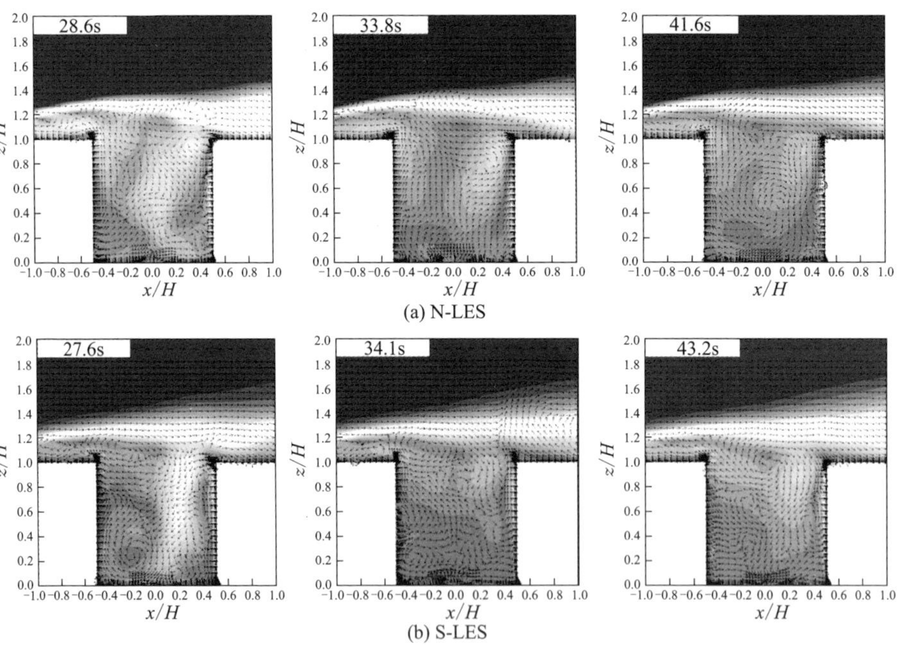

图 7-3 LES 模拟的垂直面（y/H=0）不同时刻的瞬态速度矢量和云图

（N 代表中性条件，S 代表稳定条件）

另一个原因是布辛尼斯克假设模型的局限性。当考虑热效应时，流体密度随着温度变化而变化，由密度不同而引起的重力作用可以产生流动。在混合对流中，浮力的重要性可以通过格拉斯霍夫数（Gr）和雷诺数（Re）的比值来衡量：$\frac{Gr}{Re^2}=\frac{g\beta\Delta TL}{\nu^2}$。其中，$g$ 为重力加速度；β 为热膨胀系数；ΔT 为温差；L 为特征尺度；ν 为运动黏滞系数。当比值接近或超过 1 时，强烈的浮力对流动有贡献。相反，如果这个数很小，浮力可以忽略不计。对于许多自然对流，包括本研究中的流动，使用布辛尼斯克假设模型比将体密度设置为温度的函数能更快地收敛。该模型在所有求解的方程中将密度视为常数值，除了动量方程中的浮力项：$(\rho-\rho_0)g\approx-\rho_0\beta(T-T_0)g$。其中 ρ_0 是流体的密度（常数），T_0 是操作温度，β 是热膨胀系数。该模型通过使用布辛尼斯克假设来消除浮力项中的 ρ。当密度变化很小时，这个近似是准确的，即 $\beta(T-T_0)\ll 1$。常温常压下空气热膨胀系数为 0.00367℃$^{-1}$，即 $\Delta T\ll$272℃。这表明温度差异必须至少比 272℃小一个数量级，也就是说，温度差异必须小于 27.2℃。然而，本研究中的温度差异为 93～99℃，是 27.2 的三倍多。其结果是，由于不适当的布辛尼斯克近似，加热壁产生的湍流忽视了水平梯度，而实际上这种水平梯度在加热壁附近十分重要。

上述分析表明，对于热效应，特别是对于撇掠流，必须采取以下方式之一进行建模：①使用布辛尼斯克模型进行稳态计算，除非域中的温差很大。建议如果误差范围要求为 10%，温差应小于 27.2℃；如果误差范围要求为 5%，温差应小于 13.6℃。②如果温差很大，最好进行瞬态计算，例如 LES。LES 更容易捕捉到流动分离，并且不会错过由浮力引起的湍流。

7.3.2 湍流动能

图 7-4 显示了垂直面（$y/H=0$）的归一化湍流动能（k/U_{2H}^2）的分布。在风洞试验中，归一化湍流动能的最大值出现在上游建筑物的顶部，在中性条件下为 0.09，在稳定条件下为 0.06［图 7-4(a) 和图 7-4(d)］。如上一节所分析的那样，由于 RANS 模拟的流动结构与风洞试验有很大的不同，预测的归一化湍流动能分布也显著不同，主要表现在两个方面：①迎风侧附近的预测值较小，这表明局部加热产生的湍流动能无法反映出来。正如前一节所解释的，由于不适当的布辛尼斯克近似，RANS 无法捕捉到加热壁面产生的湍流。②峡谷内值的增加与风洞试验不一致。相比之下，根据 LES 的结果，归一化湍流动能的最大值出现

在下游建筑物的迎风角，在中性条件下为 0.12，在稳定温度层结条件下为 0.07。此外，LES 在峡谷内的表现比 RANS 要好；特别是，迎风墙附近的高湍流动能得到了再现，峡谷内的归一化湍流动能分布几乎与风洞试验一致。

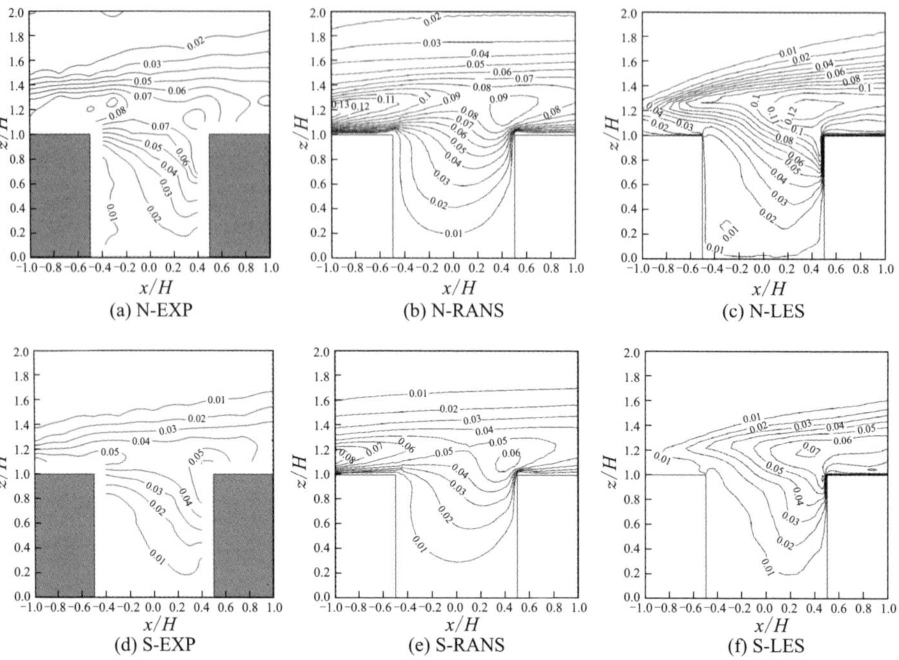

图 7-4 垂直面（$y/H=0$）的归一化湍流动能（k/U_{2H}^2）分布

（N 代表中性条件，S 代表稳定条件，EXP 代表风洞试验）

7.3.3 温度和热通量

图 7-5 是垂直面（$y/H=0$）的归一化温度$\left(\dfrac{T-T_{2H}}{T_{\text{local}}-T_{2H}}\right)$分布。在风洞试验中，局部热效应集中在迎风墙。稳定温度层结条件下峡谷中的平均温度略低于中性条件下的平均温度。由于浮力驱动的流动与进入的下降气流相反，试验中测得的最高温度大约位于迎风墙中心的高度。除了迎风墙附近，峡谷中其他区域的分布主要受空气流动的影响。RANS 模拟的流场与风洞测试结果之间的巨大差异导致了归一化温度分布的不同。此外，通过比较 N-RANS 结果和 S-RANS 结果[图 7-5(b) 和图 7-5(e)]，发现来流温度层结的影响几乎没有体现，这与流场的结论一致。LES 表现得比 RANS 更好，但高估了峡谷中的温度。根据 LES 模拟

结果，最高温度位于略低于迎风角的位置。特别需要指出的是，根据 LES 的结果，在来流稳定的条件下，峡谷下部的温度梯度几乎是垂直的，这与试验中测得的水平温度梯度［见图 7-4(d) 和图 7-4(f)］有很大的不同。可能是试验中在背风墙和峡谷地面使用了冷水，导致了不可避免的热交换。

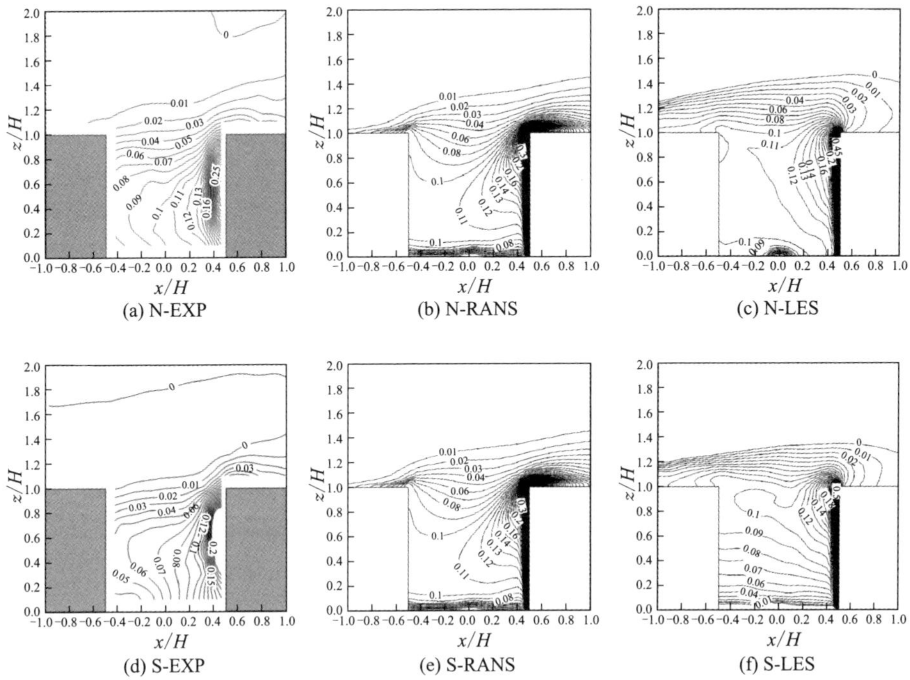

图 7-5 垂直面（$y/H=0$）的归一化温度 $\left(\frac{T-T_{2H}}{T_{local}-T_{2H}}\right)$ 分布

（N 代表中性条件，S 代表稳定条件，EXP 代表风洞试验）

图 7-6 显示了归一化湍流热通量 $\left[\frac{\overline{w'T'}}{U_{2H}(T_{\mathrm{local}}-T_{2H})}\right]$ 在垂直面（$y/H=0$）上的分布。w' 和 T' 分别为垂向速度和温度的脉动。由于 RANS 模拟的温度分布失败，这里只显示 LES 和风洞试验结果的比较。在风洞试验中，最大值出现在迎风角附近，迎风墙的加热主要影响峡谷的上部。与中性来流条件相比，稳定温度层结的影响区域更小，热通量更低，导致峡谷中的温度较低［见图 7-5(d)］。LES 结果总体上与风洞试验结果一致，并且能够反映来流温度层结的差异，但是热通量值被高估，这解释了峡谷中温度过高的原因。原因如上所述，风洞试验中不可避免地存在热交换，但在数值模拟中可以避免。

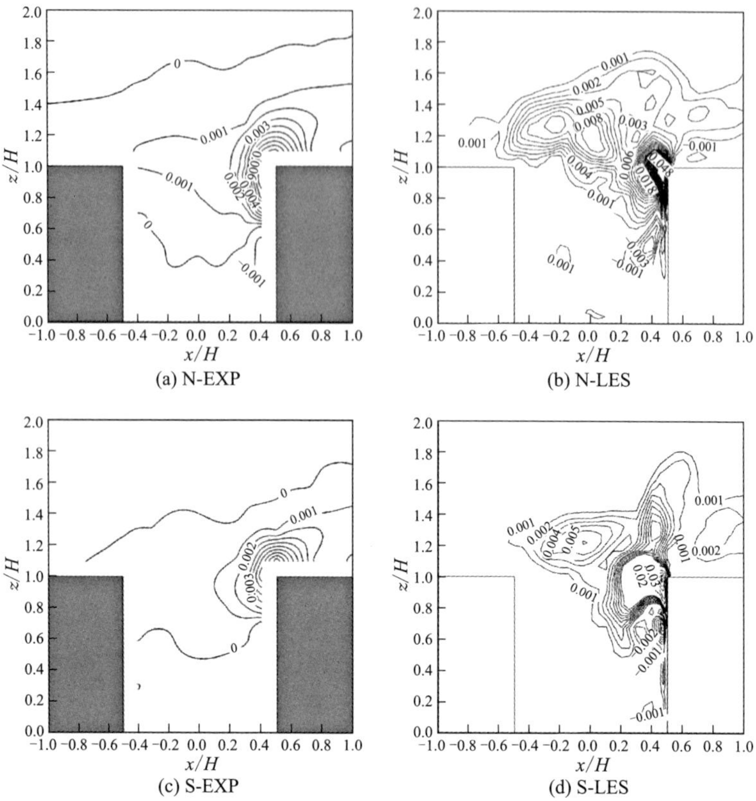

图 7-6 垂直面（$y/H=0$）的归一化湍流热通量$\left[\frac{\overline{w'T'}}{U_{2H}(T_{\text{local}}-T_{2H})}\right]$分布

（N 代表中性条件，S 代表稳定条件，EXP 代表风洞试验）

7.3.4 污染物浓度和浓度通量

图 7-7 为垂直面（$y/H=0$）的归一化污染浓度$\left(\frac{C}{C_0}\right)$分布。$C$ 是污染浓度，C_0 是参考浓度，定义为 $C_0=\frac{Q_v}{U_{2H}H^2}$，$Q_v$ 是气体流量。在风洞试验中，在中性来流条件下，污染物在源和背风墙之间的地面附近积聚，背风墙附近的污染物浓度大于迎风墙附近的浓度。在稳定来流条件下，整体分布模式与中性条件下情况相似，但浓度更高，背风墙与地面之间的浓度更低。由结果可知，无论来流温度层结是中性还是稳定，RANS 方法都无法预测出正确的浓度。如在污染源和迎风墙之间出现了高浓度区域，且迎风墙上的浓度明显高于背风墙上的浓度，这与风

洞试验结果完全不同。这也完全表明正确的流场是预测浓度的基础。与风洞试验结果相比，LES 结果比 RANS 结果更好，但仍高估了浓度。在峡谷地面，LES 预测出沿源中心（$x/H=0$，$y/H=0$）的浓度分布几乎对称，特别是在稳定温度层结条件下。正如前文所述，LES 高估了热效应，或者试验中的热交换难以完全避免。因此，LES 预测的主要热效应涡旋比试验中要大（见图 7-2）。

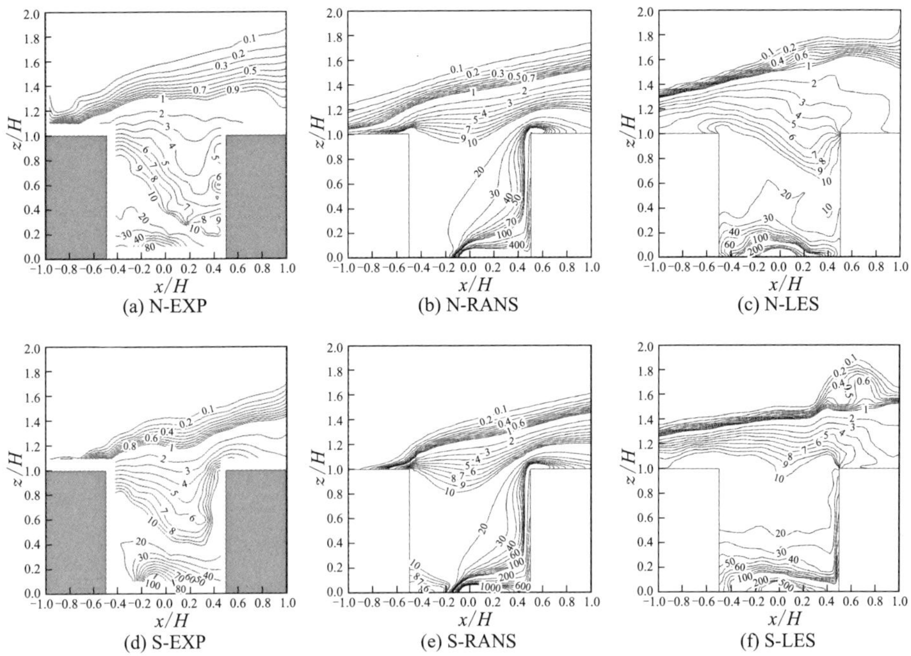

图 7-7 垂直面（$y/H=0$）的归一化浓度$\left(\dfrac{C}{C_0}\right)$分布

（N 代表中性条件，S 代表稳定条件，EXP 代表风洞试验）

为探究污染物的输运机制，图 7-8 和图 7-9 给出了两种模型计算的污染物垂直归一化通量分布。w 为风速在 z 方向上的平均分量，w' 是垂直方向速度的脉动分量，C 是污染物浓度，C_0 是参考浓度。$wC/(U_{2H}C_0)$ 表示污染物归一化对流通量，$w'C'/(U_{2H}C_0)$ 表示归一化湍流通量，两者的和 $(w'C'+wC)/(U_{2H}C_0)$ 即总污染物通量。在 RANS 模型中，湍流通量通过梯度扩散假设进行计算，即 $w'C'=-\dfrac{\nu_t}{Sc_t}\times\dfrac{\partial C}{\partial z}$，式中 ν_t 为涡黏性系数，Sc_t 为湍流施密特数（在本研究中取 0.7）。在 LES 模型中，湍流通量通过直接计算得到。

在风洞试验中，中性条件下近背风侧壁面附近对流通量为正值，而近迎风侧壁面附近为负值。湍流通量在街道峡谷下半部分为正值，并且在迎风角附近观察

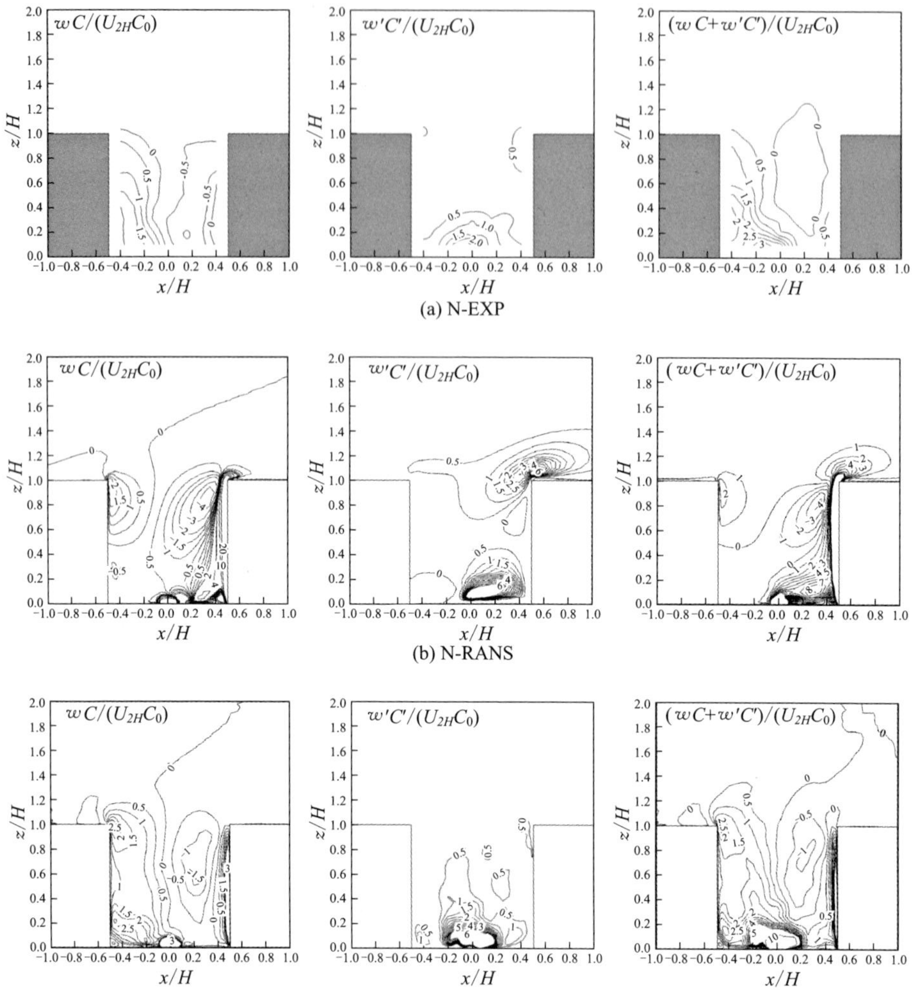

(a) N-EXP

(b) N-RANS

(c) N-LES

图 7-8 中性温度层结条件下垂直面（$y/H=0$）的污染物归一化通量分布

（N 代表中性条件，EXP 代表风洞试验）

到轻微的正通量区域，两者相加后，通量在近背风侧壁面附近得到增强，而在近迎风侧壁面附近相互抵消。在稳定来流条件下，对流通量的正值区域范围增大，负值区域范围减小，湍流通量变化较小。根据 RANS 通量分析结果，其模拟浓度分布失败的主要原因是估算的对流通量不正确。比较而言，LES 的通量分布总体上与结果吻合较好，尤其是湍流通量。然而，无论来流条件如何，LES 对近迎风侧壁面附近的负对流通量的值偏低（即负值偏大），导致总通量的负值比试验结果更低。原因是 LES 模拟的热效应比试验值要大。

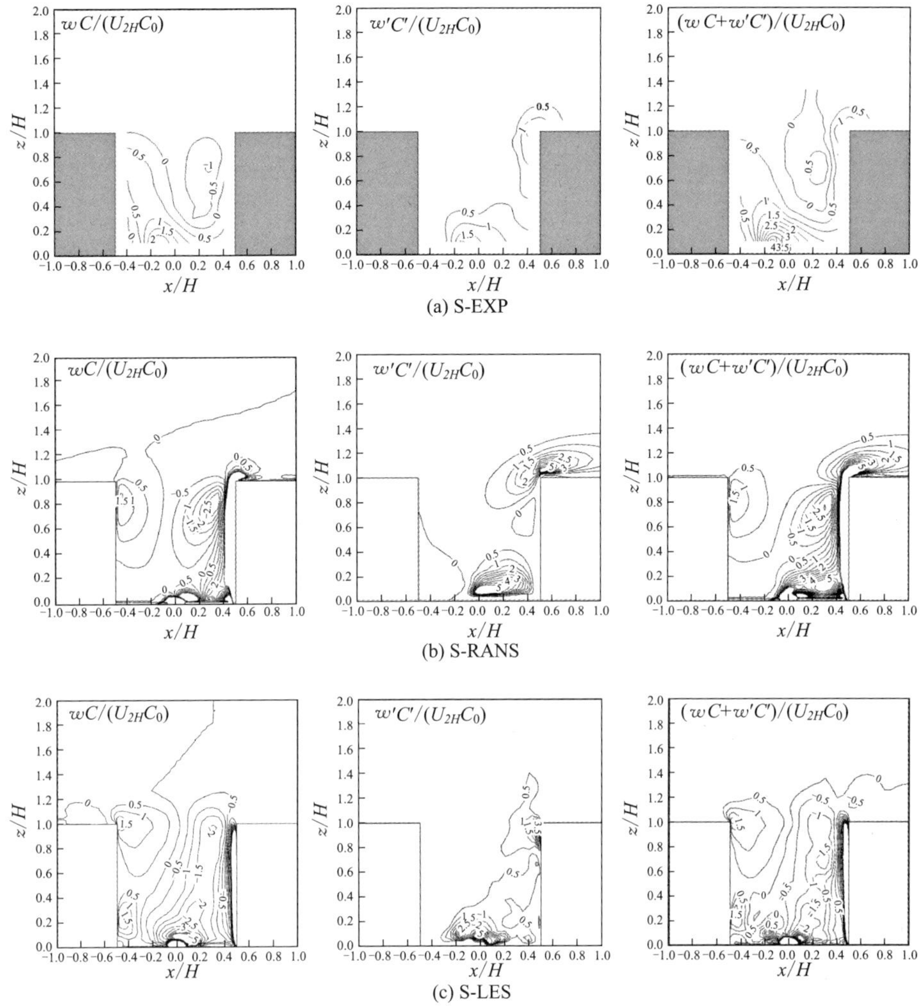

图 7-9 稳定温度层结条件下垂直面（$y/H=0$）的污染物归一化通量分布

（S 代表稳定条件，EXP 代表风洞试验）

此外，通过对垂直速度在峡谷顶部沿峡谷宽度方向积分得到垂直平面（$y/H=0$）的归一化换气率（ACH），即 $\mathrm{ACH}=\int_{-0.5}^{0.5} w^{+}/U_{2H}\,\mathrm{d}x$，$w^{+}$ 是峡谷顶部的平均正垂直速度。表 7-2 显示了归一化换气率以及试验之间的差异。

表 7-2　归一化换气率及误差

案例	归一化 ACH	误差/%
N-EXP	0.055	—

续表

案例	归一化 ACH	误差/%
S-EXP	0.044	—
N-RANS	0.039	−29.1
S-RANS	0.021	−52.3
N-LES	0.055	0.0
S-LES	0.046	4.5

误差计算依据：误差(%)=($ACH_{CFD}-ACH_{EXP}$)/ACH_{EXP}。在试验中，ACH在稳定温度层结条件下减少了20%。很明显，在中性条件下RANS的误差为29.1%，在稳定条件下为52.3%。LES与风洞试验数据之间的误差不超过5%。这也表明RANS不适合模拟迎风加热对流动和污染物扩散的影响。

7.4 小结

针对孤立二维街道峡谷内的流动和扩散，进行了RANS和LES的数值模拟，并与风洞试验结果进行了比较，以评估其在模拟热效应（温度分层和局部热效应的耦合）对流动和扩散的影响方面的准确性。主要结论如下：

① 一个孤立的二维峡谷（高宽比为1∶1）在中性条件下形成典型的撇搽流。然而，当考虑热效应时，尤其是当迎风墙被加热时，峡谷内的主要涡流被打破，导致显著的流动分离。

② 当迎风墙加热时，RANS方法无法预测流场，导致无论来流温度分层是中性还是稳定，都无法预测峡谷内的气流和温度分布。原因之一是它是一个稳态求解器，无法精确再现流动分离。另一个原因是布辛尼斯克模型的局限性。该模型只能在温差较小的情况下使用，但本研究的温差为93～99℃，这直接导致了RANS模型的失败。此外，浓度场高度依赖于流动和湍流场，而这些又受到稳态RANS计算的限制。

③ 即使考虑入口温度分层和局部效应，LES的表现仍然令人满意。在再生涡旋的数量和峡谷内的低风速方面，LES的表现优于RANS，其结果更接近风洞试验结果，主要是因为LES可以模拟流动分离。然而，在LES中消除了热交换，

而试验中难以避免，导致 LES 过高地估算了峡谷内的整体温度。由于污染物是被动扩散的，因此正确的流场是关键。

④ 两条关于设计热效应模拟的建议：a. 若计算域中温度差异较小，则使用布辛尼斯克模型进行稳态计算。建议如果误差范围要求为 10%，温差应小于 27.2℃；如果误差范围要求为 5%，温差应小于 13.6℃。b. 如果温差很大，必须进行瞬态计算（LES），以捕捉浮力引起的流动分离和湍流。

第 8 章 改善城市环境空气质量的对策建议

前文从街区尺度探讨了风热环境等对污染物扩散和空气质量的影响，本章将根据前文的研究结果，探讨改善空气质量的对策与建议。

8.1 完善排污企业选址、排气筒设计等

根据前文研究，大气污染物排放源的自身结构及其所在位置与周围建筑物之间的关系会明显影响气流分布和污染物扩散，另外污染源周围多个建筑物存在时的影响特点也与孤立建筑物的影响规律有所不同。周围建筑物的存在对排放源上游气流有阻挡作用，对其下游气流则有空气动力学下洗，这种作用的强弱与气流速度、温度层结等各种气象要素有关。为避免污染物排放受到附近建筑物绕流的影响，目前各行业主要从排放浓度、排放速率、排放总量和排气筒高度等方面进行限定，例如水泥、钢铁、焦化等行业标准要求排气筒最低允许高度为 15m，且应高出周围 200m 范围内最高建筑物 3m 以上。危废焚烧及电镀行业要求排气筒除达到最低高度外，应高出周围 200m 范围内最高建筑物 5m 以上。但是这种高出周围 200m 范围内最高建筑物 3m 或 5m 以上的要求并没有考虑实际排污企业由地理位置、地形地貌、气象条件和周围环境等引起的差异。尽管近年来发布的排放标准要求具体排气筒高度以及与周围建筑物的相对高度关系应根据环境影响评价文件确定，但由于环境影响评价中只有一级评价才考虑地形影响，其他等级的评价不考虑地形影响，特别是当排放源位于山地等复杂地形时，这很难反映实际污染情况。

随着计算机技术的不断发展成熟，对于排污企业选址、排气筒设计等应逐步推行精细模拟，将地形地貌、气象条件和周围环境等明显影响污染物扩散的因素作为边界条件，综合评价排污企业对环境的影响，这对排污企业日常排放监管和事故排放应急控制都具有实际意义。

8.2 优化街区道路设计

城市街区道路交错，房屋林立，当存在一定形式的污染物排放时，由于城市下垫面特征和建筑物影响，污染物扩散影响比较复杂，局地性很强。汽车尾气排放受到道路两侧建筑物几何特征、绿化情况、风向、风速和温度层结等影响。当街区两侧建筑物封闭作用很强且与风向垂直时，街区内污染物浓度很高。若街区建筑物不规则，如凹凸不平、高低错落等，则空气质量必定会有所改善。例如，太原市主导风向为西北风，其次为西南风和东北风，街道多为东西、南北走向，与主导风向呈一定交角，因此整体有利于通风。针对街区两侧建筑物密集的情况，应加大街区开口面积，降低临街建筑物高度，增加道路绿化，当街区为人流量较大的商业街时，应视情况设置为步行街。新建道路设计时，应充分考虑车流量，增加道路宽度，避免道路两侧出现连续的临街建筑，以此优化道路通风设计。

8.3 优化居住区设计

居住区是城市的组成单元，也是人们的生活场所，随着城市发展，高层住宅已经成为主流，而高层建筑物必然改变风的自然走向，这种局地风环境的变化对行人活动的影响不能忽略，因此产生了建筑风环境分析。建筑风环境分析是绿色建筑、节能减排、改善环境和满足人体舒适性的重要方法。例如参考荷兰、日本、美国、加拿大和澳大利亚等国家对行人风环境影响评估的相关规范，我国广东省结合实际情况和工程经验，编制了《建筑风环境测试与评价标准》（DBJ/T 15—154—2019），主要评价高层和超高层建筑的风环境影响。上海市根据气象站台分布情况和城市规划设计的可操作性等特征，编制了上海市工程建设规范《建筑风环境气象参数标准》（DG/TJ 08—2328—2020），该标准根据实际气象统计详细给出了建筑物风环境评价时的气象参数和地面粗糙度等参数。建筑风环境主要评价行人风环境舒适性，参数的选取对评价结果影响巨大。随着城市的发展，城市建筑不但改变了城市面貌，同时也改变了自然环境，尤其是风环境气象参数。我国幅员辽阔，南北差异较大，国标内容因需顾及全国范围，难以准确反映某一城市风环境状况。为了更科学、更精准地分析城市建筑风环境影响，充分利用自然通风提升居住区舒适性，改善室内外空气质量，应因地制宜地制定相关的建筑风环境评价标准和参数标准。新建、改建和扩建建筑均应通过风环境分析确定设计方案。

第 9 章 风热环境数值模拟主要成果与未来发展展望

9.1 主要研究成果与讨论

本书针对大气污染问题，根据国内外研究现状和不足，利用数值模拟研究了风热环境对污染物扩散的影响，主要研究内容及成果如下：

（1）改进传统湍流模型

目前的湍流模型多适用于中性大气边界层的研究，而实际大气边界层包括稳定、中性和不稳定类型。为了考虑不同类型的大气边界层，本书将常用的湍流模型与大气边界层莫宁-奥布霍夫相似理论相结合，对标准 k-ε 湍流模型的 ε 方程添加源项，并将计算结果与多个风洞试验结果对比，验证了模型的有效性。

（2）揭示温度层结、建筑物侧边比、风向角等多因素耦合作用对流场和污染物扩散的影响

利用改进后的湍流模型，以孤立建筑物周围点源排放为研究对象，研究了多因素耦合作用对三维流场和污染物扩散的影响，指出当风与建筑物正交且温度层结相同时，随着侧边比的减小，建筑物回流区长度增加，涡旋变得越来越稳定，近地面侧向风速增强，污染物羽流宽度增大。湍流运动在污染物向建筑物顶部扩散和横向扩散中占主导地位，尤其是不稳定条件下的湍流运动作用最强。当风与建筑物非正交时，迎风面面积越大，背风侧越易形成双涡旋。

（3）揭示温度层结和建筑物高度的耦合作用对流场和污染物扩散的影响

通过对简单街区不同中心建筑物高度周围流场和点源污染物扩散规律的数值模拟研究，指出当没有中心建筑物时，温度层结明显影响建筑物周围的流场，甚至影响了涡旋的数量和形态，进而影响污染物形态。当中心建筑物高度与外围建筑物高度一致时，形成了等高建筑物群，温度层结主要影响建筑物群下游。当中心建筑物高度超过周围建筑物时，温度层结对流场的影响主要是由中心高层建筑物的捕风作用引起，在为地面引入高层风的同时也增加了污染物的水平扩散范围。

（4）揭示局部热效应对流场和污染物扩散的影响

根据三维城市街区不同程度局部热效应对流场和污染物扩散的影响研究，指出对于均匀地面温度案例，随着地面温度的升高，流线明显向地面方向偏转，涡旋中心向地面和背风侧移动，街区上部气流更容易进入街区内部，有利于街区污染物的扩散。不均匀温度壁面研究结果显示，与完全的二维街区模型不同，三维街区模型局部热效应并未增加涡旋数量，尤其是建筑物迎风侧受热对涡旋状态及速度场影响有限。

（5）揭示温度层结和风向角对城市面源污染物扩散的影响

通过对规则建筑物群不同温度层结条件下风向角对流场以及污染物扩散的影响的数值模拟研究，指出当来流风不垂直于建筑物迎风面时，城市街区内部甚至是上方的流场和浓度场发生明显偏转，偏转程度受来流风向角、温度层结和建筑物几何形状的共同影响。相同风向角条件下，稳定条件下偏转最为明显，污染物浓度相对最高。

9.2 主要创新点

本书针对风热环境现状问题，利用数值模拟研究了风热环境对污染物扩散的影响，主要创新点如下：

① 改进了传统的湍流模型并验证了其有效性。本书将常用的标准 k-ε 湍流模型与大气边界层理论相结合，改进了传统的湍流模型，经与风洞试验结果对比验证后认为其具有普适性。

② 推进了国内关于温度层结的研究进展，并基于温度层结开展了建筑物几

何形状、风向角等多因素耦合作用对污染物扩散影响的研究，改变了现有研究对象和影响因素单一的情况。

③ 推进了局部热效应的研究进展，尤其是三维街区内非均匀温度表面的热效应对街区污染物扩散的影响及机制，改善了现有研究对象多为二维街区且仅考虑均匀温度表面的现状。

9.3 未来研究展望

空气污染问题研究和治理任重而道远，今后应在现有研究基础上开展以下工作。

(1) 微观层面将主要从研究对象、污染物种类、气象要素和事故排放等方面进行深入研究

① 本书的研究对象均为简化后的模型，现实中的建筑物因包含阳台、窗户、矮墙等结构更为复杂，地面因覆盖绿化和建构筑物等细节都有可能对风环境以及污染物的扩散产生影响，值得未来研究。

② 本书的污染物种类为气态污染物，密度接近空气，排放速度很小，属于被动扩散。实际污染物种类繁多，包括气态、液态和固态。不同状态污染物的扩散方式明显不同，甚至相同状态不同种类的污染物由于密度、性质等不同，扩散规律也会有很大差异。并且实际环境中污染物排放方式、速度和排气筒设计等初始排放参数都会对污染物的扩散有很大影响。另外，近年来，气溶胶传播等也成为研究热点之一。

③ 本书微观层面研究的气象要素主要为风和温度，现实中即使是局地扩散也会受到其他气象要素的影响，如湿度、大气压和雨雪等，都值得未来探讨。

④ 本书所研究的污染物扩散属于稳态扩散，其浓度为时间平均浓度，即污染源连续排放扩散产生的影响，这对于排污企业常规排放的管控和环境影响都有实际意义。但另一方面，污染源的事故排放也十分重要，这就需要进行瞬态模拟，以得到不同时间污染物事故排放影响范围等重要参数，以期为事故应急救援提供科学参考。这也属于未来研究的重要方向。

(2) 宏观层面将主要从影响因素和治理策略等方面进行深入研究

① 本书仅从微观层面分析了风和温度对污染物扩散的影响，实际大气稳定度、边界层厚度、降雨量、空气湿度、大气压、大气能见度等气象因素以及区域

传输等都会影响城市空气质量，值得继续研究。

② 实际大气污染也会反过来对气象条件产生影响。大气污染物的持续累积会显著改变边界层气象条件，例如城市上空的污染物，如温室气体、颗粒物等，形成了“气罩”与“尘罩”，影响大气能见度，促使逆温加重、大气层结更加稳定，由此形成恶性循环。因此重污染天气的成因分析也属于未来研究的方向。

③ 本书改善空气质量的建议主要是从理论分析和以往治理措施的有效性分析的基础上提出的。实际城市空气质量改善还涉及政策导向、经济发展、产业结构、能源结构、城市格局、人口密度和生活方式等方面，都值得继续探讨。

参考文献

[1] 中华人民共和国生态环境部. 2021 中国生态环境状况公报 [R/OL]. (2022-05-26)[2025-01-06]. P020220608338202870777. pdf.

[2] 中国气象局. 大气环境气象公报 (2021 年)[R/OL]. (2022-04-01)[2025-01-06]. https://www.cma.gov.cn/zfxxgk/gknr/qxbg/202301/t20230119 _ 5273410. html.

[3] WORLD HEALTH ORGANIZATION. WHO global air quality guidelines. particulate matter ($PM_{2.5}$ and PM_{10}), ozone, nitrogen dioxide, sulfur dioxide and carbon monoxide [R]. ISBN 978-92-4-003422-8, 2021.

[4] KANG J, NI R, ANDERSEN G. Effects of reduced visibility from fog on car-following performance [J]. Transportation Research Record: Journal of the Transportation Research Board, 2008, 2069: 9-15.

[5] ABDEL-ATY M, EKRAM A A, HUANG H, et al. A study on crashes related to visibility obstruction due to fog and smoke [J]. Accident Analysis & Prevention, 2011, 43(5): 1730-1737.

[6] 高峰, 谭雪. 城市雾霾灾害链演化模型及其风险分析 [J]. 科技导报, 2018, 36(13): 73-81.

[7] GENG G, ZHENG Y, ZHANG Q, et al. Drivers of $PM_{2.5}$ air pollution deaths in China 2002-2017 [J]. Nature Geoscience, 2021, 14(9): 645-650.

[8] STRAK M, WEINMAYR G, RODOPOULOU S, et al. Long term exposure to low level air pollution and mortality in eight European cohorts within the ELAPSE project: Pooled analysis [J]. BMJ, 2021, 374.

[9] WU X, BRAUN D, SCHWARTZ J, et al. Evaluating the impact of long-term exposure to fine particulate matter on mortality among the elderly [J]. Science Advances, 2020, 6(29): eaba5692.

[10] 蒋维楣, 孙鉴泞, 曹文俊, 等. 空气污染气象学教程 [M]. 北京: 气象出版社, 2004.

[11] OKE T R. Street design and urban canopy layer climate [J]. Energy and Buildings, 1988, 11(1-3): 103-113.

[12] BRITTER R E, HANNA S R. Flow and dispersion in urban areas [J]. Annual Review of Fluid Mechanics, 2003, 35: 469-496.

[13] 王佳, 吕春东, 牛利伟, 等. 道路植被结构对大气可吸入颗粒物扩散影响的模拟与验证 [J]. 农业工程学报, 2018, 34(20): 225-232.

[14] 张蕾, 王咏薇, 赵小艳, 等. 城市街区形态及冷却屋顶对冠层内辐射热通量的影响 [J]. 气候与环境研究, 2018, 23(05): 563-573.

[15] ZHANG W C, LUO X Y, PENG X R, et al. Green roof on the ventilation and pollutant dispersion in urban street canyons under unstable thermal stratification: Aiding and opposing effects [J]. Sustainable Cities and Society, 2021, 75: 103315.

[16] 程昊淼, 姜智文, 张培浩, 等. 基于 CFD 模拟的城市住区形态参数对大气污染物扩散影响 [J]. 北京工业大学学报, 2021, 47(12): 1377-1387.

[17] 石满, 陈健, 吴迪, 等. 城市街区尺度地表热环境遥感监测与分析 [J]. 红外技术, 2019, 41(01): 84-91.

[18] 李青好, 胡婷莛, 陈楠, 等. 某高密度街区大气颗粒物质量浓度分布特征实测研究 [J]. 环境污染与防治, 2022, 44(02): 206-211, 217.

[19] MEI S J, HU J T, LIU D, et al. Wind driven natural ventilation in the idealized building block arrays with multiple urban morphologies and unique package building density [J]. Energy and Buildings, 2017, 155

(15): 324-338.

[20] ALLEGRINI J. A wind tunnel study on three-dimensional buoyant flows in street canyons with different roof shapes and building lengths [J]. Building and Environment, 2018, 143: 71-88.

[21] WANG W W, WANG X M, NG E. The coupled effect of mechanical and thermal conditions on pedestrian-level ventilation in high-rise urban scenarios [J]. Building and Environment, 2021, 191(15): 107586.

[22] AN K, WONG S M, FUNG J C H. Exploration of sustainable building morphologies for effective passive pollutant dispersion within compact urban environments [J]. Building and Environment, 2019, 148(15): 508-523.

[23] 裴坤宁，高兴艾，王淑敏，等. 晋东南地区冬季 $PM_{2.5}$ 污染输送路径分析 [J]. 中国环境科学，2022，42(02): 557-567.

[24] 任燕，张宏升，魏伟，等. 北京地区重霾天气过程大气湍流结构及间歇性研究 [J]. 中国科学：地球科学，2020，50(01): 161-172.

[25] 董龙翔，余晔，左洪超，等. WRF-Fluent 耦合模式的构建及其对城市大气扩散的精细化模拟 [J]. 中国环境科学，2019，39(06): 2311-2319.

[26] 曾佩生，朱蓉，范广洲，等. 京津冀地区低层局地大气环流的气候特征研究 [J]. 气象，2019，45(03): 381-394.

[27] 贺园园，胡非，刘郁珏，等. 北京地区一次 $PM_{2.5}$ 重污染过程的边界层特征分析 [J]. 气候与环境研究，2019，24(01): 61-72.

[28] MEI S J, YUAN C. Analytical and numerical study on transient urban street air warming induced by anthropogenic heat emission [J]. Energy and Buildings, 2021, 231(15): 110613.

[29] YUAN C, SHAN R Q, ZHANG Y Y, et al. Multilayer urban canopy modelling and mapping for traffic pollutant dispersion at high density urban areas [J]. Science of the Total Environment, 2019, 647(10): 255-267.

[30] 胡春梅，陈道劲，周国兵，等. 基于自组织神经网络算法的重庆秋冬季空气污染与天气分型的关系 [J]. 气象，2020，46(09): 1222-1234.

[31] 杨浩，许冠宇，白永清，等. 湖北省近两年冬季月份 $PM_{2.5}$ 污染天气型特征及其与大尺度环流的相关研究 [J]. 气象，2018，44(11): 1454-1463.

[32] 何月，绳梦雅，雷莉萍，等. 长三角地区大气 NO_2 和 CO_2 浓度的时空变化及驱动因子分析 [J]. 中国环境科学，2022，42(08): 3544-3553.

[33] 曹惠明，孟祥亮，孔梅，等. 山东省大气气溶胶时空分布特征遥感研究 [J]. 环境污染与防治，2022，44(08): 1046-1053.

[34] 王红磊，颜雪，沈利娟，等. 2006～2020 年中国大气本底站 BC 气溶胶的时空分布特征 [J]. 环境科学，2022，43(08): 3977-3989.

[35] 李淑婷，李霞，毛列尼·阿依提看，等. 2017—2019 年中天山北坡城市群大气污染及污染天气类型特征 [J]. 干旱区地理，2022，45(04): 1082-1092.

[36] JORIS V, PETERS J, VERWAEREN J, et al. Mobile monitoring for mapping spatial variation in urban air quality: Development and validation of a methodology based on an extensive dataset [J]. Atmospheric Environment, 2015, 105: 148-161.

[37] SHI Y, LAU K L, NG E. Developing street-level $PM_{2.5}$ and PM_{10} land use regression models in high-density

Hong Kong with urban morphological factors [J]. Environmental Science & Technology, 2016: 8178-8187.

[38] 王占永，蔡铭，彭仲仁，等. 基于移动观测的路边 $PM_{2.5}$ 和 CO 浓度的时空分布 [J]. 中国环境科学，2017，37(12)：4428-4434.

[39] NAKAMURA Y, OKE T R. Wind, temperature and stability conditions in an east-west oriented urban canyon [J]. Atmospheric Environment, 1988, 22: 2691-2700.

[40] GEORGAKIS C, SANTAMOURIS M. On the air flow in urban canyons for ventilation purposes [J]. International Journal of Ventilation, 2004, 3(1): 53-56.

[41] IDCZAK M, MESTAYER P, ROSANT J M, et al. Micrometeorological measurements in a street canyon during the joint ATREUS-PICADA experiment [J]. Boundary-layer Meteorology, 2007, 124(1): 25-41.

[42] OFFERLE B, GRIMMOND C S B, FORTUNIAK K, et al. Temporal variations in heat fluxes over a central European city centre [J]. Theoretical and Applied Climatology, 2006, 84: 103-116.

[43] 张莹，李正强，赵少华，等. 大气环境卫星污染气体和大气颗粒物协同观测综述 [J]. 遥感学报，2022，26(05)：873-896.

[44] 崔阳阳，田野，郝利君，等. 基于道路遥感监测的北京市汽油车大气污染排放水平及对标准修订的启示 [J]. 环境科学学报，2022，42(08)：101-108.

[45] 赵鹏飞，白杨，王盼，等. 黄河流域七大城市群污染气体时空变化特征卫星遥感监测 [J]. 测绘通报，2021，10：48-53.

[46] 苏锦涛，张成歆，胡启后，等. 基于卫星高光谱遥感的 2007 年—2017 年新疆地区大气 NO_2 时空变化趋势分析 [J]. 光谱学与光谱分析，2021，41(05)：1631-1638.

[47] 李梦真，张廷斌，易桂花，等. 四川盆地 $PM_{2.5}$ 浓度时空变化特征遥感监测与影响因子分析 [J]. 环境科学，2021，42(07)：3136-3146.

[48] CHEW L W, GLICKSMAN L R, NORFORD L K. Buoyant flows in street canyons: Comparison of RANS and LES at reduced and full scales [J]. Building and Environment, 2018, 146: 77-87.

[49] KANDA I, YAMAO Y. Passive scalar diffusion in and above urban-like roughness under weakly stable and unstable thermal stratification conditions [J]. Journal of Wind Engineering and Industrial Aerodynamics, 2016, 148: 18-33.

[50] UEHARA K, MURAKAMI S, OIKAWA S, et al. Wind tunnel experiments on how thermal stratification affects flow in and above urban street canyons [J]. Atmospheric Environment, 2000, 34: 1553-1562.

[51] YASSIN M F. A wind tunnel study on the effect of thermal stability on flow and dispersion of rooftop stack emissions in the near wake of a building [J]. Atmospheric Environment, 2013, 65: 89-100.

[52] YASSIN M F. Experimental study on contamination of building exhaust emissions in urban environment under changes of stack locations and atmospheric stability [J]. Energy and Buildings, 2013, 62: 68-77.

[53] MARUCCI D, CARPENTIERI M. Dispersion in an array of buildings in stable and convective atmospheric conditions [J]. Atmospheric Environment, 2020, 222: 117100.

[54] ALLEGRINI J, DORER V, CARMELIET J. Wind tunnel measurements of buoyant flows in street canyons [J]. Building and Environment, 2013, 59: 315-326.

[55] ALLEGRINI J, DORER V, CARMELIET J. Buoyant flows in street canyons: Validation of CFD simulations with wind tunnel measurements [J]. Building and Environment, 2014, 2: 73-74.

[56] HUANG X T, HUANG Y D, XU N, et al. Thermal effects on the dispersion of rooftop stack emission in the wake of a tall building within suburban areas by wind-tunnel experiments [J]. Journal of Wind Engineering and Industrial Aerodynamics, 2020, 205: 104295.

[57] OLVERA H A, CHOUDHURI A R. Numerical simulation of hydrogen dispersion in the vicinity of a cubical building in stable stratified atmospheres [J]. International Journal of Hydrogen Energy, 2006, 31: 2356-2369.

[58] XIE X M, LIU C H, LEUNG D Y C. Characteristics of air exchange in a street canyon with ground heating [J]. Atmospheric Environment, 2006, 40: 6396-6409.

[59] XIE X M, LIU C H, LEUNG D Y C. Impact of building facades and ground heating on wind flow and pollutant transport in street canyons [J]. Atmospheric Environment, 2007, 41: 9030-9049.

[60] SANTOS J M, REIS N C, GOULART E V, et al. Numerical simulation of flow and dispersion around an isolated cubical building: The effect of the atmospheric stratification [J]. Atmospheric Environment, 2009, 43: 5484-5492.

[61] KIM J J, BAIK J J. Effects of street-bottom and building-roof heating on flow in three-dimensional street canyons [J]. Advance Atmospheric Sciences, 2010, 27: 513-527.

[62] XIE Z T, HAYDEN P, WOOD C R. Large-eddy simulation of approaching-flow stratification on dispersion over arrays of buildings [J]. Atmospheric Environment, 2013, 71: 64-74.

[63] LI X X, BRITTER R, NORFORD L K. Effect of stable stratification on dispersion within urban street canyons: A large-eddy simulation [J]. Atmospheric Environment, 2016, 144: 47-59.

[64] TOMAS J M, POURQUIE M J B M, JONKER H J J. Stable stratification effects on flow and pollutant dispersion in boundary layers entering a generic urban environment [J]. Boundary-layer Meteorology, 2016, 159: 221-239.

[65] JIANG G Y, YOSHIE R. Large-eddy simulation of flow and pollutant dispersion in a 3D urban street model located in an unstable boundary layer [J]. Building and Environment, 2018, 142: 47-57.

[66] DUAN G, NGAN K. Sensitivity of turbulent flow around a 3-D building array to urban boundary-layer stability [J]. Journal of Wind Engineering and Industrial Aerodynamics, 2019, 193: 103958.

[67] SESSA V, XIE Z T, HERRING S. Thermal stratification effects on turbulence and dispersion in internal and external boundary layers [J]. Boundary-layer Meteorology, 2020, 176: 61-83.

[68] 袁磊，宛杨，何成.基于CFD模拟的高密度街区交通污染物分布 [J]. 深圳大学学报(理工版)，2019，36(3)：274-280.

[69] 战乃岩，张帅，高政，等.城市建筑布局对街区交通污染物扩散特征的影响 [J]. 环境科学与技术，2019，42(12)：105-111.

[70] TURNER D B. Atmospheric dispersion modeling—A critical review [J]. Journal of the Air Pollution Control Association, 1979, 29(5): 502-519.

[71] MERONEY R N. Bluff-body aerodynamics influence on transport and diffusion [J]. Journal of Wind Engineering and Industrial Aerodynamics, 1990, 33: 21-33.

[72] HOLMES N S, MORAWSKA L. A review of dispersion modeling and its application to the dispersion of particles: An overview of different dispersion models available [J]. Atmospheric Environment, 2006, 40

(30): 5902-5928.

[73] BLOCKEN B. 50 years of computational wind engineering: Past, present and future [J]. Journal of Wind Engineering and Industrial Aerodynamics, 2014, 129: 69-102.

[74] TOMINAGA Y, STATHOPOULOS T. Ten questions concerning modeling of near-field pollutant dispersion in the built environment [J]. Building and Environment, 2016, 105: 390-402.

[75] ZHANG Y W, GU Z L, YU C W. Impact factors on airflow and pollutant dispersion in urban street canyons and comprehensive simulations: A review [J]. Current Pollution Reports, 2020, 6: 425-439.

[76] REIMINGER N, VAZQUEZ J, BLOND N, et al. CFD evaluation of mean pollutant concentration variations in step-down street canyons [J]. Journal of Wind Engineering and Industrial Aerodynamics, 2020, 196: 104032.

[77] TAN W, LI C J, WANG K, et al. Geometric effect of buildings on the dispersion of carbon dioxide cloud in idealized urban street canyons [J]. Process Safety and Environmental Protection, 2019, 122: 271-280.

[78] GU Z, ZHANG Y, CHENG Y, et al. Effect of uneven building layout on air flow and pollutant dispersion in non-uniform street canyons [J]. Building and Environment, 2011, 46(12): 2657-2665.

[79] NOSEK Š, FUKA V, KUKAČKA L, et al. Street-canyon pollution with respect to urban-array complexity: The role of lateral and mean pollution fluxes [J]. Building and Environment, 2018, 138: 221-234.

[80] KARRA S, MALKI-EPSHTEIN L, NEOPHYTOU M K A. Air flow and pollution in a real, heterogeneous urban street canyon: A field and laboratory study [J]. Atmospheric Environment, 2017, 165: 370-384.

[81] LLAGUNO-MUNITXA M, BOU-ZEID E, HULTMARK M. The influence of building geometry on street canyon air flow: Validation of large eddy simulations against wind tunnel experiments [J]. Journal of Wind Engineering and Industrial Aerodynamics, 2017, 165: 115-130.

[82] HAO C R, XIE X M, HUANG Y, et al. Study on influence of viaduct and noise barriers on the particulate matter dispersion in street canyons by CFD modeling [J]. Atmospheric Pollution Research, 2019, 10(6): 1723-1735.

[83] LI B, QIU Z W, ZHENG J L. Impacts of noise barriers on near-viaduct air quality in a city: A case study in Xi'an [J]. Building and Environment, 2021, 196: 107751.

[84] ZHANG Y W, GU Z L, YU C W. Review on numerical simulation of airflow and pollutant dispersion in urban street canyons under natural background wind condition [J]. Aerosol and Air Quality Research, 2018, 18: 780-789.

[85] RICHTER A, RUCK B, MOHR S, et al. Interaction of severe convective gusts with a street canyon [J]. Urban Climate, 2018, 23: 71-90.

[86] LI W J, ZHANG Y, YANG B, et al. Large-scale turbulence structures in a laboratory-scale boundary layer under steady and gusty wind inflows [J]. Scientific Reports, 2019, 9: 9373

[87] RAFAEL S, VICENTE B, RODRIGUES V, et al. Impacts of green infrastructures on aerodynamic flow and air quality in Porto's urban area [J]. Atmospheric Environment, 2018, 190: 317-330.

[88] HUANG Y D, LI M Z, REN S Q, et al. Impacts of tree-planting pattern and truck height on the airflow and pollutant dispersion inside a street canyon [J]. Building and Environment, 2019, 165: 106385.

[89] ABHIJITH K V, KUMAR P, GALLAGHER J, et al. Air pollution abatement performances of green infrastructure

in open road and built-up street canyon environments—A review [J]. Atmospheric Environment, 2017, 162: 71-86.

[90] BUCCOLIERI R, SANTIAGO J L, RIVAS E, et al. Review on urban tree modelling in CFD simulations: Aerodynamic, deposition and thermal effects [J]. Urban Forestry & Urban Greening, 2018, 31: 212-220.

[91] YANG H Y, CHEN T H, LIN Y Y, et al. Integrated impacts of tree planting and street aspect ratios on CO dispersion and personal exposure in full-scale street canyons [J]. Building and Environment, 2020, 169: 106529.

[92] PASQUILL F, SMITH F B. Atmospheric diffusion [M]. London: Ellis Horwood, 1983.

[93] STULL R B. An introduction to Boundary-layer Meteorology [M]. The Netherlands: Kluwer Academic Publishers, 1988.

[94] WOOD C R, LACSER A, BARLOW J F, et al. Turbulent flow at 190m height above London during 2006-2008: A climatology and the applicability of similarity theory [J]. Boundary-layer Meteorology, 2010, 137: 77-96.

[95] REPETTO M P. Neutral and non-neutral atmosphere: Probabilistic characterization and wind-induced response of structures [J]. Journal of Wind Engineering and Industrial Aerodynamics, 2011, 99: 969-978.

[96] MONIN A S, YAGLOM A M. Statistical fluid mechanics [M]. Cambridge: MIT Press, 1971.

[97] 蔡新玲，吴素良，王繁强，等. 西安市近 10 年大气稳定度和边界层厚度特征 [J]. 气象科技，2007，06: 814-817.

[98] MAVROIDIS I, GRIFFITHS R F, JONES C D, et al. Experimental investigation of the residence of contaminants in the wake of an obstacle under different stability conditions [J]. Atmospheric Environment, 1999, 33: 939-949.

[99] SALMOND J A, OKE T R, GRIMMOND C S B, et al. Venting of heat and carbon dioxide from urban canyons at night [J]. Journal of Applied Meteorology and Climatology, 2005, 44: 1180-1194.

[100] BOPPANA V B L, XIE Z T, CASTRO I P. Large-eddy simulation of heat transfer from a single cube mounted on a very rough wall [J]. Boundary-layer Meteorology, 2013, 147: 347-368.

[101] MAVROIDIS I, GRIFFITHS R F, HALL D J. Field and wind tunnel investigations of plume dispersion around single surface obstacles [J]. Atmospheric Environment, 2003, 37: 2903-2918.

[102] SANTOS J M, GRIFFITHS R F, REIS N C, et al. Experimental investigation of averaging time effects on building influenced atmospheric dispersion under different meteorological stability conditions [J]. Building and Environment, 2009, 44(6): 1295-1305.

[103] BILTOFT C A. Customer report for Mock Urban Setting Test [R]. DPG Document No. WDTC-FR-01-121, West Desert Test Center, U. S. Army Dugway Proving Ground, Dugway, Utah, 58, 2001.

[104] YEE E, BILTOFT C A. Concentration fluctuation measurements in a plume dispersion through a regular array of obstacles [J]. Boundary-layer Meteorology, 2004, 111: 363-415.

[105] HANNA S R, CHANG J C, HUQ P. Observed chlorine concentrations during Jack Rabbit Ⅰ and Lyme Bay field experiments [J]. Atmospheric Environment, 2016, 125: 252-256.

[106] HANNA S R, CHANG J, SPICER T, et al. Preliminary analysis of observations from the Jack Rabbit Ⅱ—2015 field experiment of dense gas dispersion in a built environment [C]. Budapest, Hungary: 17th International Conference on Harmonisation within Atmospheric Dispersion Modelling for Regulatory

Purposes, 2016.

[107] HANNA S R, CHANG J C, MAZZOLA T. Inclusion of Jack Rabbit Ⅱ—2016 field data in testing of similarity relations for variation of maximum concentration with downwind distance [C]. Fairfax, Virginia, USA: 21st Annual George Mason University Conference on Atmospheric Transport and Dispersion Modeling, 2017.

[108] GANT S E, MCKENNA B, GARCIA M M, et al. Integral model predictions of the Jack Rabbit Ⅱ 2015 experiments using DRIFT and PHAST [C]. Fairfax, Virginia, USA: 21st Annual George Mason University Conference on Atmospheric Transport and Dispersion Modeling, 2017.

[109] GANT S, WEIL J, MONACHE L D, et al. Dense gas dispersion model development and testing for the Jack Rabbit Ⅱ phase 1 chlorine release experiments [J]. Atmospheric Environment, 2018, 192: 218-240.

[110] 王炫. 核电厂大型自然通风冷却塔对气态污染物扩散影响研究 [D]. 上海：上海交通大学，2020.

[111] 邵毅，张述文，左洪超，等. 榆中县城大气污染物扩散的观测实验与数值模拟研究 [J]. 中国环境科学，2013，33(3)：1223-1230.

[112] ZHANG K, CHEN G, WANG X, et al. Numerical evaluations of urban design technique to reduce vehicular personal intake fraction in deep street canyons [J]. Science of the Total Environment, 2019, 653: 968-994.

[113] DAI Y W, MAK C M, ZHANG Y, et al. Investigation of interunit dispersion in 2D street canyons: A scaled outdoor experiment [J]. Building and Environment, 2020, 171: 106673.

[114] 杨俊杰. 相似理论与结构模型试验 [M]. 武汉：武汉理工大学出版社，2005.

[115] 李浩. 风洞虚拟飞行试验相似准则和模拟方法研究 [M]. 绵阳：中国空气动力研究与发展中心，2012.

[116] LI X X, LEUNG D Y, LIU C H, et al. Physical modeling of flow field inside urban street canyons [J]. Journal of Applied Meteorology Climatology, 2008, 47: 2058-2067.

[117] CHEW L W, NAZARIAN N, NORFORD L. Pedestrian-level urban wind flow enhancement with wind catchers [J]. Atmosphere, 2017, 8: 159.

[118] BAIK J J, PARK R S, CHUN H Y, et al. A laboratory model of urban street canyon flows [J]. Journal of Applied Meteorology Climatology, 2000, 39: 1592-1600.

[119] HANG J, LI Y, SANDBERG M, et al. The influence of building height variability on pollutant dispersion and pedestrian ventilation in idealized high-rise urban areas [J]. Building and Environment, 2012, 56: 346-360.

[120] SNYDER W H. Similarity criteria for the application of fluid models to the study of air pollution meteorology [J]. Boundary-layer Meteorology, 1972, 3: 113-134.

[121] SNYDER W H. Guideline for fluid modeling of atmospheric diffusion [R]. USEPA Report No. EPA-600/8-81-009, 1981.

[122] CASTRO I P, ROBINS A G. The effect of a thick incident boundary layer on the flow around a small surface mounted cube [R]. Cent. Elect. Gen. Bd. Research Rpt. R/M/N795, Marchwood Engry. Lab., Southampton, England, 1975.

[123] YOSHIE R, JIANG G Y, SHIRASAWA T, et al. CFD simulations of gas dispersion around high-rise building in non-isothermal boundary layer [J]. Journal of Wind Engineering and Industrial Aerodynamics, 2011, 99(4): 279-288.

[124] YOSHIE R, NOMURA K, KATADA K, et al. Non-isothermal large eddy simulation of pollutant and

thermal dispersion in urban street canyons [C]. Japan: 22nd National Symposium on Wind Engineering, 2012.

[125] 李云鹏，张俊芳，李若洁，等. 中性与稳定层结条件下建筑物周围流场与污染物扩散的风洞模拟研究 [J]. 太原理工大学学报，2021，52(03)：404-410.

[126] 史学峰，郭栋鹏，李云鹏，等. 稳定层结条件下建筑物体对流场影响的数值模拟研究 [J]. 辐射防护，2022，42(04)：317-325.

[127] DUAN G, NGAN K. Influence of thermal stability on the ventilation of a 3-D building array [J]. Building and Environment, 2020, 183: 106969.

[128] CUI P Y, LI Z, TAO W Q. Buoyancy flows and pollutant dispersion through different scale urban areas: CFD simulations and wind-tunnel measurements [J]. Building and Environment, 2016, 104: 76-91.

[129] CINDORI M, JURETIC F, KOZMAR H, et al. Steady RANS model of the homogeneous atmospheric boundary layer [J]. Journal of Wind Engineering and Industrial Aerodynamics, 2018, 173: 289-301.

[130] LI Z T, ZHANG H, WEN C Y, et al. The effects of lateral entertainment on pollutant dispersion inside a street canyon and the corresponding optimal urban design strategies [J]. Building and Environment, 2021, 195: 107740.

[131] SANTAMOURIS M, PAPANIKOLAOU N, KORONAKIS I, et al. Thermal and air-flow characteristics in a deep pedestrian canyon under hot weather conditions [J]. Atmospheric Environment, 1999, 33: 4503-4521.

[132] VACHON G, ROSANT J M, MESTAYER P G, et al. Measurements of dynamic and thermal field in a street canyon. URBCAP Nantes'99 [C]. Rouen, France: 6th International Conference on Harmonisation within Atmospheric Dispersion Modelling for Regulatory Purposes, 1999.

[133] LOUKA P, VACHON G, SINI J F, et al. Thermal effects on the airflow in a street canyon-Nantes'99 experimental results and model simulations [J]. Water Air and Soil Pollution, 2002, 2(5-6): 351-364.

[134] BOURBIA F, AWBI H B. Building cluster and shading in urban canyon for hot dry climate, Part 1: Air and surface temperature measurements [J]. Renewable Energy, 2004, 29: 249-262.

[135] ELIASSON I, OFFERLE B, GRIMMOND C S B, et al. Wind and turbulence statistics in an urban street canyon [J]. Atmospheric Environment, 2006, 40: 1-16.

[136] NIACHOU K, LIVADA I, SANTAMOURIS M. Experimental study of temperature and airflow distribution inside an urban street canyon during hot summer weather conditions—Part Ⅰ: Air and surface temperatures [J]. Building and Environment, 2008, 43(8): 1383-1392.

[137] NIACHOU K, LIVADA I, SANTAMOURIS M. Experimental study of temperature and airflow distribution inside an urban street canyon during hot summer weather conditions—Part Ⅱ: Airflow analysis [J]. Building and Environment, 2008, 43(8): 1393-1403.

[138] CHEN G W, WANG D Y, WANG Q, et al. Scaled outdoor experimental studies of urban thermal environment in street canyon models with various aspect ratios and thermal storage [J]. Science of the Total Environment, 2020, 726: 138147.

[139] CHEN G W, YANG X, YANG H Y, et al. The influence of aspect ratios and solar heating on flow and ventilation in 2D street canyons by scaled outdoor experiments [J]. Building and Environment, 2020, 185: 107159.

[140] TSALICOGLOU C, ALLEGRINI J, CARMELIET J. Non-isothermal flow between heated building models [J]. Journal of Wind Engineering and Industrial Aerodynamics, 2020, 204: 104248.

[141] MARUCCI D, CARPENTIERI M. Effect of local and upwind stratification on flow and dispersion inside and above a bi-dimensional street canyon [J]. Building and Environment, 2019, 156: 74-88.

[142] HUANG Y D, XU N, REN S Q, et al. Numerical investigation of the thermal effect on flow and dispersion of rooftop stack emissions with wind tunnel experimental validations [J]. Environmental Science and Pollution Research, 2021, 28: 11618-11636.

[143] CUI P Y, LI Z, TAO W Q. Wind-tunnel measurements for thermal effects on the air flow and pollutant dispersion through different scale urban areas [J]. Building and Environment, 2016, 97: 137-151.

[144] LIN Y, ICHINOSE T, YAMAO Y, et al. Wind velocity and temperature fields under different surface heating conditions in a street canyon in wind tunnel experiments [J]. Building and Environment, 2020, 168: 106500.

[145] 檀姊静.城市街谷风热环境及污染物分布的数值模拟研究 [D].重庆：重庆大学，2016.

[146] YANG H Y, LAM C K C, LIN Y Y, et al. Numerical investigations of Re-independence and influence of wall heating on flow characteristics and ventilation in full-scale 2D street canyons [J]. Building and Environment, 2021, 189: 107510.

[147] KESHAVARZIAN E, JIN R, DONG K, et al. Effect of pollutant source location on air pollutant dispersion around a high-rise building [J]. Applied Mathematical Modelling, 2020, 81: 582-602.

[148] ZHONG H Y, JING Y, LIU Y, et al. CFD simulation of "pumping" flow mechanism of an urban building affected by an upstream building in high Reynolds flows [J]. Energy & Buildings, 2019, 202: 109330.

[149] DRUENEN T, HOOFF T, MONTAZERI H, et al. CFD evaluation of building geometry modifications to reduce pedestrian-level wind speed [J]. Building and Environment, 2019, 163: 106293.

[150] TOMINAGA Y, STATHOPOULOS T. Numerical simulation of dispersion around an isolated cubic building: Comparison of various types of k-ε models [J]. Atmospheric Environment, 2009, 43: 3200-3210.

[151] TOMINAGA Y, STATHOPOULOS T. Numerical simulation of dispersion around an isolated cubic building: Model evaluation of RANS and LES [J]. Building and Environment, 2010, 45: 2231-2239.

[152] GOUSSEAU P, BLOCKEN B, vAN HEIJST G J F. CFD simulation of pollutant dispersion around isolated buildings: On the role of convective and turbulent mass fluxes in the prediction accuracy [J]. Journal of Hazardous Materials, 2011, 194: 422-434.

[153] DU Y X, BLOCKEN B, PIRKER S. A novel approach to simulate pollutant dispersion in the built environment: Transport-based recurrence CFD [J]. Building and Environment, 2020, 170: 106604.

[154] MAVROIDIS I, ANDRONOPOULOS S, BARTZIS J G. Computational simulation of the residence of air pollutants in the wake of a 3-dimensional cubical building. The effect of atmospheric stability [J]. Atmospheric Environment, 2012, 63: 189-202.

[155] YOSHIE R, TANAKA H, SHIRASAWA T. Technique for simultaneous measurement of fluctuating concentration, velocity and temperature in non-isothermal flow [C]. 12th International Conference on Wind Engineering, 2007: 1399-1406.

[156] TOMINAGA Y, MOCHIDA A, YOSHIE R. AIJ guidelines for practical applications of CFD to pedestrian

wind environment around buildings [J]. Journal of Wind Engineering and Industrial Aerodynamics，2008，96：1749-1761.

[157] ARCHITECTURAL INSTITUTE OF JAPAN. AIJ benchmarks for validation of CFD simulations applied to pedestrian wind environment around buildings [M]. Tokyo：Architectural Institute of Japan，2016.

[158] LAUNDER B E，SPALDING D B. Lectures in mathematical models of turbulence [M]. London，England：Academic Press，1972.

[159] PONTIGGIA M，DERUDI M，BUSINI V，et al. Hazardous gas dispersion：A CFD model accounting for atmospheric stability classes [J]. Journal of Hazardous Materials，2009，171：739-747.

[160] HOGSTROM U. Non-dimensional wind and temperature profiles in the atmospheric surface layer：A re-evaluation [J]. Boundary-layer Meteorology，1988，42：55-78.

[161] TOMINAGA Y，STATHOPOULOS T. Turbulent Schmidt numbers for CFD analysis with various types of flowfield [J]. Atmospheric Environment，2007，41(37)：8091-8099.

[162] FLESCH T K. Turbulent Schmidt number from a tracer experiment [J]. Agricultural and Forest Meteorology，2002，111：299-307.

[163] NG W Y，CHAU C K. A modeling investigation of the impact of street and building configurations on personal air pollutant exposure in isolated deep urban canyons [J]. Science of the Total Environment，2014：468-469.

[164] HANG J，SANDBERG M，LI Y. Age of air and air exchange efficiency in idealized city models [J]. Building and Environment，2009，44：1714-1723.

[165] HANG J，SANDBERG M，LI Y，et al. Age of air and air exchange efficiency in idealized with different urban morphologies [J]. Atmospheric Environment，2009，43：6011-6025.

[166] HAN J，ARYA S P，SHEN S，et al. An estimation of turbulent kinetic energy and energy dissipation rate based on atmospheric boundary layer similarity theory [R]. NASA/CR-2000-210298，2000.

[167] GB/T 3840—91. 制定地方大气污染物排放标准的技术方法.

[168] LI X X，LIU C H，LEUNG D Y C，et al. Recent progress in CFD modelling of wind field and pollutant transport in street canyons [J]. Atmospheric Environment，2006，40：5640-5658.

[169] TOMINAGA Y，STATHOPOULOS T. CFD simulation of near-field pollutant dispersion in the urban environment：A review of current modeling techniques [J]. Atmospheric Environment，2013，79：716-730.

[170] ARISTODEMOU E，BOGANEGRA L M，MOTTET L，et al. How tall buildings affect turbulent air flows and dispersion of pollution within a neighbourhood [J]. Environmental Pollution，2018，233：782-796.

[171] FUKA V，XIE Z T，CASTRO I P，et al. Scalar fluxes near a tall building in an aligned array of rectangular buildings [J]. Boundary-layer Meteorology，2018，167(1)：53-76.

[172] SHA C，WANG X，LIN Y，et al. The impact of urban open space and 'lift-up' building design on building intake fraction and daily pollutant exposure in idealized urban models [J]. Science of the Total Environment，2018，633：1314-1328.

[173] NONOMURA Y，KOBAYASHI N，TOMINAGA Y，et al. The cross comparison of CFD results for

flowfield around building models(part 3): The wind tunnel test for the verification models on the flowfield around building blocks [J]. Japan Association for Wind Engineering, 2003, 95: 83-84.

[174] SINI J F, ANQUETIN S. Pollution dispersion and thermal effects in urban street canyon [J]. Atmospheric Environment, 1996, 30: 2659-2677.

[175] KIM J J, BAIK J J. Urban street-canyon flows with bottom heating [J]. Atmospheric Environment, 2001, 35: 3395-3404.

[176] PRINCEVAC M, BAIK J, LI X, et al. Lateral channeling within rectangular arrays of cubical obstacles [J]. Journal of Wind Engineering and Industrial Aerodynamics, 2010, 98: 377-385.

[177] HANG J, XIAN Z N, WANG D Y, et al. The impacts of viaduct settings and street aspect ratios on personal intake fraction in three-dimensional urban-like geometries [J]. Building and Environment, 2018, 143: 138-162.

[178] LIEN F S, YEE E. Numerical modeling of the turbulent flow developing within and over a 3-D building array, part I: A high-resolution Reynolds-averaged Navier Stokers approach [J]. Boundary-layer Meteorology, 2004, 112: 427-466.

[179] HANNA S R, HANSEN O R, DHARMAVARAM S. FLACS CFD air quality model performance evaluation with Kit Fox, MUST, Prairie Grass, and EMU observations [J]. Atmospheric Environment, 2004, 38: 4675-4687.

[180] BADY M, KATO S, HUANG H. Towards the application of indoor ventilation efficiency indices to evaluate the air quality of urban areas [J]. Building and Environment, 2008, 43: 1991-2004.

[181] LUO Z, LI Y. Passive urban ventilation by combined buoyancy-driven slope flow and wall flow: Parametric CFD studies on idealized city models [J]. Atmospheric Environment, 2011, 45: 5946-5956.

[182] BUCCOLIERI R, SANDBERG M, DI SABATINO S. City breathability and its link to pollutant concentration distribution within urban-like geometries [J]. Atmospheric Environment, 2010, 44: 1894-1903.

[183] BUCCOLIERI R, SALIZZONI P, SOULHAC L, et al. The breathability of compact cities [J]. Urban Climate, 2015, 13: 73-93.

[184] RICHARDS K, SCHATZMANN M, LEITL B. Wind tunnel experiments modelling the thermal effects within the vicinity of a single block building with leeward wall heating [J]. Journal of Wind Engineering and Industrial Aerodynamics, 2006, 94(8): 621-636.

[185] HERTWIG D, GOUGH H L, GRIMMOND S, et al. Wake characteristics of tall buildings in a realistic urban canopy [J]. Boundary-layer Meteorology, 2019, 172: 239-270.

[186] SHEN Z, CUI G, ZHANG Z. Turbulent dispersion of pollutants in urban-type canopies under stable stratification conditions [J]. Atmospheric Environment, 2017, 156: 1-14.

[187] DAI Y, MAK C M, AI Z, et al. Evaluation of computational and physical parameters influencing CFD simulations of pollutant dispersion in building arrays [J]. Building and Environment, 2018, 137: 90-107.

[188] SHU C, WANG L, MORTEZAZADEH M. Dimensional analysis of Reynolds independence and regional critical Reynolds numbers for urban aerodynamics [J]. Journal of Wind Engineering and Industrial Aerodynamics, 2020, 203: 104232.

[189] MICHIOKA T, TAKIMOTO H, ONO H, et al. Large-eddy simulation of the effects of wind-direction fluctuations on turbulent flow and gas dispersion within a cubical canopy [J]. Boundary-layer Meteorology, 2019, 173: 243-262.

[190] KADER B. Temperature and concentration profiles in fully turbulent boundary layers [J]. International Journal of Heat and Mass Transfer, 1981, 24: 1541-1544.

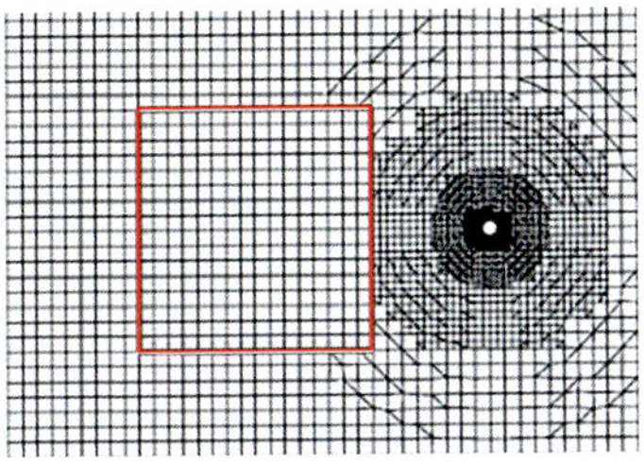

(a) 基本网格设置　　　　(b) 精细网格设置

图 3-3　网格设置俯视图

（红色实线为建筑物轮廓）

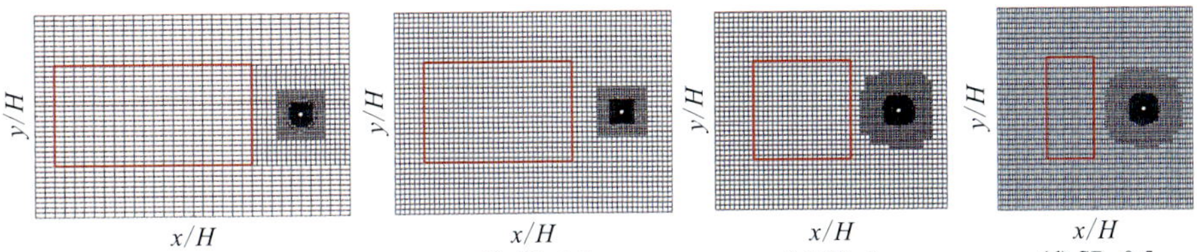

(a) SR=2　　(b) SR=1.5　　(c) SR=1　　(d) SR=0.5

图 3-7　网格示意（俯视图）

（红色实线为建筑物轮廓）

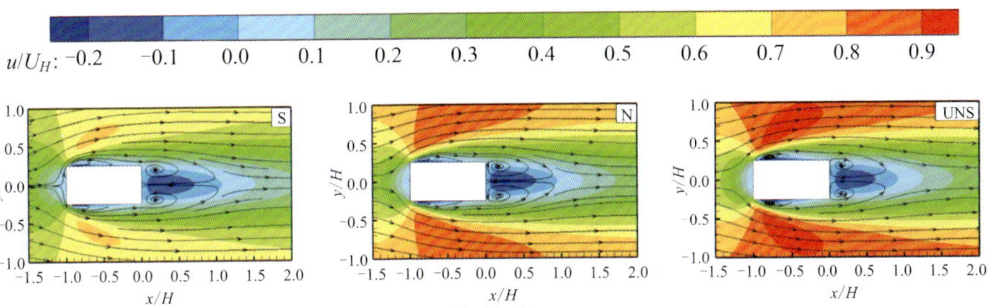

(a) SR=2

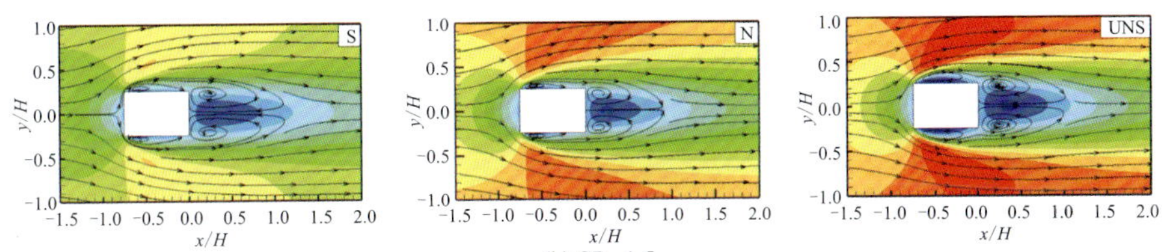

(b) SR=1.5

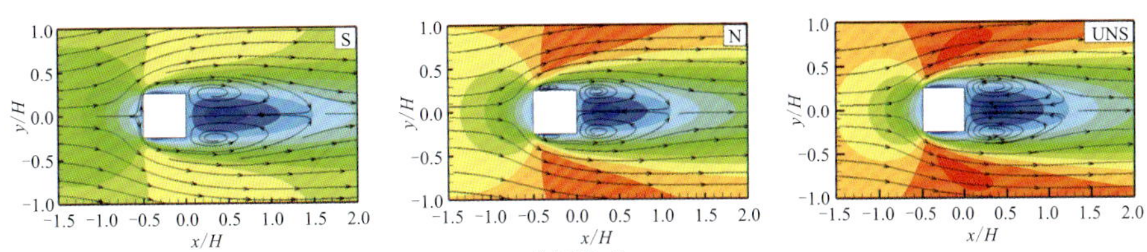

(c) SR=1

图 3-8

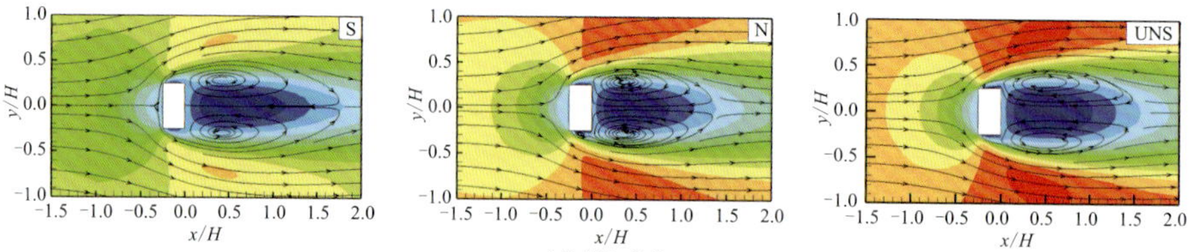

(d) SR=0.5

图 3-8 近地面（z/H=0.1）归一化流向速度（u/U_H）分布以及平均流线

（S 为稳定条件，N 为中性条件，UNS 为不稳定条件；白色矩形为建筑物）

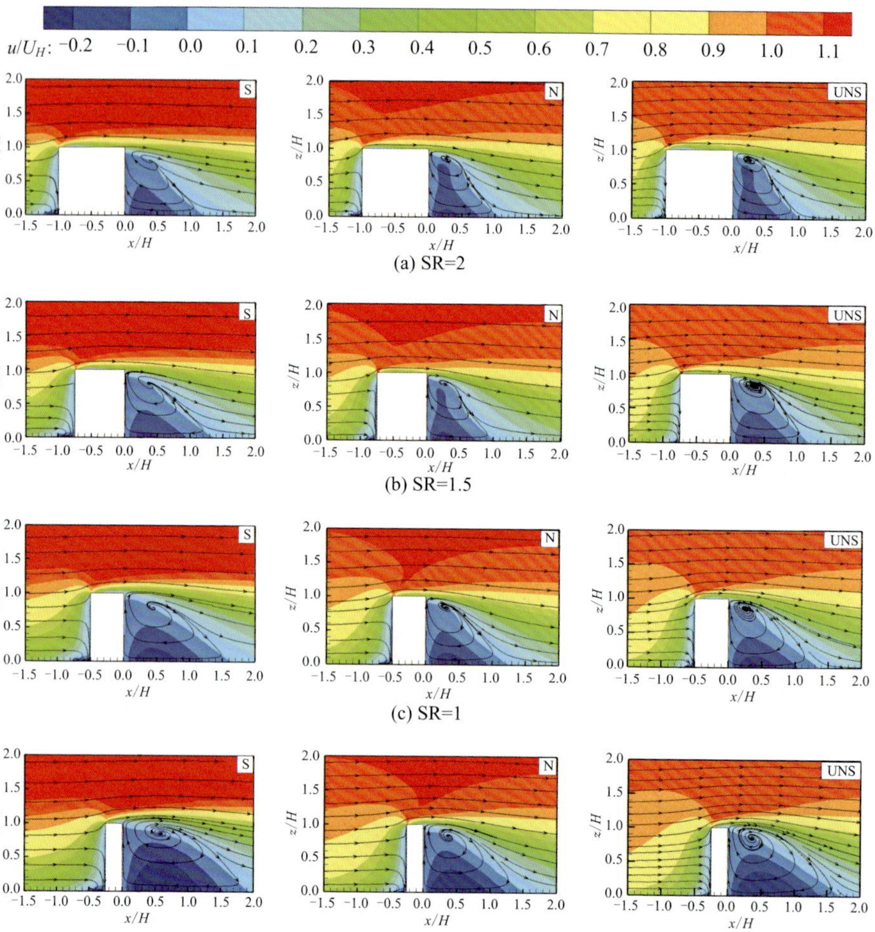

(a) SR=2

(b) SR=1.5

(c) SR=1

(d) SR=0.5

图 3-9 垂直剖面（y/H=0）归一化流向速度（u/U_H）分布以及平均流线

（S 为稳定条件，N 为中性条件，UNS 为不稳定条件；白色矩形为建筑物）

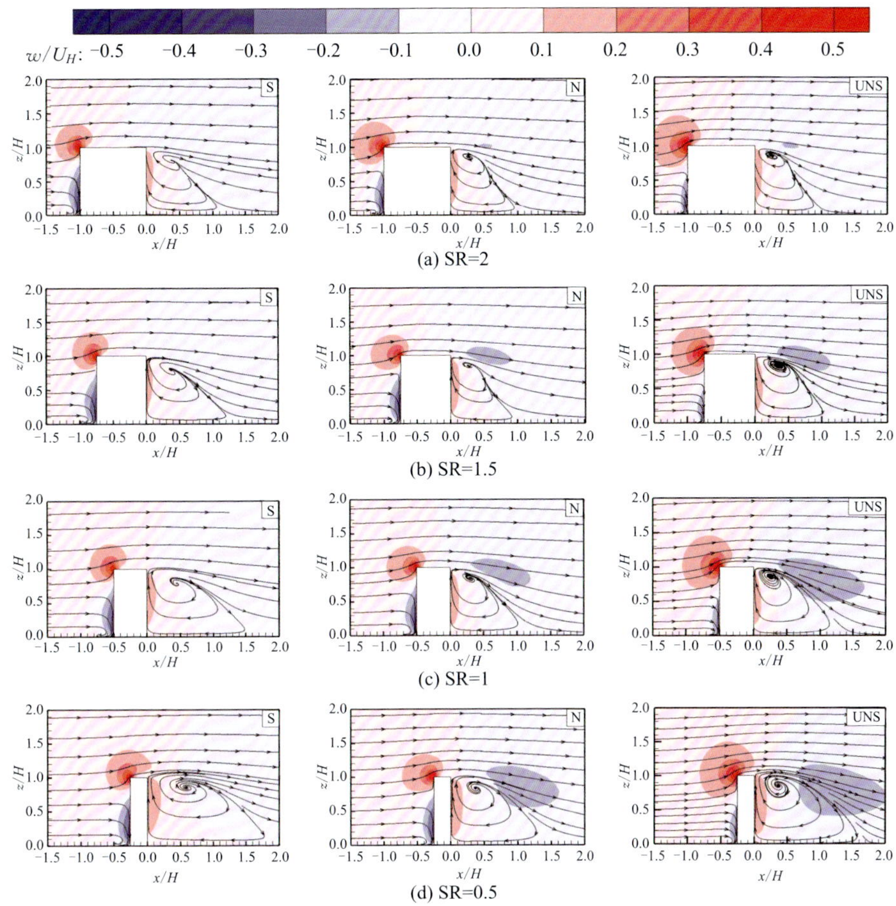

图 3-10 垂直剖面（$y/H=0$）归一化垂向速度（w/U_H）分布以及平均流线

（S 为稳定条件，N 为中性条件，UNS 为不稳定条件；白色矩形为建筑物）

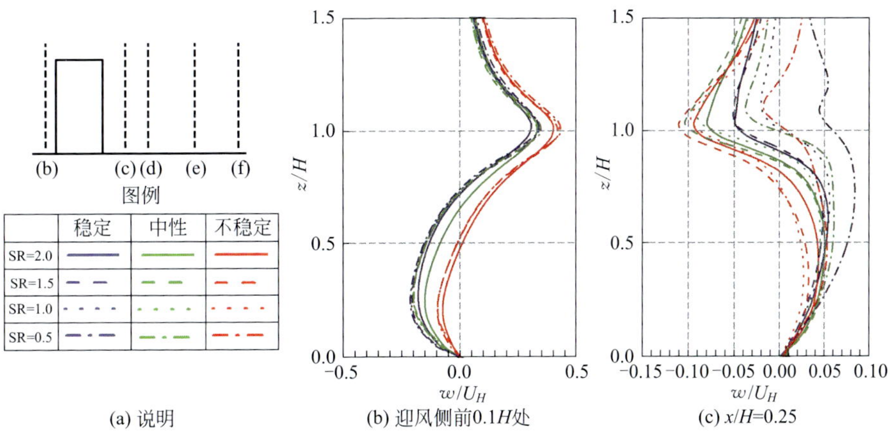

图 3-11

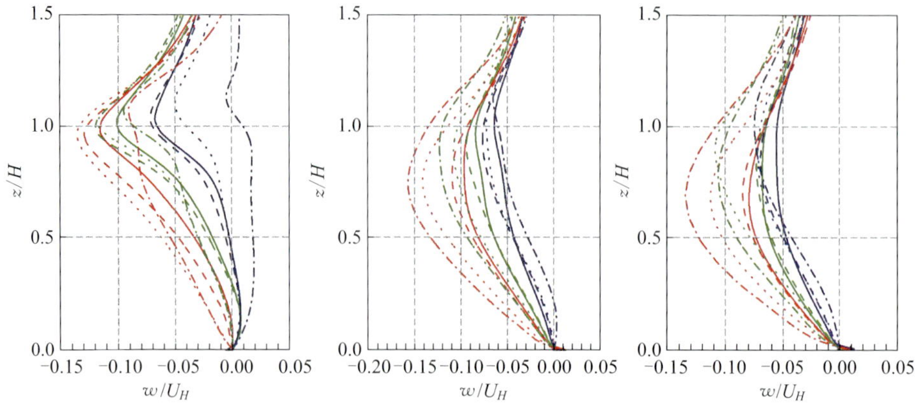

(d) x/H=0.5 (e) x/H=1.0 (f) x/H =1.5

图 3-11 垂直剖面（y/H=0）不同垂线位置处归一化垂向速度（w/U_H）分布

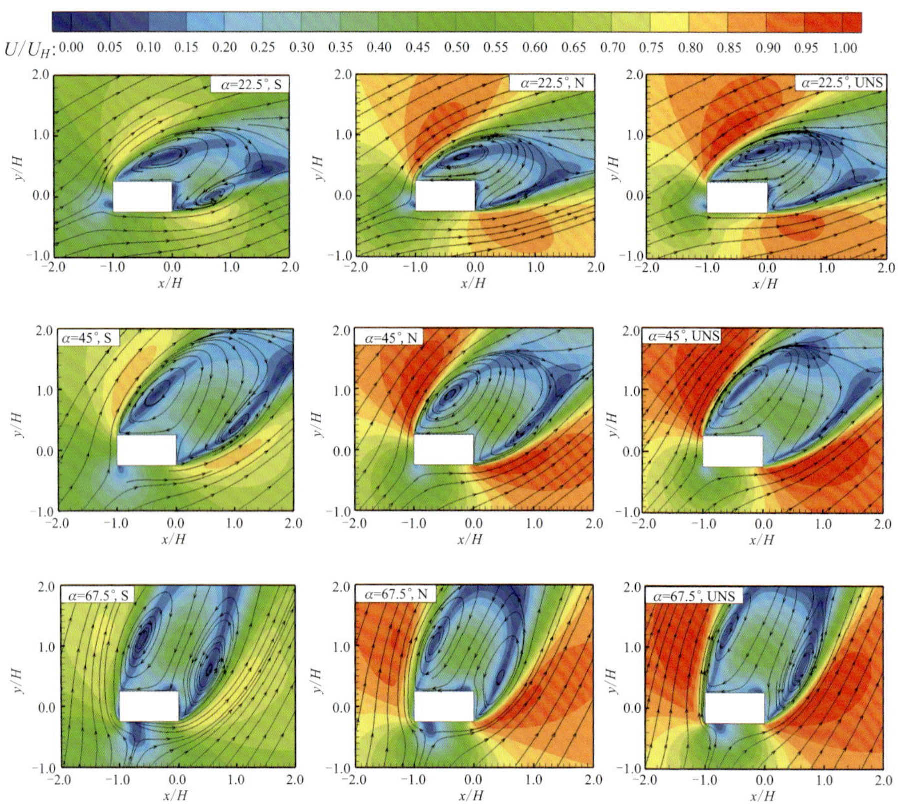

图 3-12 近地面（z/H=0.1）归一化速度（U/U_H）分布以及平均流线

（α 为风向角，S 为稳定条件，N 为中性条件，UNS 为不稳定条件；白色矩形为建筑物）

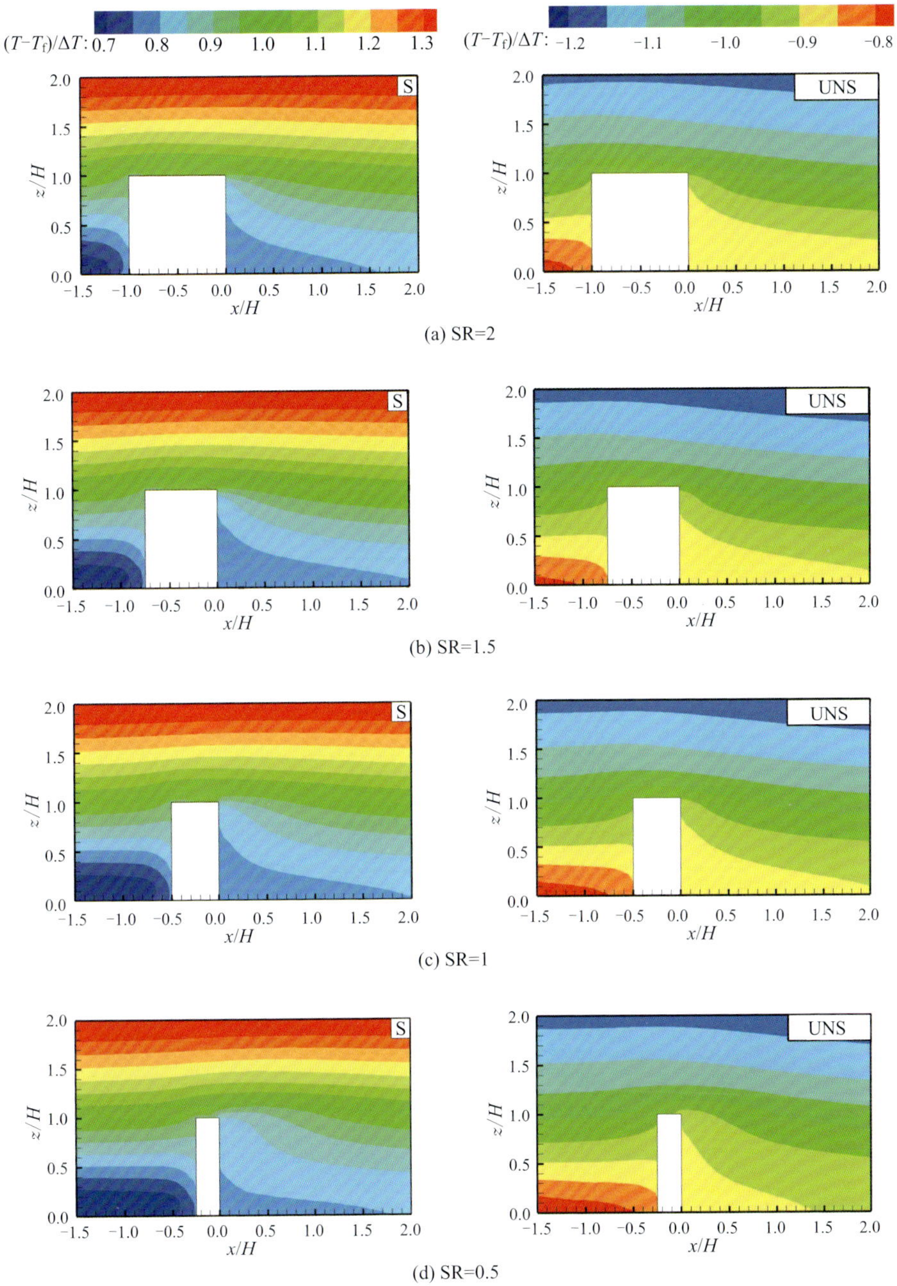

图 3-13 垂直剖面（$y/H=0$）归一化温度[$(T-T_f)/\Delta T$]分布

（S为稳定条件，UNS为不稳定条件；白色矩形为建筑物）

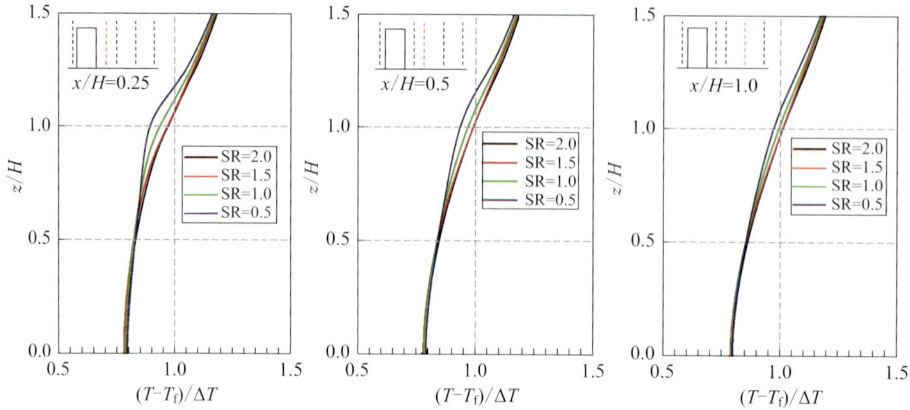

(a) 稳定温度层结

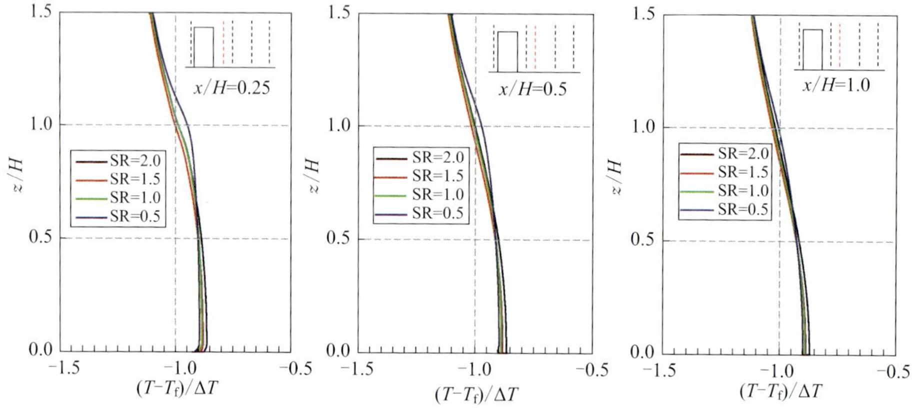

(b) 不稳定温度层结

图 3-14 垂直剖面（y/H=0）不同垂线归一化温度分布

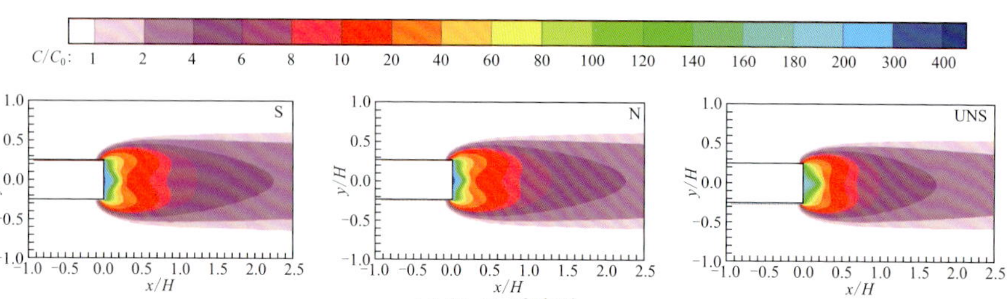

(a) SR=2, 近地面

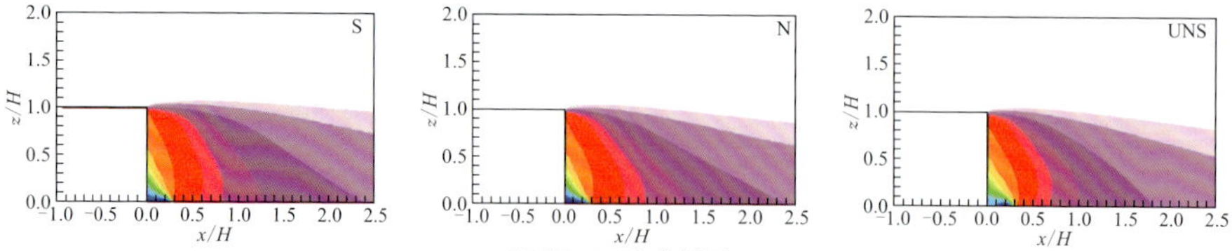

(b) SR=2, 垂直剖面

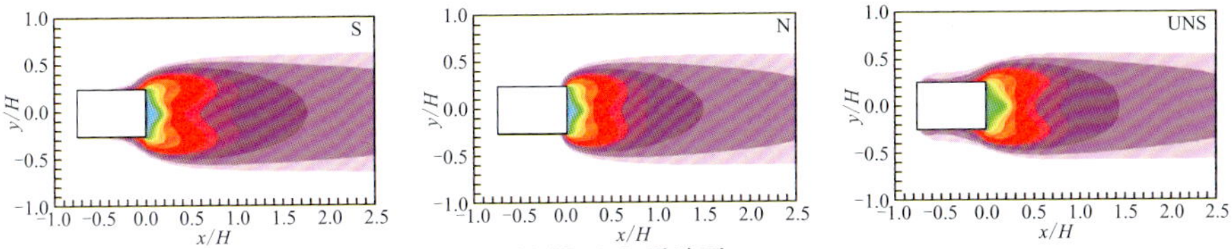

(c) SR=1.5, 近地面

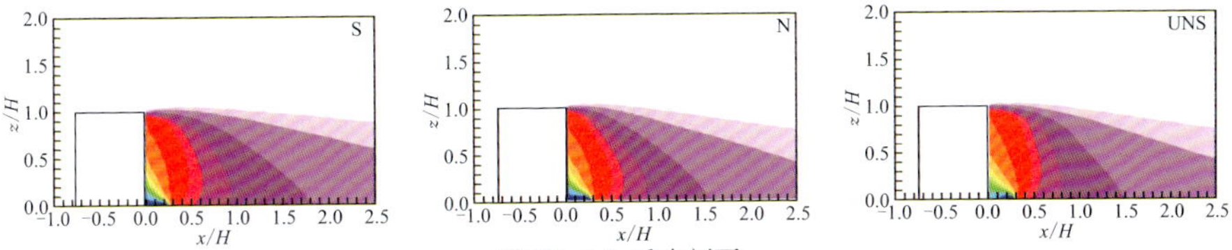

(d) SR=1.5, 垂直剖面

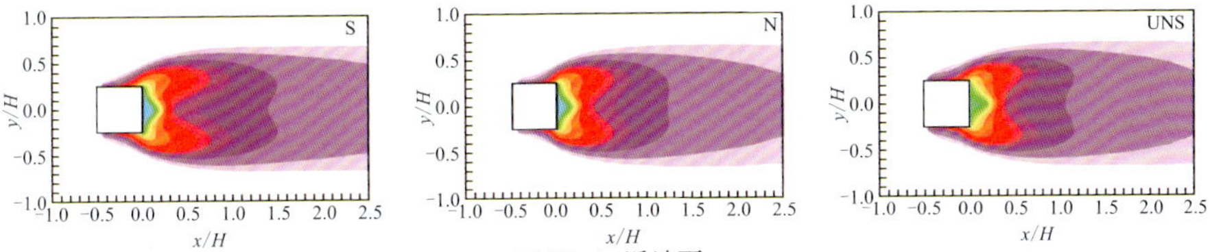

(e) SR=1, 近地面

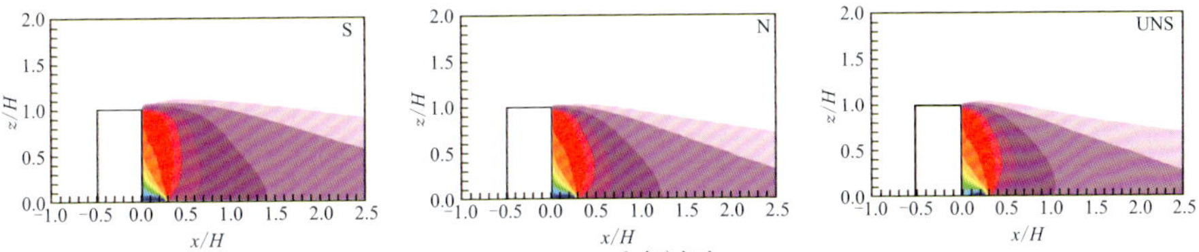

(f) SR=1, 垂直剖面

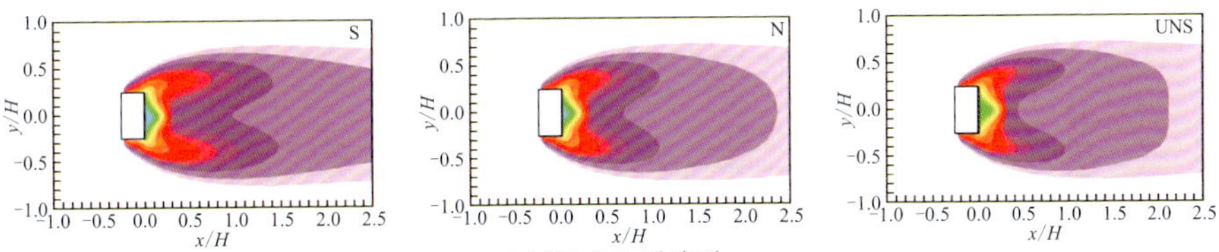

(g) SR=0.5, 近地面

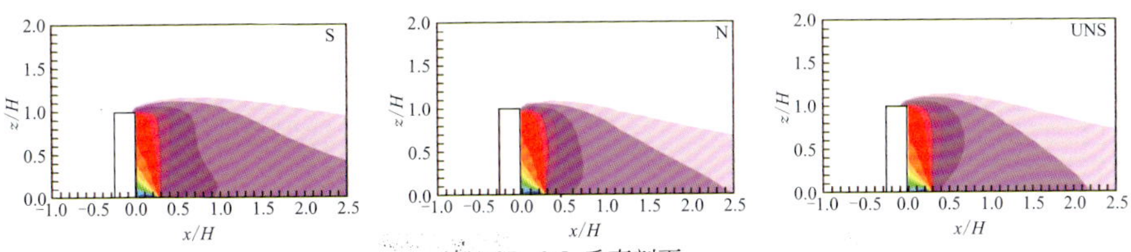

(h) SR=0.5, 垂直剖面

图 3-15 近地面（$z/H=0.1$）和垂直剖面（$y/H=0$）归一化浓度（C/C_0）分布

（S 为稳定条件，N 为中性条件，UNS 为不稳定条件；白色矩形为建筑物）

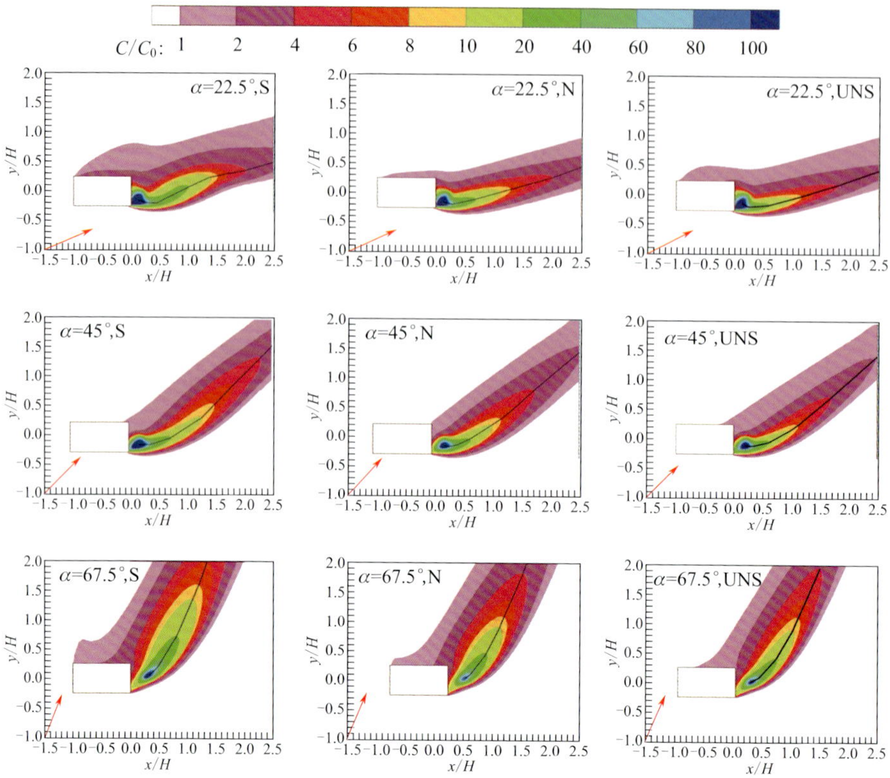

图 3-16 近地面（z/H=0.1）归一化浓度（C/C_0）分布

（α 为风向角，S 为稳定条件，N 为中性条件，

UNS 为不稳定条件；白色矩形为建筑物；红色箭头为来流风向）

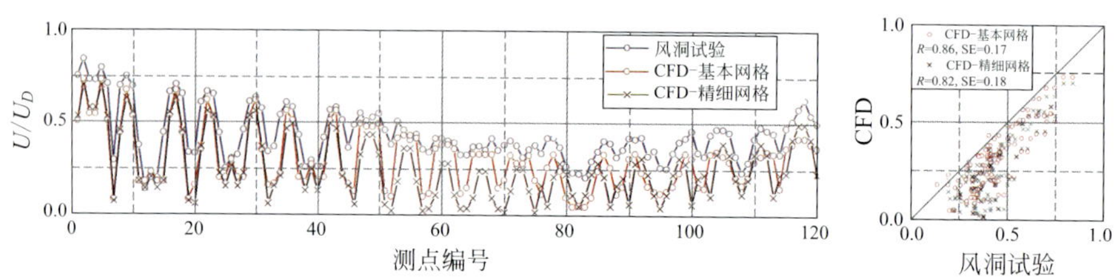

(a) 没有中心建筑物时

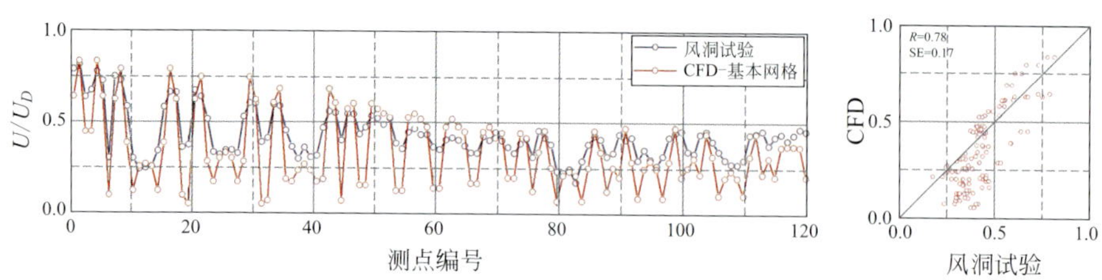

(b) 中心建筑物高度为1D时

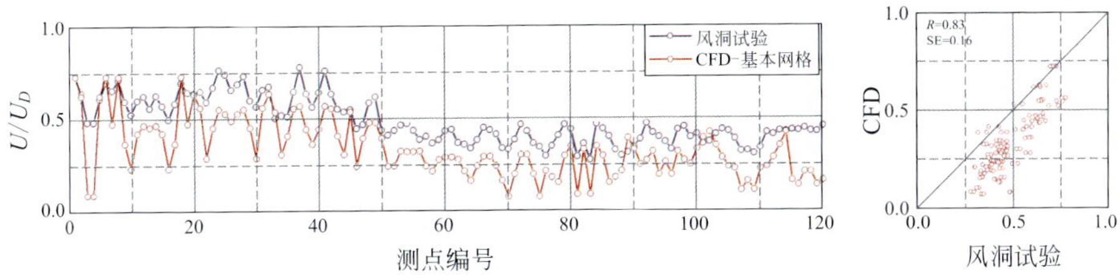

(c) 中心建筑物高度为2D时

图 4-4 数值模拟与风洞试验各测点的归一化速度对比图以及相关性图

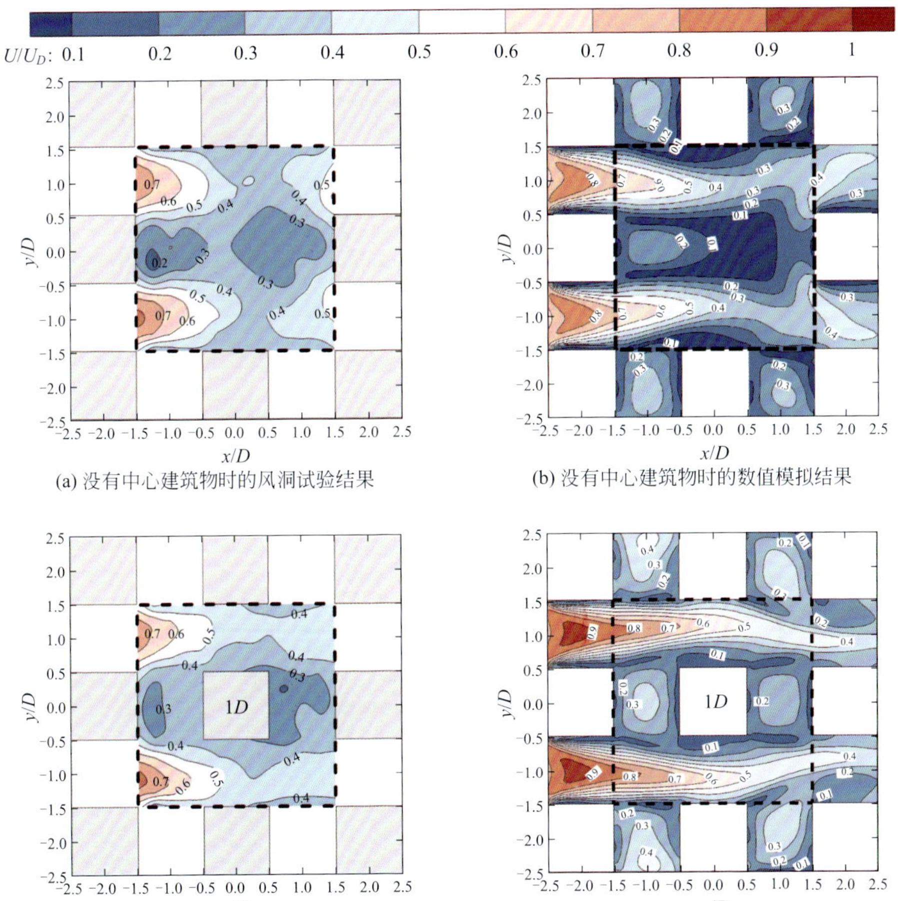

(a) 没有中心建筑物时的风洞试验结果

(b) 没有中心建筑物时的数值模拟结果

(c) 中心建筑物高度为1D时的风洞试验结果

(d) 中心建筑物高度为1D时的数值模拟结果

图 4-5

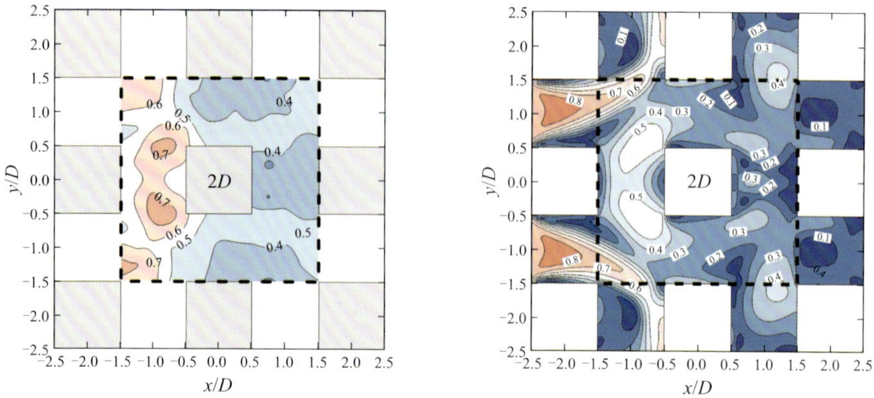

(e) 中心建筑物高度为2D时的风洞试验结果　　(f) 中心建筑物高度为2D时的数值模拟结果

图 4-5　数值模拟与风洞试验速度分布图对比

［风洞试验速度分布图是根据测量数据用线性内插法绘制；

图（a）、（c）、（e）中灰色矩形以及图（b）、（d）、（f）中白色矩形为建筑物］

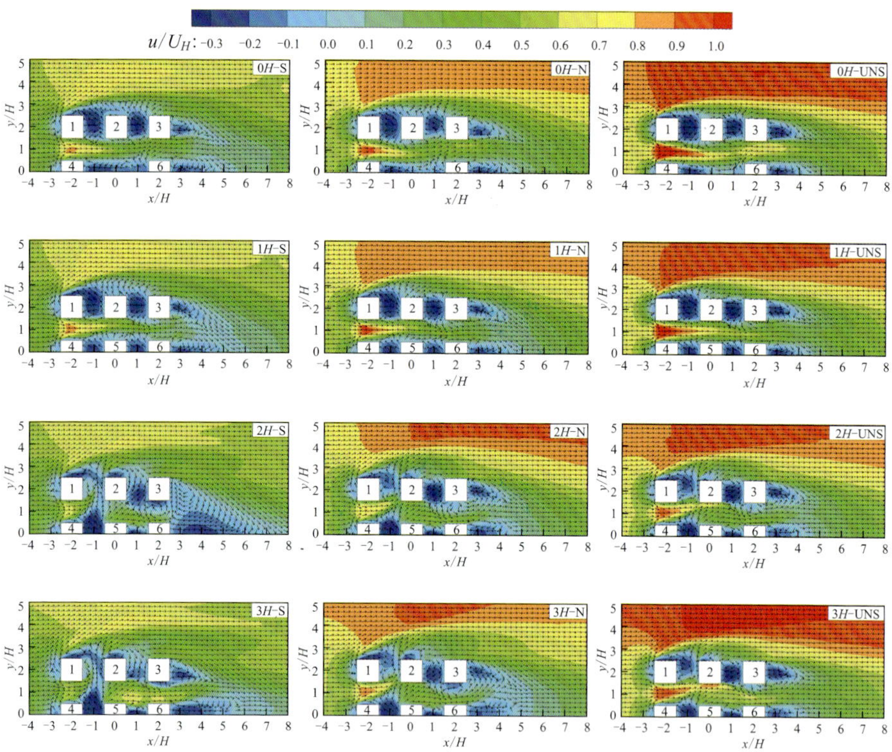

图 4-9　近地面（$z/H=0.1$）归一化流向速度（u/U_H）分布以及速度矢量图

（$0H \sim 3H$ 为中心建筑物高度；S 为稳定条件，N 为中性条件，

UNS 为不稳定条件；白色矩形为建筑物，其中数字 1～6 为建筑物编号）

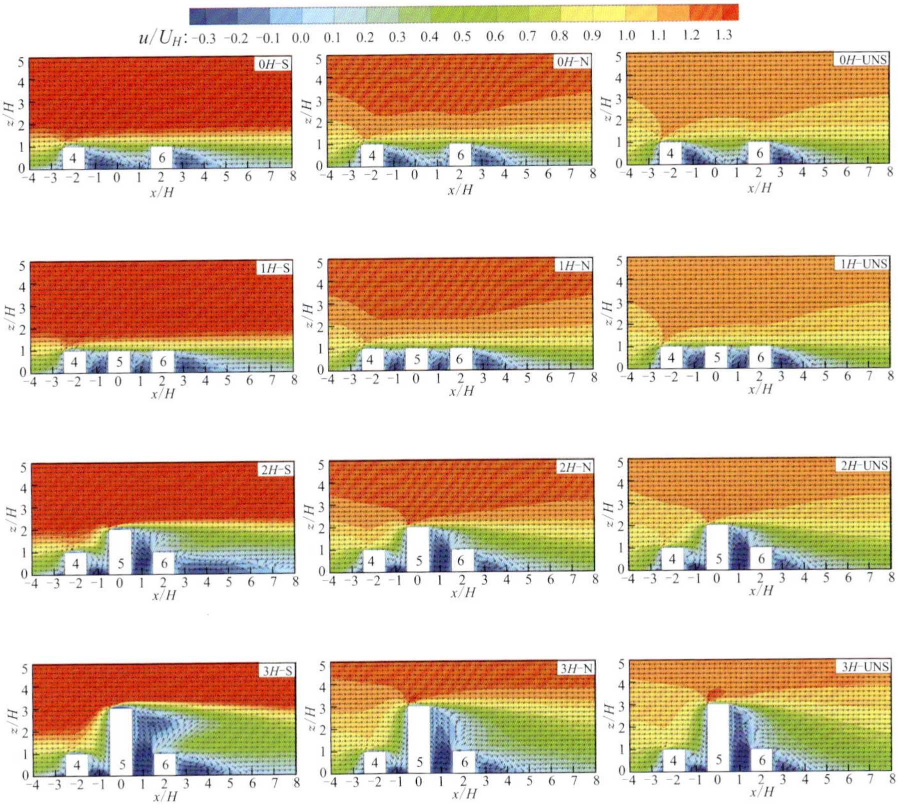

图 4-10　垂直剖面（$y/H=0$）归一化流向速度（u/U_H）分布以及速度矢量图

（$0H \sim 3H$ 为中心建筑物高度；S 为稳定条件，N 为中性条件，

UNS 为不稳定条件；白色矩形为建筑物，其中数字 4～6 为建筑物编号）

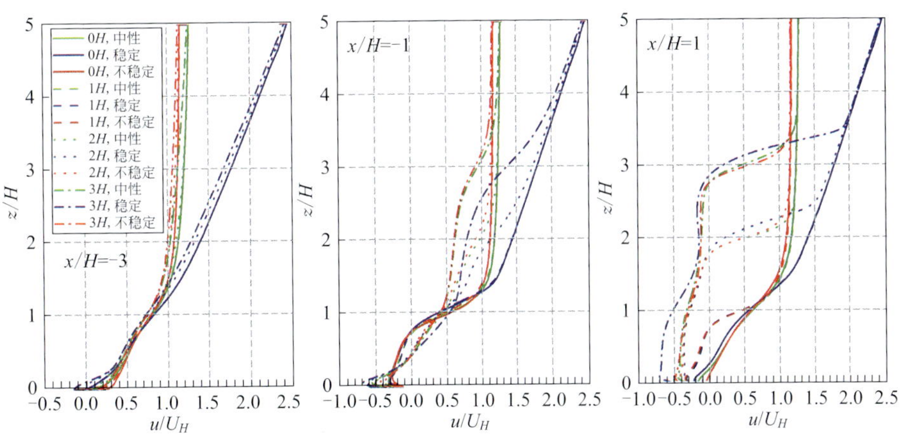

图 4-11

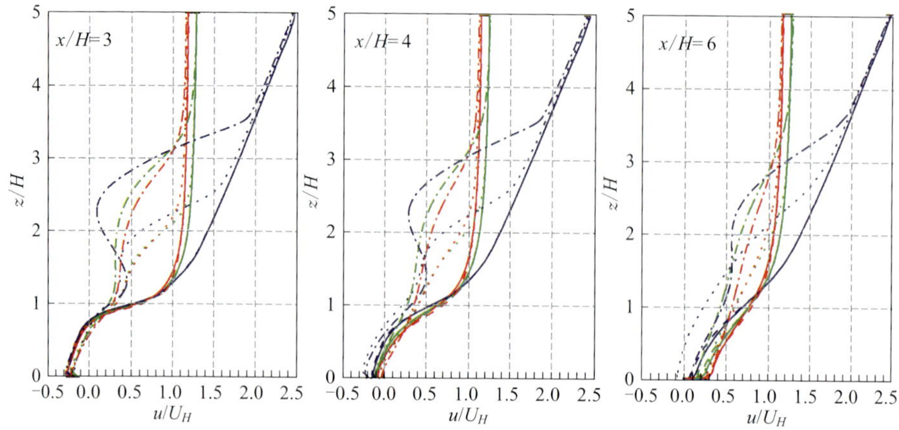

图 4-11　垂直剖面（$y/H=0$）不同位置处归一化流向速度（u/U_H）分布

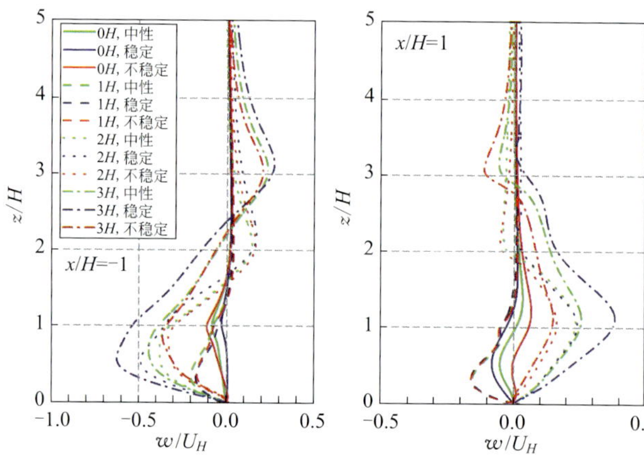

图 4-12　垂直剖面（$y/H=0$）不同位置处归一化垂向速度（w/U_H）分布

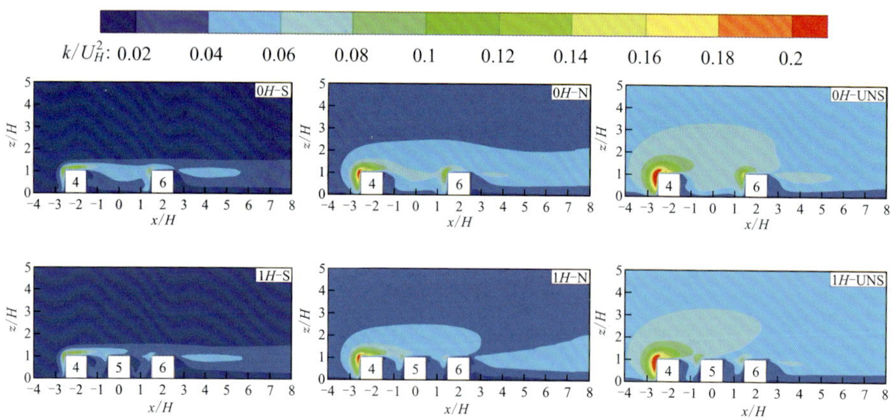

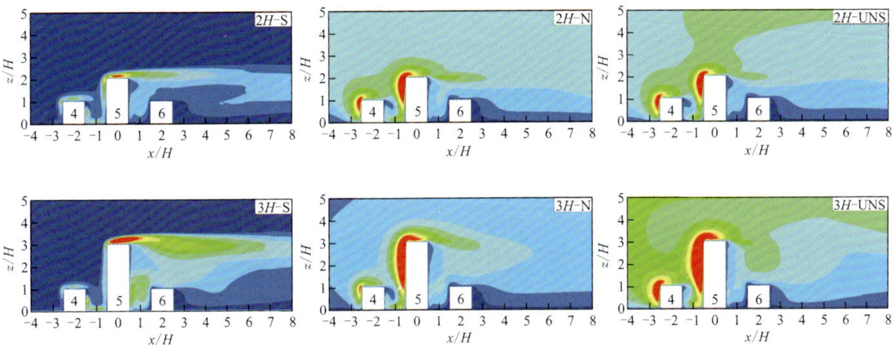

图 4-13 垂直剖面（$y/H=0$）的归一化湍流动能（k/U_H^2）分布

（0H～3H 为中心建筑物高度；S 为稳定条件，N 为中性条件，

UNS 为不稳定条件；白色矩形为建筑物，其中数字 4～6 为建筑物编号）

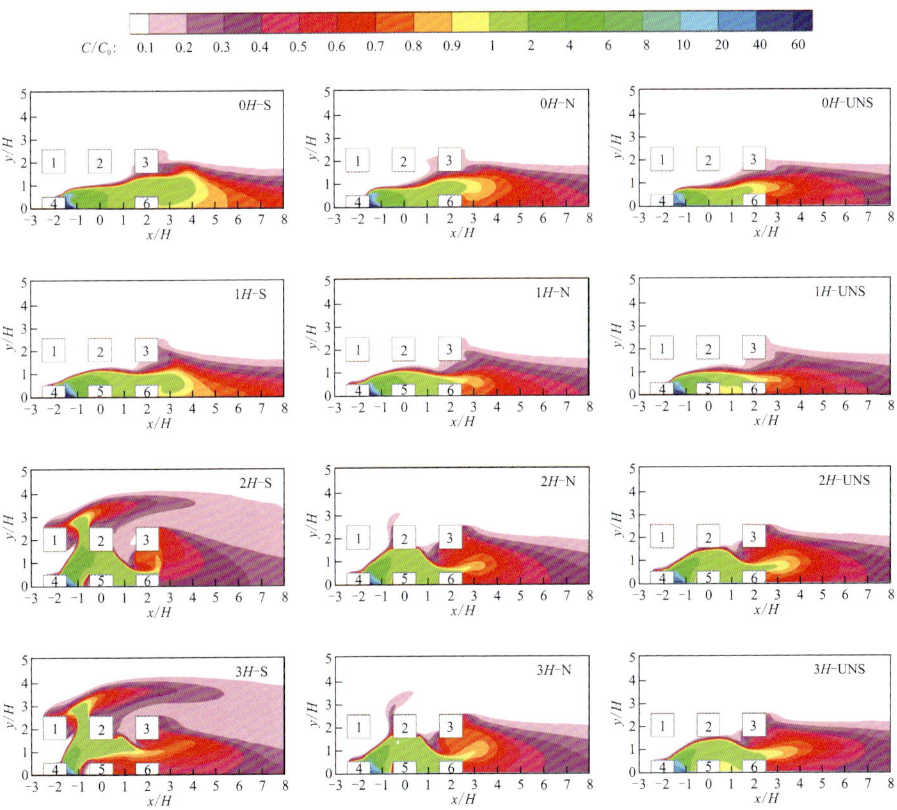

图 4-14 近地面（$z/H=0.1$）归一化浓度（C/C_0）分布

（0H～3H 为中心建筑物高度；S 为稳定条件，N 为中性条件，

UNS 为不稳定条件；白色矩形为建筑物，其中数字 1～6 为建筑物编号）

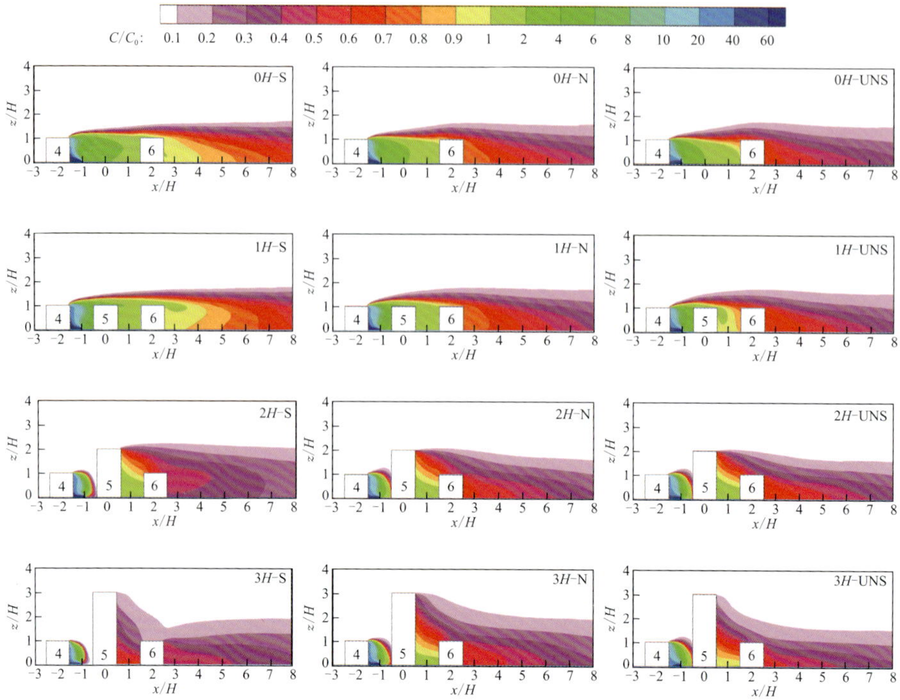

图 4-15 垂直剖面（$y/H=0$）归一化浓度（C/C_0）分布

（0H～3H 为中心建筑物高度；S 为稳定条件，N 为中性条件，

UNS 为不稳定条件；白色矩形为建筑物，其中数字 4～6 为建筑物编号）

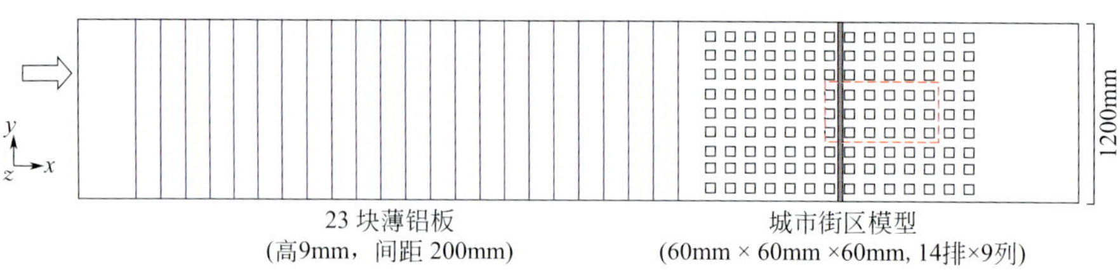

(a) 风洞设置示意

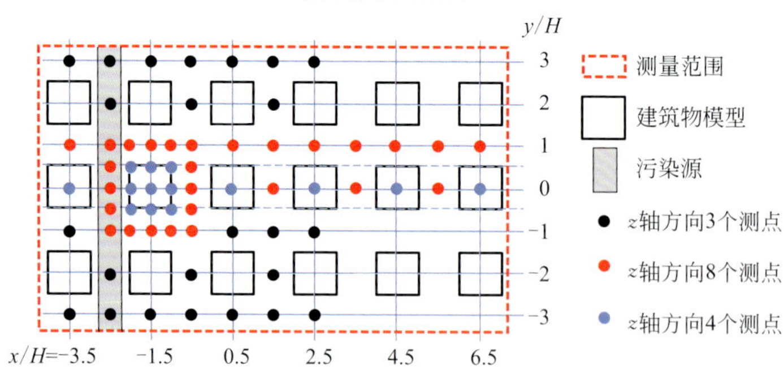

(b) 测点位置示意

图 5-1 风洞设置及测点位置

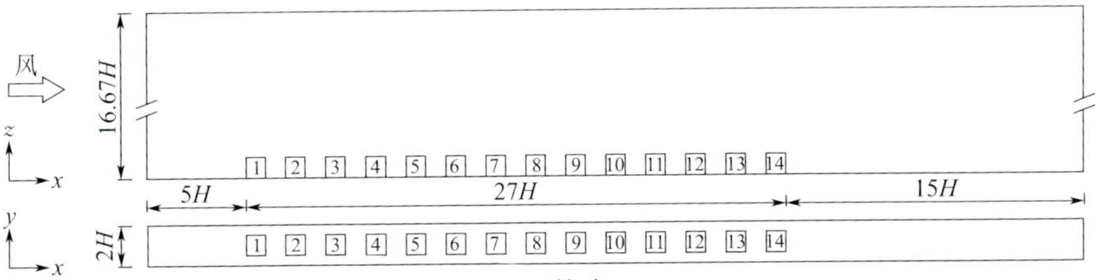

(a) 计算域

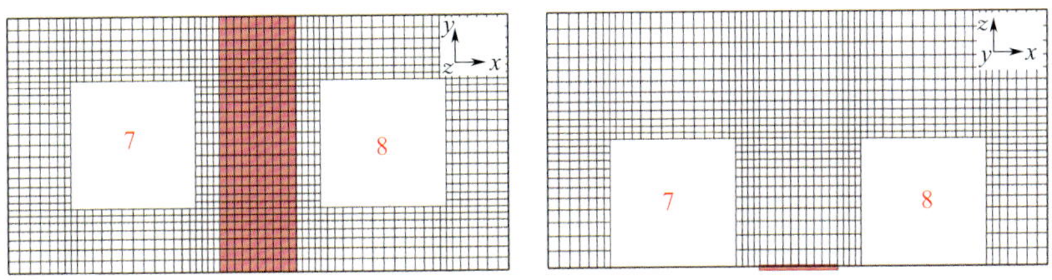

(b) 网格设置(基本网格)

图 5-3 计算域及局部网格设置

（1～14 为建筑物编号；红色为污染源）

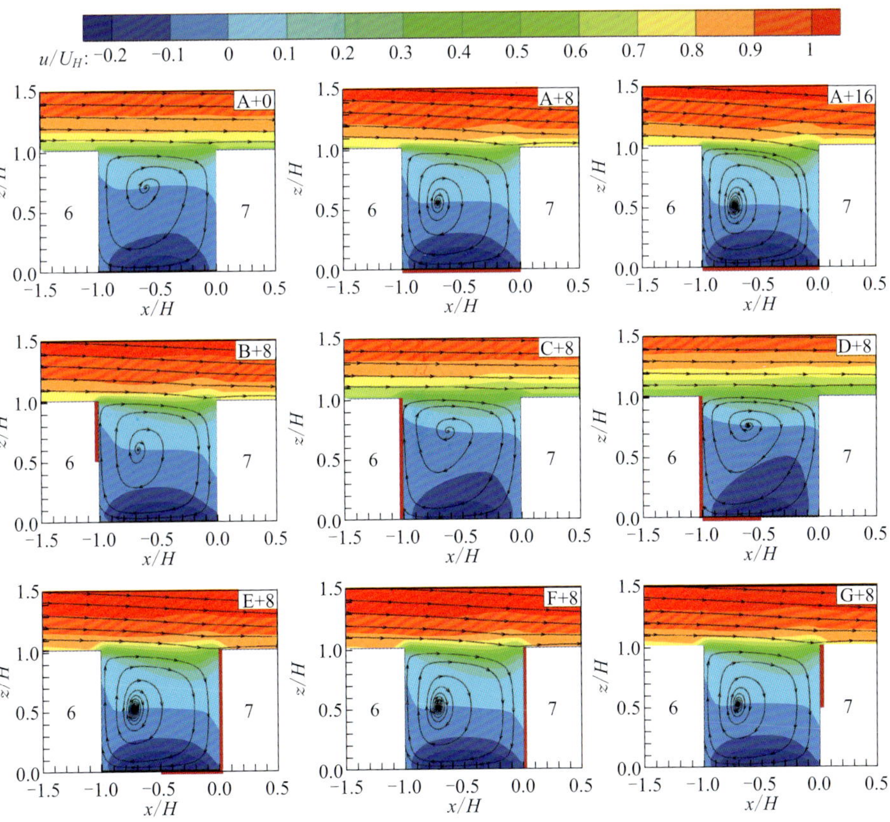

图 5-7 6-7 街区内平均流线和归一化流向速度（u/U_H）在对称面（$y/H=0$）上的分布

（案例编号见表 5-2；白色矩形为建筑物，数字 6、7 为建筑物编号；红色粗实线为受热范围）

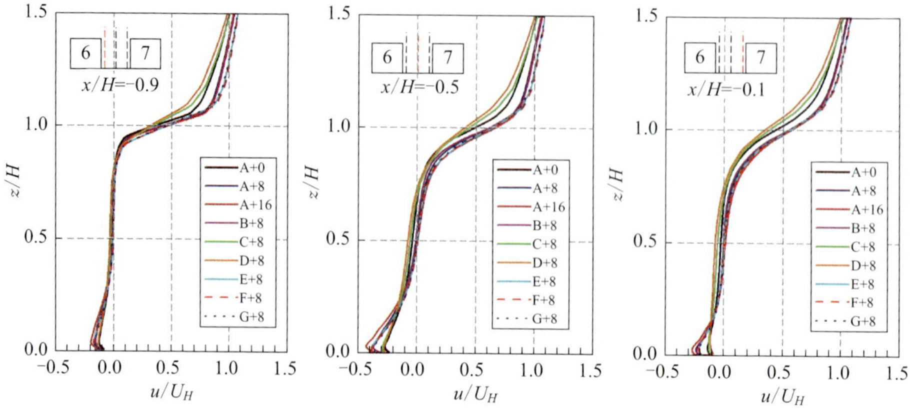

图 5-8 6-7 街区对称面归一化流向速度（u/U_H）在不同垂线位置处的分布

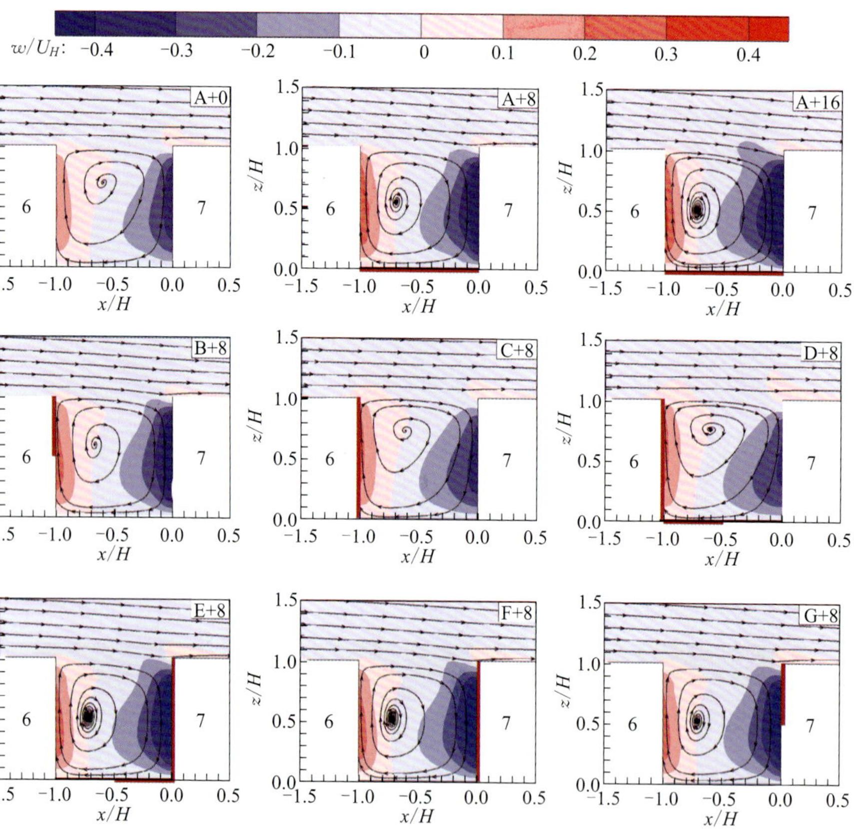

图 5-9 6-7 街区内平均流线和归一化垂向速度（w/U_H）在对称面（$y/H=0$）的分布

（案例编号见表 5-2；白色矩形为建筑物，数字 6、7 为建筑物编号；红色粗实线为受热范围）

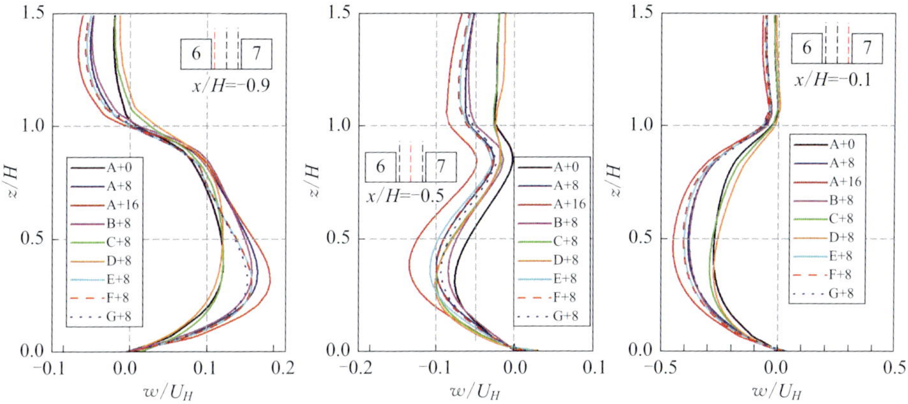

图 5-10 6-7 街区对称面归一化垂向速度（w/U_H）在不同垂线位置处的分布

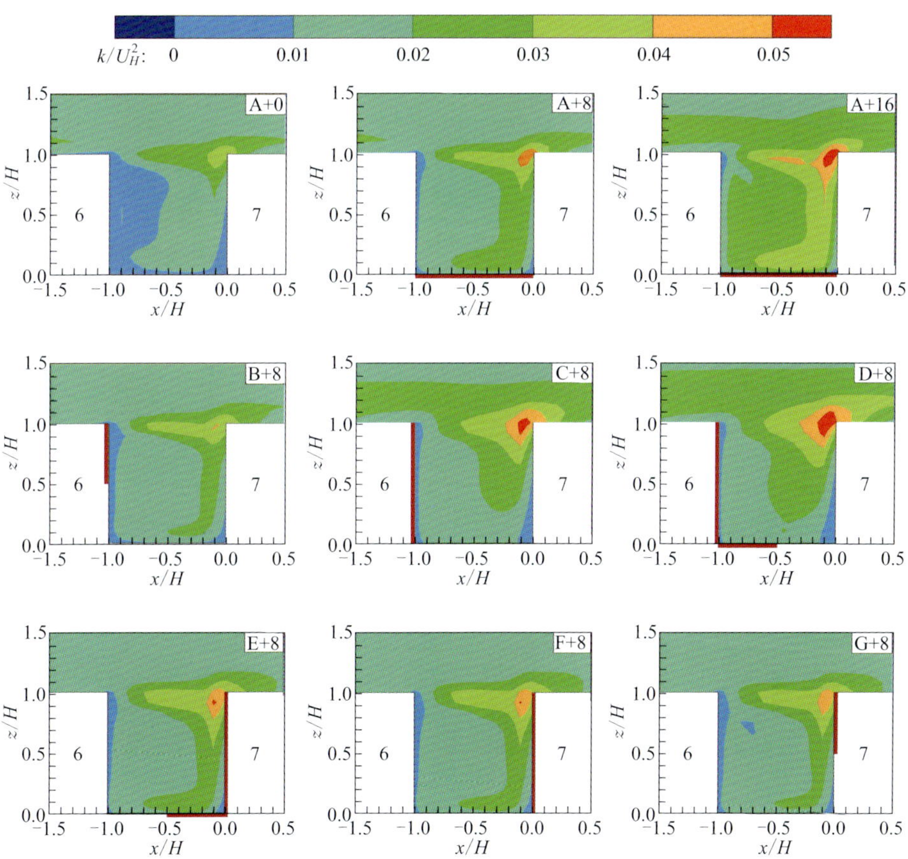

图 5-11 6-7 街区内归一化湍流动能（k/U_H^2）在对称面（$y/H=0$）上的分布

（案例编号见表 5-2；白色矩形为建筑物，数字 6、7 为建筑物编号；红色粗实线为受热范围）

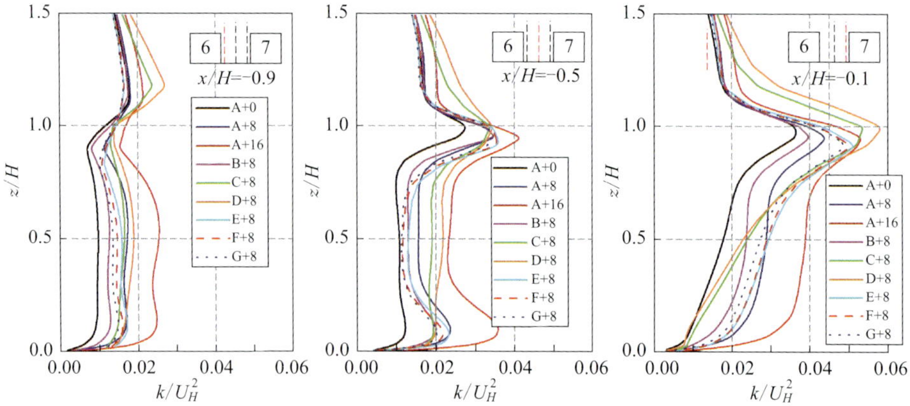

图 5-12　6-7 街区对称面归一化湍流动能（k/U_H^2）在不同垂线位置处的分布

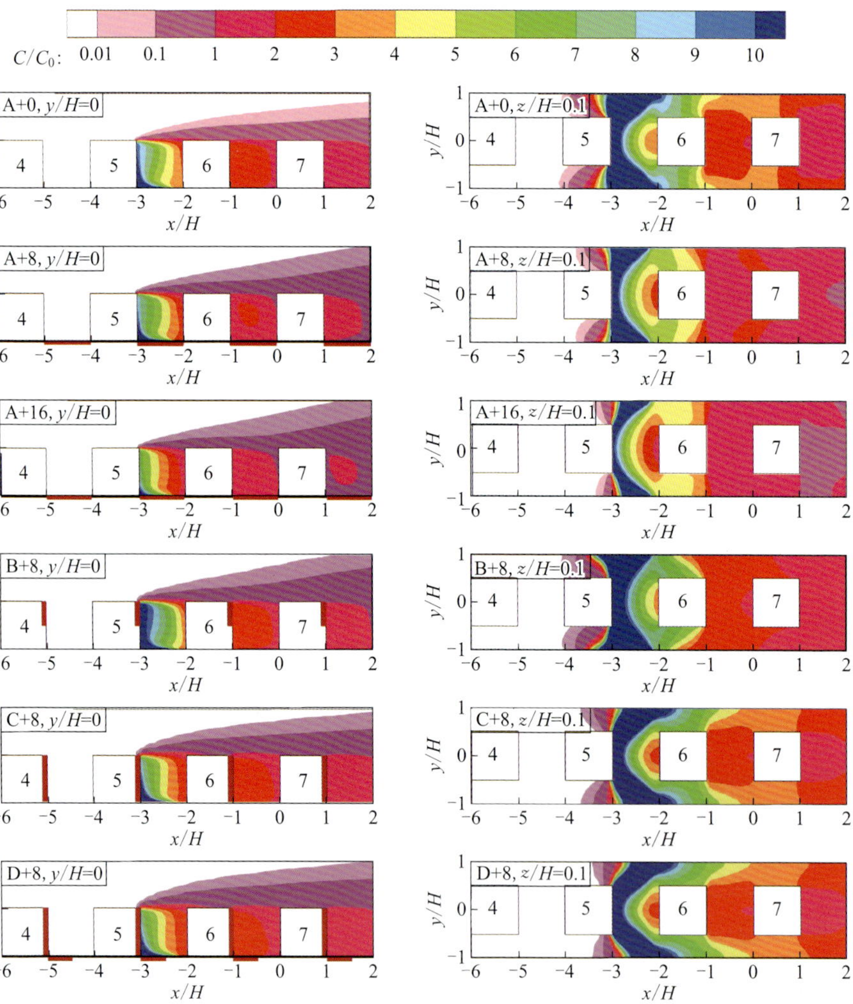

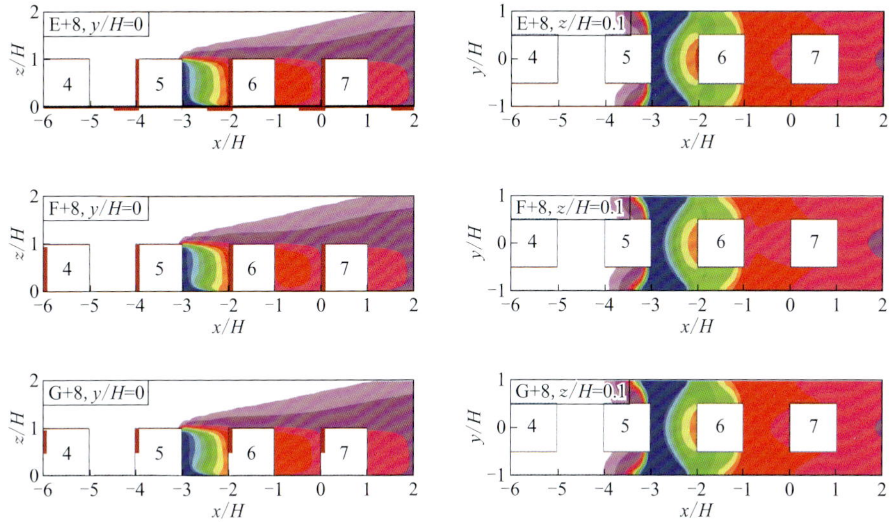

图 5-13 归一化浓度在对称面（$y/H=0$）和近地面分布（$z/H=0.1$）

（案例编号见表 5-2；白色矩形为建筑物，数字 4～7 为建筑物编号；红色粗实线为受热范围）

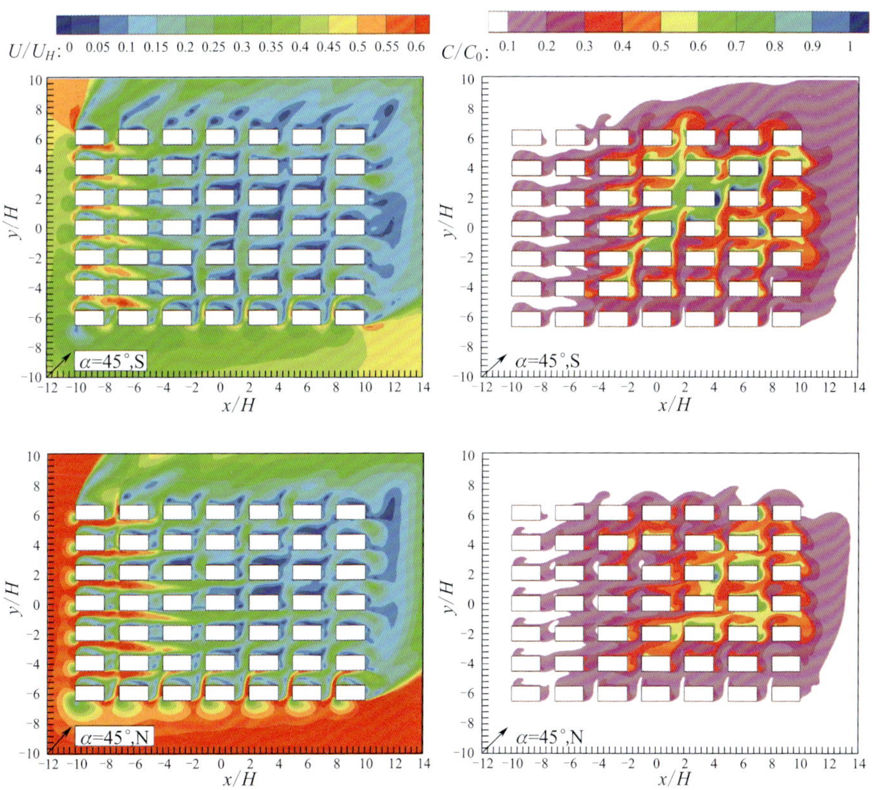

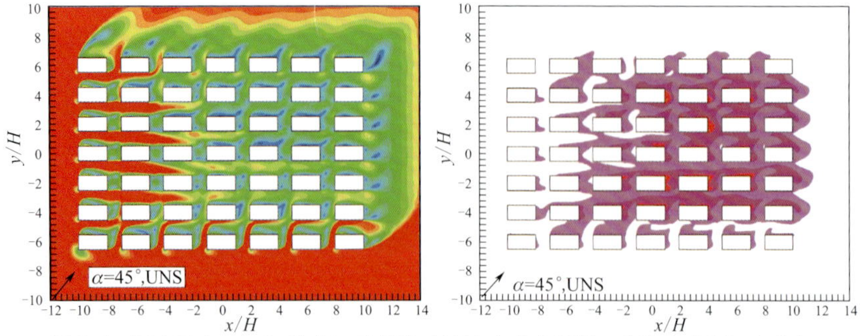

图 6-1　近地面（$z/H=0.1$）归一化速度（U/U_H）分布及归一化浓度（C/C_0）分布

（α 为风向角；S 为稳定条件，N 为中性条件，UNS 为不稳定条件；白色矩形为建筑物；黑色箭头为来流风向）

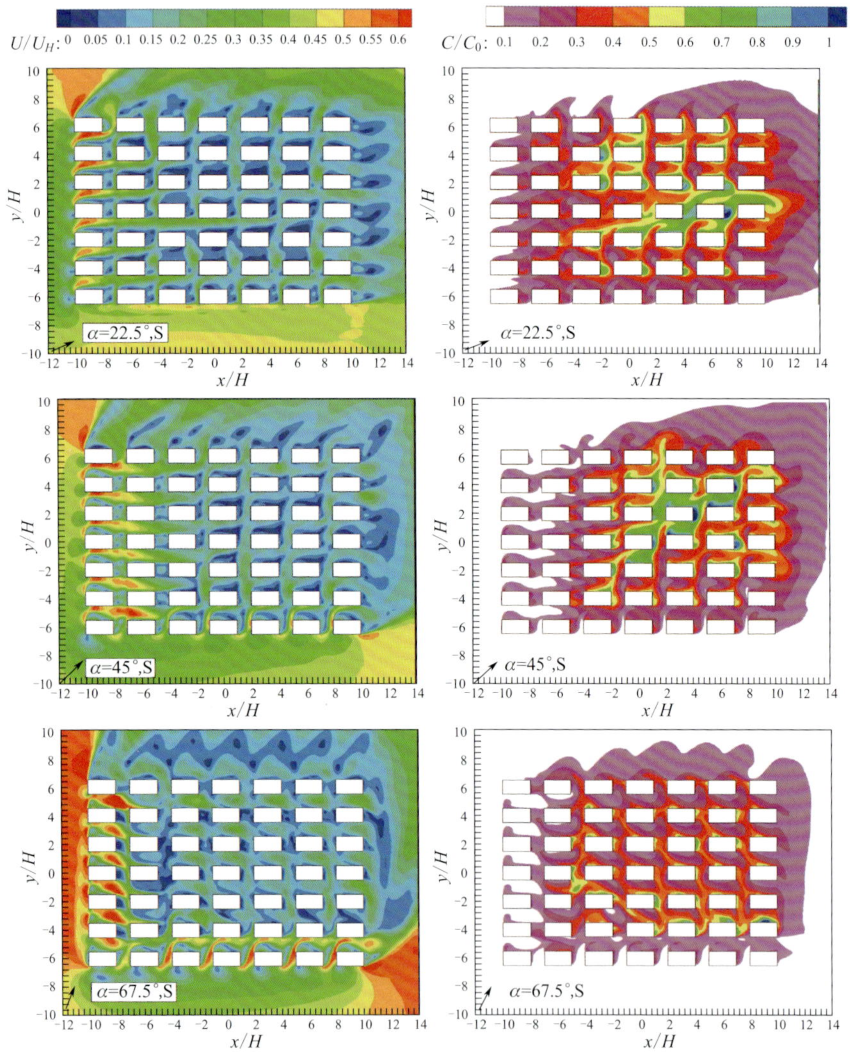

图 6-2　近地面（$z/H=0.1$）归一化速度（U/U_H）分布及归一化浓度（C/C_0）分布

（α 为风向角；S 为稳定条件；白色矩形为建筑物；黑色箭头为来流风向）